普通高等教育“十三五”规划教材

有机化学基础

Fundamentals of Organic Chemistry

孔祥文 编著

中国石化出版社

内 容 提 要

本书共7章，分别介绍有机物命名，同分异构，构象，杂化轨道理论、共振论和芳香性，取代基效应，对映异构，红外光谱和核磁共振谱等，涵盖大学有机化学的基本概念和基础理论。例题为精选的近年研究生入学考试真题。

本书可作为化学、化工、轻工、石油、医学、药学、农学、材料、纺织、环境、生物、食品、安全、制药、皮革、冶金、林产等专业普通高等院校、高等职业技术院校的教材，还可作为相关行业的工程技术人员、科研人员和管理人员参考书，尤其适合作为报考硕士研究生的考生复习《有机化学》课程的备考用书及中学生化学竞赛参考用书。

图书在版编目(CIP)数据

有机化学基础／孔祥文编著．—北京：中国石化出版社，2018.4

ISBN 978-7-5114-4836-1

Ⅰ．①有… Ⅱ．①孔… Ⅲ．①有机化学-高等学校-教材 Ⅳ．①062

中国版本图书馆CIP数据核字(2018)第054156号

中国石化出版社出版发行

地址：北京市朝阳区吉市口路9号

邮编：100020 电话：(010)59964500

发行部电话：(010)59964526

http://www.sinopec-press.com

E-mail：press@sinopec.com

北京富泰印刷有限责任公司印刷

全国各地新华书店经销

*

787×1092毫米 16开本 12印张 296千字

2018年5月第1版 2018年5月第1次印刷

定价：36.00元

前　言

大学有机化学教材或著作有很多，但专述有机化学基本概念和基础理论的论著却不多，本书是颇有特色的一种。本书是作者在总结多年有机化学教学改革和实践的基础上，借鉴和吸收其他高校在有机化学教学改革方面的经验所编写的，是《有机化学》辽宁省级精品课程建设的配套教材、辽宁省教育科学“十二五”规划立项课题(JG14DB334)的研究成果之一。

全书共分7章，包括有机物命名，同分异构，构象，杂化轨道理论、共振论和芳香性，取代基效应，对映异构，红外光谱和核磁共振谱等，涵盖大学有机化学的基本概念和基础理论。所选例题均出自于全国著名高校历年研究生入学考试的真题，对问题进行了详尽剖析和完整表述，以培养学生分析问题、解决问题和创新的能力。题型广泛，有选择、填空、简答、分离与鉴定、机理、结构推测等，并给出了详细的答案，还说明了推理和分析的过程，旨在帮助读者建立合理的解题思路，提高解题技巧，帮助读者解决学习和应用有机化学过程中所遇到的困难与疑问，帮助读者解决实际工作问题。

本书可作为化学、化工、轻工、石油、药学、医学、材料、纺织、环境、生物、食品、安全、制药、水产、皮革、冶金、农学等相关专业普通高等院校和高等职业技术院校教材，也可供相关行业工程技术人员、科研人员和管理人员参考，尤其适合作为报考硕士研究生的考生复习《有机化学》课程的考试用书及中学生化学竞赛参考用书。

全书由沈阳化工大学的孔祥文教授编著，李媛、张宝、王欣等参加了文字方面的工作。衷心感谢张静教授花费了大量的精力和时间对全书书稿进行仔细的审阅，提出了很好的修改意见。

在本书编写过程中，作者参阅了国内外的专著和教材，中国石化出版社编审人员对本书的出版给予了大力支持和帮助，在此特致以衷心的谢意。

限于编者的水平，错误和不妥之处在所难免，衷心希望各位专家和使用本书的读者予以批评指正，在此致以最真诚的感谢。

前言

目　录

第 1 章　有机物命名

1.1　次序规则

次序规则是确定取代基的优先顺序的依据，在有机物命名中取代基的书写位置上起着重要的作用，“次序规则”的主要原则归纳如下：

1）与主链碳原子直接相连的原子按原子序数大小排列，大者“较优”。若为同位素，则质量大者较优，未供用电子对规定为最小（$Z=0$）。

I>Br>Cl>S>O>N>C>D>H：>：

2）如与主链碳原子直接相连的原子的原子序数相同，则需再比较由该原子外推至相邻的第二个原子的原子序数，如仍相同，继续外推，直到比较出“较优”基团为止。例如—CH_3和—CH_2CH_3比较，与主链直接相连的原子都是碳原子，但在—CH_3中与碳相连的是三个氢原子（H，H，H），而在—CH_2CH_3中与第一个碳原子相连的是两个氢原子和一个碳原子（H，H，C），碳原子序数大于氢，因此—CH_2CH_3优先于—CH_3。

—$C(CH_3)_3$>—$CH(CH_3)_2$>—CH_2CH_3>—CH_3—CH_2-Cl>—CH_2-OH>—CH_2—NH_2

3）当基团含有双键和三键时，可以认为双键和三键原子连接着两个或三个相同的原子。例如—CH=CH_2，其中第一个碳的碳碳双键相当于和两个碳原子相连（C，C，H），优于—CH_2CH_3（C，H，H）。—CH═O 中碳的碳氧双键相当于碳与两个氧原子相连（O，O，H），优先于—CH_2OH（O，H，H）。

—CH═CH_2 相当于 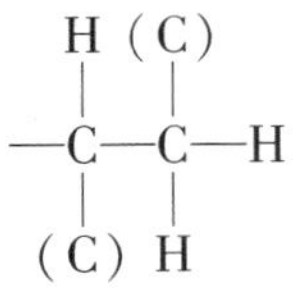　　—C≡CH 相当于 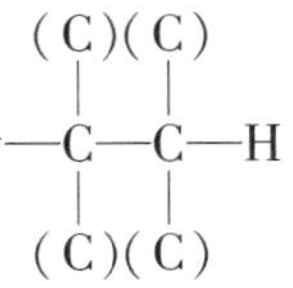

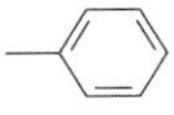 相当于 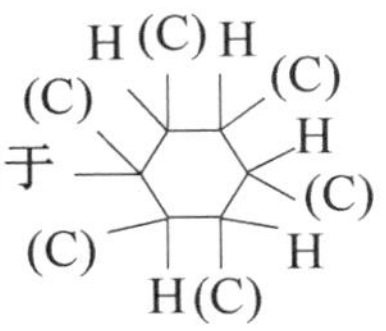　　—C≡N 相当于 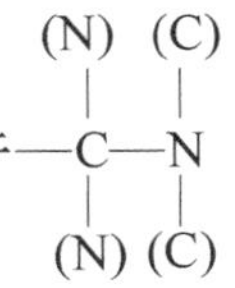

优先顺序：

—C≡N > 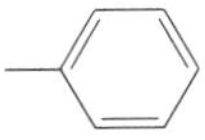 >—C≡CH >—CH═CH_2

为避免有些基团因书写方法不同造成不统一，而采用一些人为规定。例如 α-吡啶基：

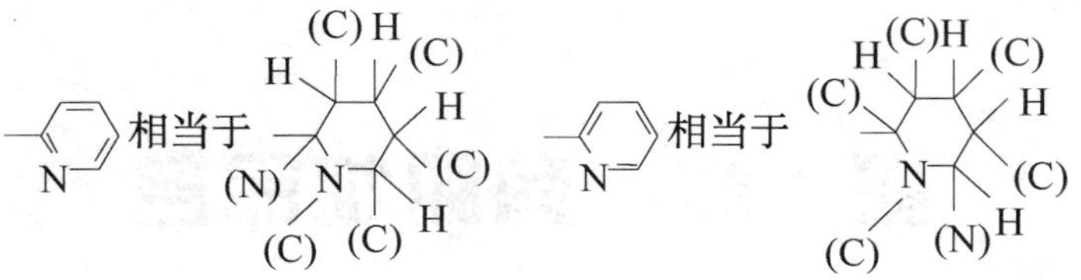

$—C_5H_4N$（吡啶基）相当于 (C)H、H、(C)、H、(C)、(N)、N、H、(C)、(C)　　相当于 H(C)H、(C)、(C)、H、N、(C)、(C)、(N)H

因此 α-吡啶基既不按 $—\overset{C}{\underset{N}{C}}—C$ 也不按 $—\overset{C}{\underset{N}{C}}—N$ 计算原子序数，而是人为规定：两者除各按一个 C 和 N 计算原子序数外，另一个原子既不按 C 也不按 N 计算原子序数，而是按 $(Z_C+Z_N)/2=(6+7)/2=6.5$。由此可以推得上述几个基团的优先次序应为：

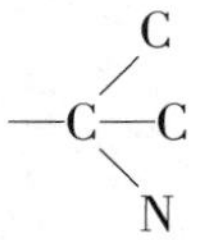

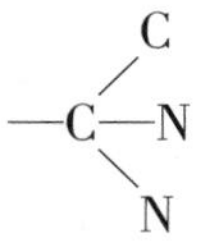

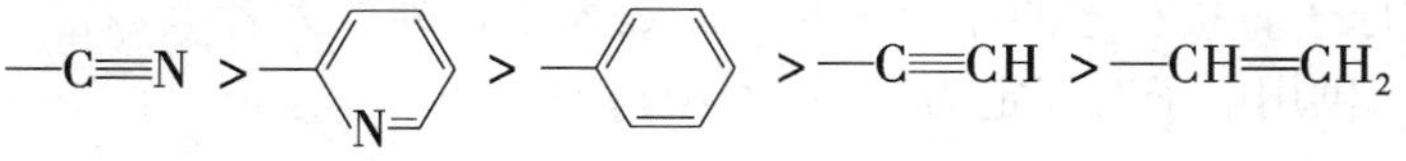

$$—C\equiv N > —(2\text{-吡啶基}) > —(\text{苯基}) > —C\equiv CH > —CH=CH_2$$

按次序规则排列的一些常见的原子和基团见表 1-1。

表 1-1　按次序规则排列的常见的一些原子和基团

取代基	结构式	取代基	结构式
未共用电子对		羧基	HOOC—
氢	H	氨基	H_2N—
氘	^2H 或 D	甲氨基	CH_3NH—
甲基	CH_3—	硝基	O_2N—
乙基	CH_3CH_2—	羟基	HO—
丙基	$CH_3CH_2CH_2$—	甲氧基	CH_3O—
2-丙烯基	$CH_2=CHCH_2$—	乙氧基	CH_3CH_2O—
2-丙炔基	$HC\equiv CCH_2$—	苯氧基	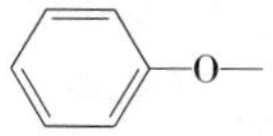 (苯环)—O—
苯甲基	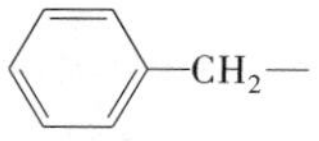 (苯环)—CH_2—	乙酰氧基	CH_3COO—
异丙基	$(CH_3)_2CH$—	氟	F—
乙烯基	$CH_2=CH$—	巯基(氢硫基)	HS—
环己基	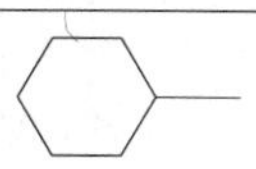 (环己烷环)—	甲硫基	CH_3S—
1-丙烯基	$CH_3CH=CH$—	乙硫基	CH_3CH_2S—
叔丁基	$(CH_3)_3C$—	甲基磺酰基	CH_3SO_2—
乙炔基	$HC\equiv C$—	磺基	$HOSO_2$—

续表

取代基	结构式	取代基	结构式
苯基	(苯环结构)	氯	Cl—
1-丙炔基	$CH_3C{\equiv}C—$	溴	Br—
氰基	NC—	碘	I—
羟甲基	$HOCH_2—$		
甲酰基	HCO—		
乙酰基	$CH_3CO—$		

注：按优先递升次序排列。

1.2　多官能团有机物命名原则

1）含有两个或两个以上不同官能团的化合物称为多官能团化合物。命名多官能团化合物时，通常按表 1-2 中官能团排列顺序确定化合物中的主官能团。在主要官能团的优先次序表 1-2 中，排在前面的官能团为主官能团，排在后面的官能团为取代基。

2）命名时选择含有主官能团在内的、取代基数目最多的最长碳链为主链，根据主链碳原子的数目和主官能团确定母体化合物。例如：

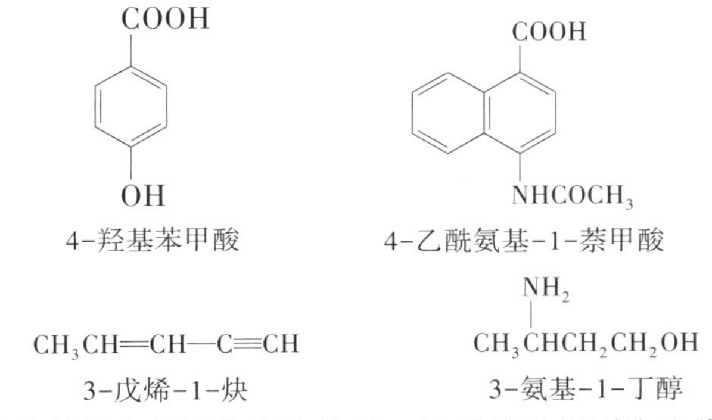

4-羟基苯甲酸　　4-乙酰氨基-1-萘甲酸

3-戊烯-1-炔　　3-氨基-1-丁醇

3）命名时以除母体外的官能团作为取代基，按照编号规则为取代基编号。将取代基位次、个数、名称按“次序规则”的规定依次排放在母体名称前，较优基团后列出，位次之间用逗号“,”分隔，位次与取代基间用半字符“-”隔开。

主要官能团按优先次序递降排列见表 1-2。

表 1-2　主要官能团的优先次序

官能团名称	官能团	化合物类别	官能团名称	官能团	化合物类别
羧基	—COOH	羧酸	羟基	—OH	酚
磺酸基	$—SO_3H$	磺酸	巯基	—SH	硫醇、硫酚
烷氧酰基	—COOR	羧酸酯	氨基	$—NH_2$	胺

续表

官能团名称	官能团	化合物类别	官能团名称	官能团	化合物类别
卤甲酰基	—COX	酰卤	碳碳三键	—C≡C—	炔烃
氨基甲酰基	$—CONH_2$	酰胺	碳碳双键	>C=C<	烯烃
氰基	—CN	腈	烷基	—R	烷烃
甲酰基	—CHO	醛	烷氧基	—OR	醚
羰基	>C=O	酮	卤原子	—X	卤代烃
羟基	—OH	醇	硝基	$—NO_2$	硝基化合物

注：主要官能团的优先次序各书略有出入，本表中按优先次序递降排列。

例 1 命名下列化合物

1. 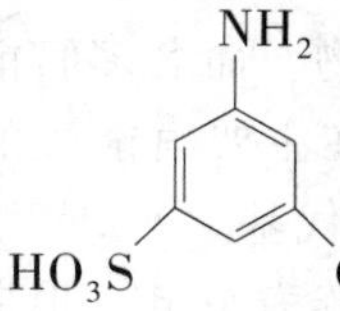 （华南理工大学，2017）

2. 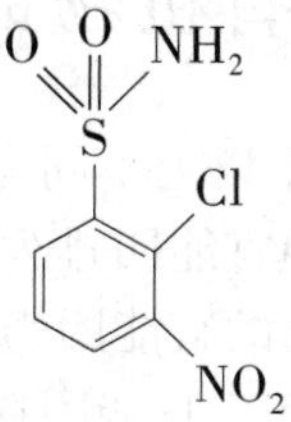 （暨南大学，2015）

3. 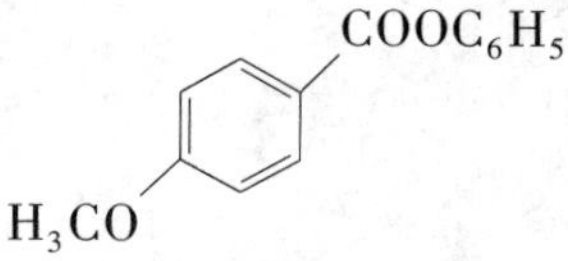 （中南大学，2014）

4.  （华东理工大学，2008）

5. 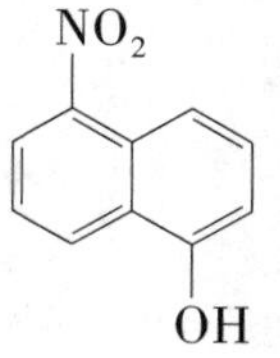 （华东理工大学，2007）

6. 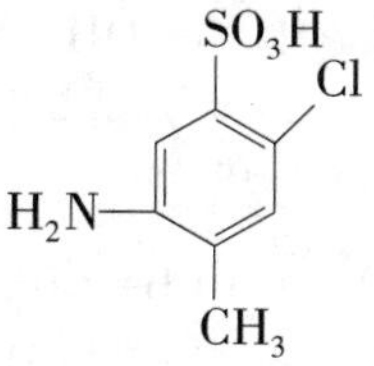 （陕西师范大学，2003）

7. 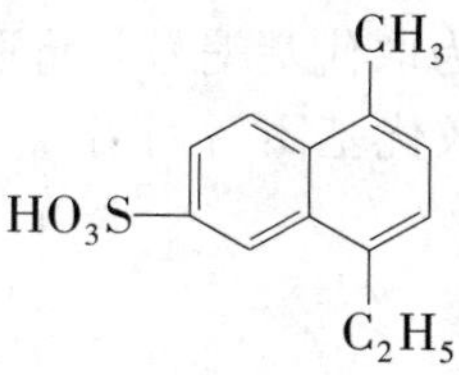 （天津大学，1997）

8.

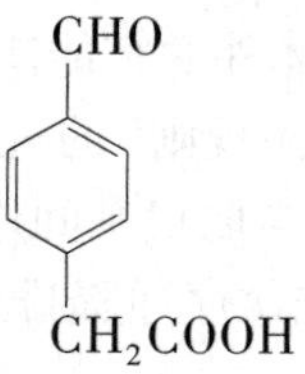

9. 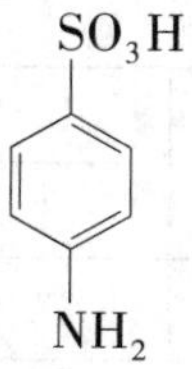 （浙江大学，2010）

10. 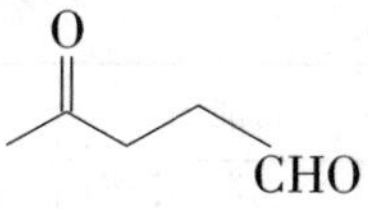 （浙江大学，2010）

解答 1. 3-氨基-5-羟基苯磺酸；2. 3-硝基-2-氯苯磺酰胺；3. 4-甲氧基苯甲酸苯酚酯；4. 2-溴-4-甲基乙酰苯胺；5. 5-硝基-1-萘酚；6. 2-氯-4-甲基-5-氨基苯磺酸；7. 5-甲基-8-乙基-2-萘磺酸；8. 4-甲酰基苯乙酸(以优先次序表中优先的官能团作为母体官能团来决定化合物的类别名称，再参照相应类别化合物的命名规则)；9. 对氨基苯磺酸；10. 4-戊酮醛。

1.3 烷烃烯烃炔烃的命名

1.3.1 烷烃

对较复杂的开链烷烃，采用系统命名法命名。系统命名法是根据国际纯粹和应用化学联合会(International Union of Pure and Applied Chemistry，缩写为IUPAC)的命名原则，结合我国的文字特点制定的一种命名法。其命名的基本原则是：

1）选择含有支链最多的最长碳链作为主链，支链作为取代基。根据主链所含的碳原子数目称为“某烷”(若是直链烷烃，命名时不加“正”字)，碳原子数为十以内的以天干“甲、乙、丙、丁、戊、己、庚、辛、壬、癸”计数，十以上的以大写数字计数，这是该化合物的母体。

```
H3C—CH2—CH—CH—CH2—CH3
         |   |
   H3C—CH   CH—CH3
         |   |
        CH3 CH3
```

2）从离支链近的一端开始给主链上的碳原子编号，取代基的位次号即为与它相连的主链碳原子的编号。当主链编号有几种可能时，按“最低系列”原则编号，即：顺次逐项比较各系列的不同位次，最先遇到取代基的系列为最低系列。例如：

```
5    4     3     2    1
CH3—CH2—CH2—CH—CH3
               |
              CH3

6    5     4     3    2    1
CH3—CH2—CH2—CH—CH—CH3
               |    |
              CH3  CH3

                    CH3
6    5     4     3  |  2     1
CH3—CH2—CH—C—CH2—CH3
              |    |
             CH2  CH3
              |
             CH3
```

若从主链两端编号，取代基序号相同时，使较小的(按“次序规则”较不优先的)取代基占据较小的编号。例如：

```
1    2     3    4    5     6
CH3—CH2—CH—CH—CH2—CH3
              |    |
             CH3  CH2
                   |
                  CH3
```

3）按取代基位次—取代基个数—取代基名称母体名称写出全名。取代基的位次号用阿拉伯数字表示，位次号与取代基名称之间用半字符“-”连接。当有多个取代基时，它们在名称中的列出次序按“次序规则”的规定，“较优”基团后列出。当有相同取代基时，将它们合并，用二、三、四…表示其数目，并标明其所在碳的位次号，位次号之间用逗号“，”分开，注意同一个碳上有两个以上相同的取代基时，位次号不能省略。例如：

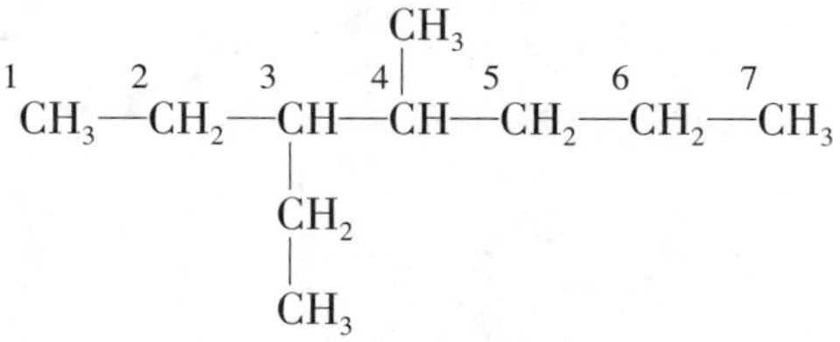

$$\overset{1}{CH_3}-\overset{2}{CH_2}-\overset{3}{CH}(CH_2CH_3)-\overset{4}{CH}(CH_3)-\overset{5}{CH_2}-\overset{6}{CH_2}-\overset{7}{CH_3}$$

4-甲基-3-乙基庚烷

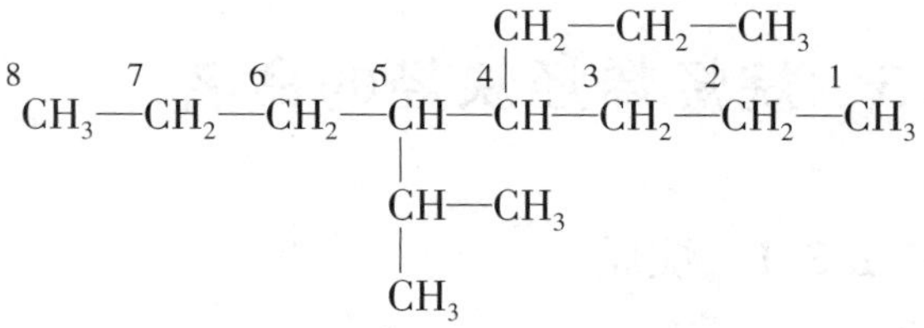

$$\overset{8}{CH_3}-\overset{7}{CH_2}-\overset{6}{CH_2}-\overset{5}{CH}(CH(CH_3)CH_3)-\overset{4}{CH}(CH_2-CH_2-CH_3)-\overset{3}{CH_2}-\overset{2}{CH_2}-\overset{1}{CH_3}$$

4-丙基-5-异丙基辛烷

$$\overset{1}{CH_3}-\overset{2}{CH}(CH_3)-\overset{3}{C}(CH_3)(CH_2-CH_3)-\overset{4}{CH_2}-\overset{5}{CH_2}-\overset{6}{CH_3}$$

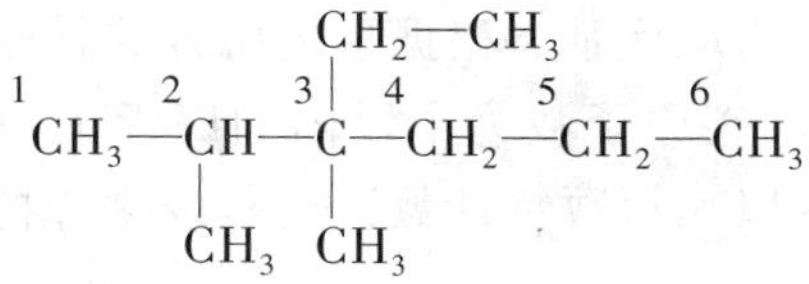

2,3-二甲基-3-乙基己烷

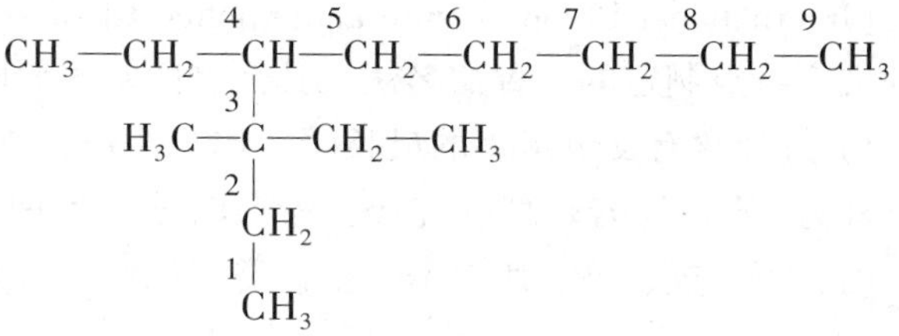

$$CH_3-CH_2-\overset{4}{CH}(\overset{3}{C}(H_3C)(CH_2-CH_3)\overset{2}{CH_2}\overset{1}{CH_3})-\overset{5}{CH_2}-\overset{6}{CH_2}-\overset{7}{CH_2}-\overset{8}{CH_2}-\overset{9}{CH_3}$$

3-甲基-3,4-二乙基壬烷

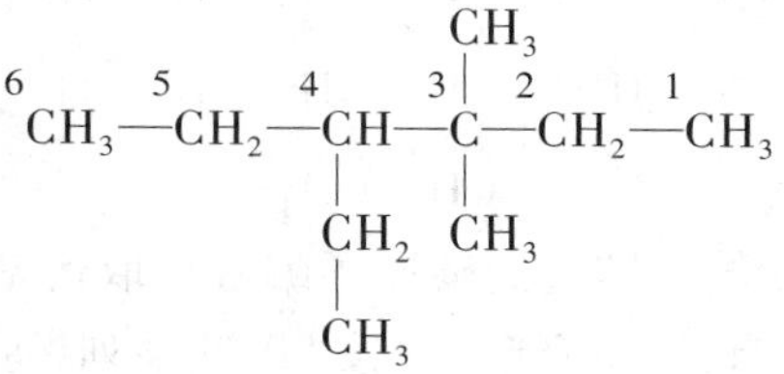

$$\overset{6}{CH_3}-\overset{5}{CH_2}-\overset{4}{CH}(CH_2CH_3)-\overset{3}{C}(CH_3)_2-\overset{2}{CH_2}-\overset{1}{CH_3}$$

3,3-二甲基-4-乙基己烷

4）支链比较复杂时用带撇（′）的数字标明取代基在支链中的位次，把带有取代基的支链写在括号中。

例 2 命名下列化合物或写出化合物结构式

1.（华南理工大学,2017） 2.（暨南大学,2015）

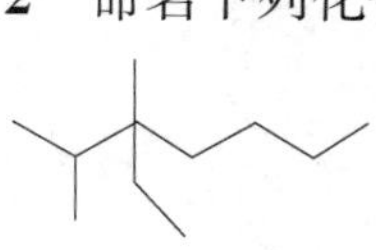

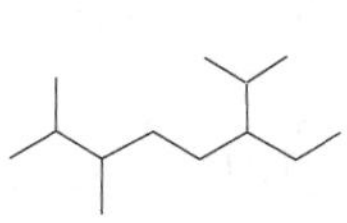

3.（广西师范大学,2010） 4. 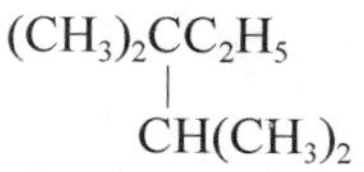 $(CH_3)_2CC_2H_5$—$CH(CH_3)_2$（北京化工大学,2009）

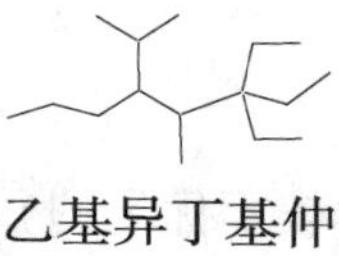

5.乙基异丁基仲丁基叔丁基甲烷（北京化工大学,2009）

6.（南开大学,2005）

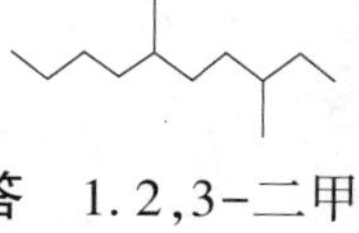

解答 1. 2,3-二甲基-3-乙基庚烷 2. 2,3-二甲基-6-异丙基辛烷

3. 4-甲基-3,3-二乙基-5-异丙基辛烷 4. 2,3,3-三甲基戊烷

$CH_3CHCH_2CH_3$

5. 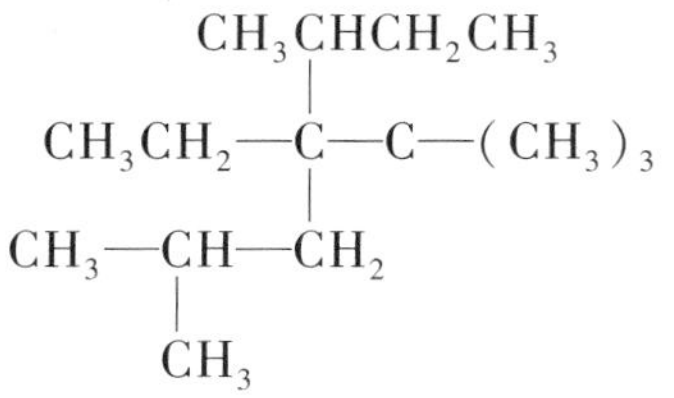　$CH_3CH_2—C—C—(CH_3)_3$　6. 2-甲基-6-乙基癸烷。选择最长的碳链为主链。

$CH_3—CH—CH_2$

CH_3

1.3.2　脂环烃

1. 单环脂环烃

单环脂环烃的命名与开链脂肪烃相似，只是在开链脂肪烃名称前面加上“环”字，环烷烃就称为“环某烷”。例如：

环丙烷　　环丁烷 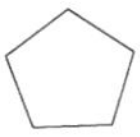　　环戊烷 　　环己烷

环上有支链时，一般作为取代基，将其名称放在前面。如果环上有多个取代基，就需要将取代基按照次序规则进行编号。

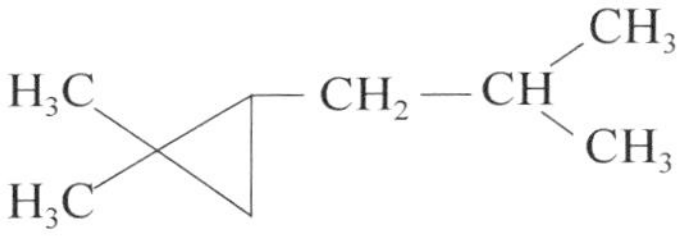

H_3C　$CH_2—CH(CH_3)_2$　CH_3　CH_3　CH_3

1,1-二甲基-2-异丁基环丙烷 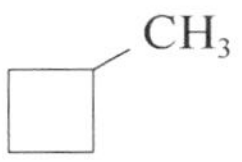　　甲基环丁烷 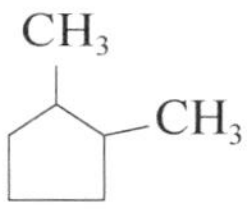　　1,2-二甲基环戊烷

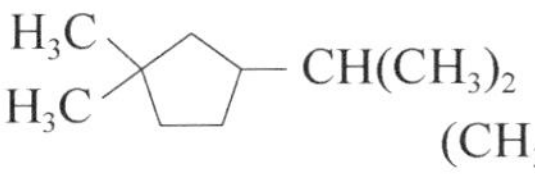

H_3C　H_3C　$CH(CH_3)_2$　$(CH_3)_3C$　CH_3　C_2H_5　$CH_2(CH_2)_4CH_3$

1,1-二甲基-2-异丁基环丙烷 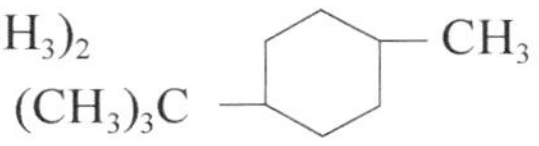　　1-甲基-4-叔丁基环己烷 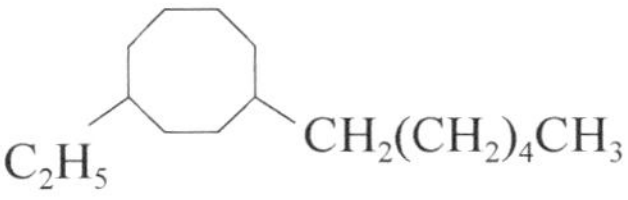　　1-乙基-4-正己基环辛烷

如果分子中有大环与小环，命名时一般以较大的环为母体，较小的环为取代基。对于比较复杂的化合物或环上带的支链（或当环上碳原子数比支链上少）不易命名时，则将环作为取代基来命名。例如：

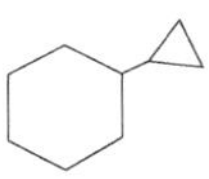

CH_3　$CH_3CH_2CH_2CHCHCH_2CH_3$　CH_3　CH_2CH_2

环丙基环己烷 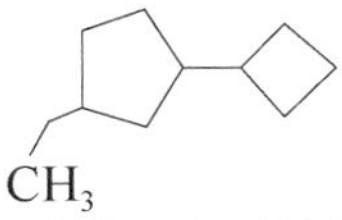　1-甲基-3-环丁基环戊烷 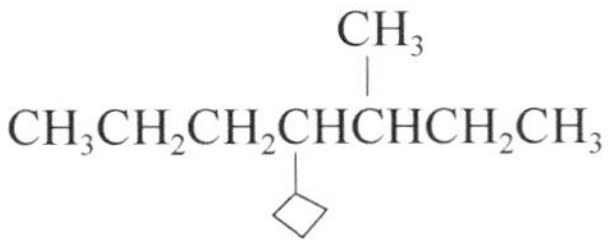　3-甲基-4-环丁基庚烷 　1,2-二环己基乙烷

由于环的存在限制了 σ 键的自由旋转，当环上有两个或两个以上碳原子均连有不同的取代基时，将产生顺反异构。两个相同原子或基团在环平面同侧者为顺式，在异侧者为反式异构体。例如：

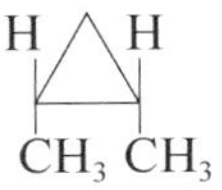

H　H　CH_3　CH_3　　H　CH_3　CH_3　H

顺-1,2-二甲基环丙烷 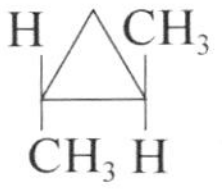　　反-1,2-二甲基环丙烷

在书写环状化合物的结构式时，为了表示出环上碳原子的构型，可以把环表示为垂直于纸面(见 A、C)，将朝向前面(即向着纸面外)的三个键用粗线或楔形线表示。把碳上的基团排布在环的上边和下边(若碳上没有取代基只有氢原子，也可省略不写)。或者把碳环表示为在纸面上(见 B、D)，把碳上的基团排布在环的前方和后方，用实线表示伸向环平面前方的键，虚线表示伸向后方的键。

CH_3 CH_3 或 CH_3 CH_3　　CH_3 H 或 CH_3 H

H H　H H　　H CH_3　H CH_3

A　　B　　C　　D

顺-1,4-二甲基环己烷　　反-1,4-二甲基环己烷

环烯烃和环炔烃的命名也与相应的开链不饱和烃相似，分别称为“环某烯”、“环某二烯”和“环某炔”。以不饱和碳环作为母体，环上碳原子的编号应使不饱和碳的位次最小。环上的支链作为取代基，其名称放在母体名称之前，如果环上不止一个取代基，按次序规则命名，且使所有取代基的编号尽可能小。若分子中只有一个不饱和键的环烯或环炔烃，因不饱和键位于 $C_1 \sim C_2$ 之间，故双键或三键的位次也可以不标出来。例如：

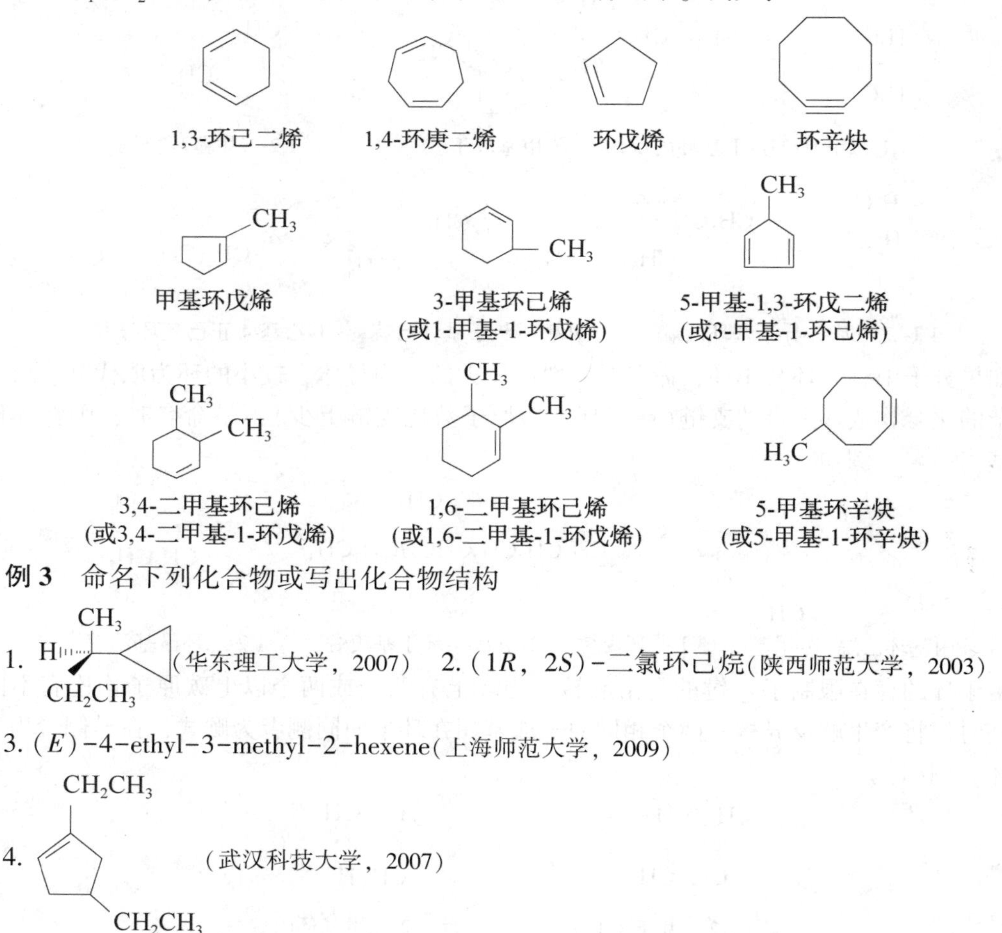

例 3　命名下列化合物或写出化合物结构

1. (华东理工大学，2007)　2. (1*R*，2*S*)-二氯环己烷(陕西师范大学，2003)

3. (*E*)-4-ethyl-3-methyl-2-hexene(上海师范大学，2009)

4. (武汉科技大学，2007)

解答　1. (R)-2-环丙基丁烷；2. （结构式：环己烷，同一碳上连有两个 Cl）；

3. $H_3C(H)C{=}C(CH_3)CH(CH_2CH_3)CH_2CH_3$ ；4.　1,4-二乙基-1-环戊烯。

2. 螺环脂环烃

1）两碳环共用的碳原子称为螺原子，以“螺”字作词头，按成环碳原子总数命名为“螺[a. b]某烷”。

2）方括号中的数字 a 和 b 分别为螺原子以外的小环和大环碳原子数目，并用下角圆点分开。

3）环的编号从小环中与螺原子相邻的碳原子开始，经由螺原子再到大环。如果环上有不饱和键，编号时应满足以上原则，且使不饱和碳原子的编号尽可能小。如果环上有取代基，除满足上述原则外，位次也应尽可能小。取代基的位次和名称放在“螺”之前。例如：

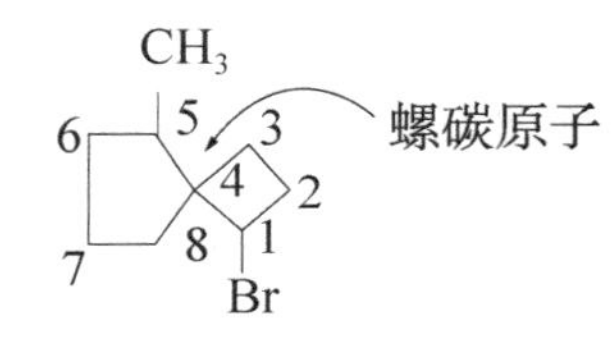

5-甲基-1-溴螺[3.4]辛烷

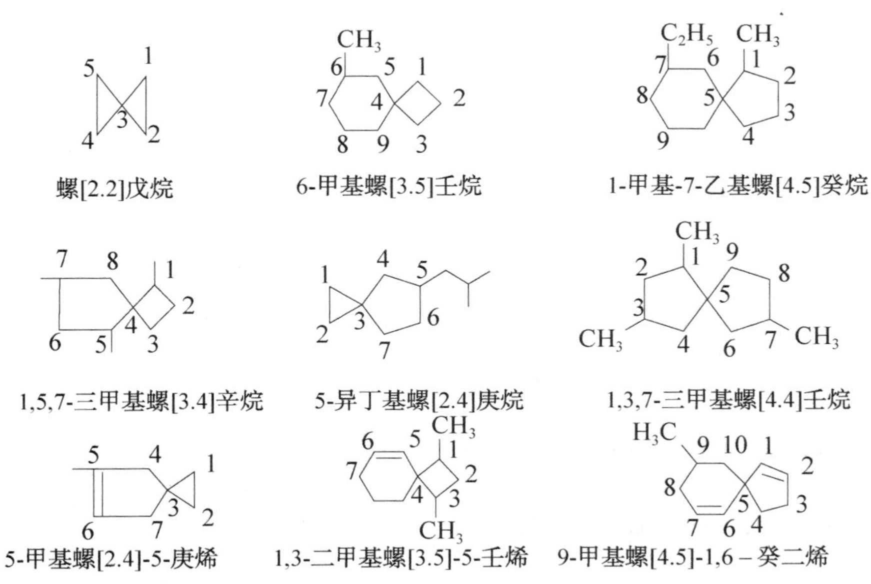

螺[2.2]戊烷　　6-甲基螺[3.5]壬烷　　1-甲基-7-乙基螺[4.5]癸烷

1,5,7-三甲基螺[3.4]辛烷　　5-异丁基螺[2.4]庚烷　　1,3,7-三甲基螺[4.4]壬烷

5-甲基螺[2.4]-5-庚烯　　1,3-二甲基螺[3.5]-5-壬烯　　9-甲基螺[4.5]-1,6-癸二烯

例 4　命名下列化合物

1. 2-甲基螺[3.4]辛烷(陕西师范大学，2003)

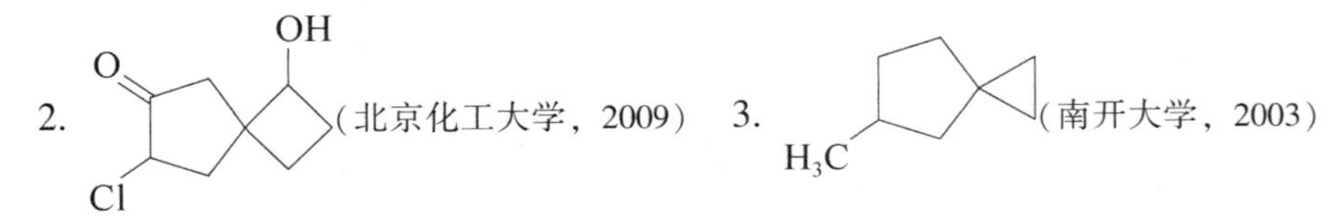

2. (北京化工大学，2009)　3. (南开大学，2003)

4. （广西师范大学，2010）　5. （南京理工大学，2010）

解答　1. ；2. 1-羟基-7-氯螺[3.4]-6-辛酮；3. 5-甲基螺[2.4]庚烷；4. 2,5-二甲基螺[3.4]辛烷；5. 5-溴螺[3.4]辛烷。

3. 桥环脂环烃

1）按两个环的成环碳原子总数命名为“二环[a.b.c]某烃”，有时也称为“双环[a.b.c]某烃”。

2）两环相接处为桥头碳原子，其他碳原子为桥碳原子，方括号中的数字a.b.c分别为桥头碳原子以外的各桥碳原子数目，由大到小排列，并用下角圆点分开。

3）环的编号从某一桥头碳原子开始，沿最长的桥到另一桥头碳原子，再经次长的桥回到第一个桥头碳原子，最短的桥上碳原子最后编号。

4）如果环上有不饱和键，编号时应满足以上原则，且使不饱和碳原子的编号尽可能小。如果环上有取代基，除满足上述原则外，位次也应尽可能小。取代基的位次和名称放在“二环”之前。稠环脂环烃按此命名法命名。例如：

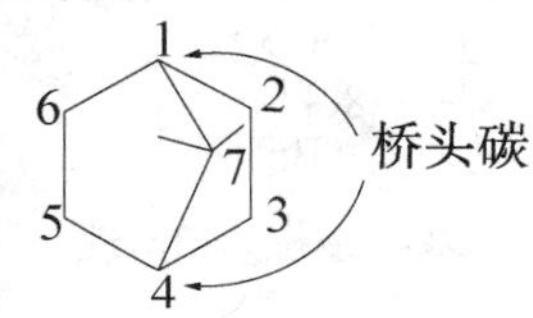

7,7-二甲基二环[2.2.1]庚烷

二环[3.3.0]辛烷　二环[2.1.0]戊烷　6-甲基二环[3.2.2]壬烷

6-甲基二环[3.2.0]庚烷　8-甲基二环[4.3.0]壬烷　6,8-二甲基-2-乙基二环[3.2.1]辛烷

5）命名环烯烃时，双键位次编号放在[a.b.c]-后，也可以插入“某”与“烯”之间，例如：

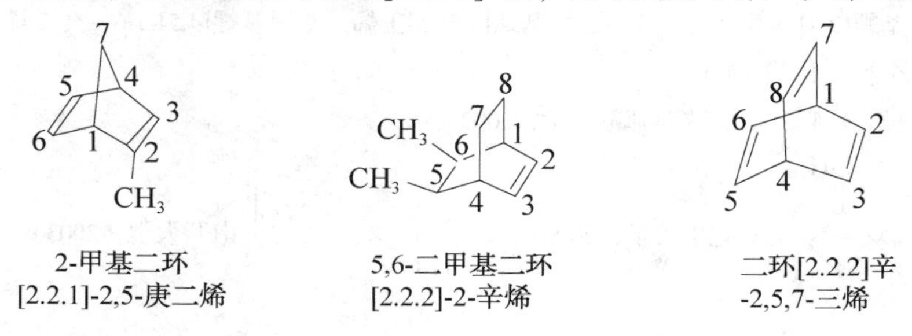

2-甲基二环[2.2.1]-2,5-庚二烯　5,6-二甲基二环[2.2.2]-2-辛烯　二环[2.2.2]辛-2,5,7-三烯

环烃的命名关键是编号——遵循的原则依次为：①桥环、螺环的特定原则；②官能团位置最小原则；③取代基最先碰面原则；④先小后大原则。

例5　命名下列化合物

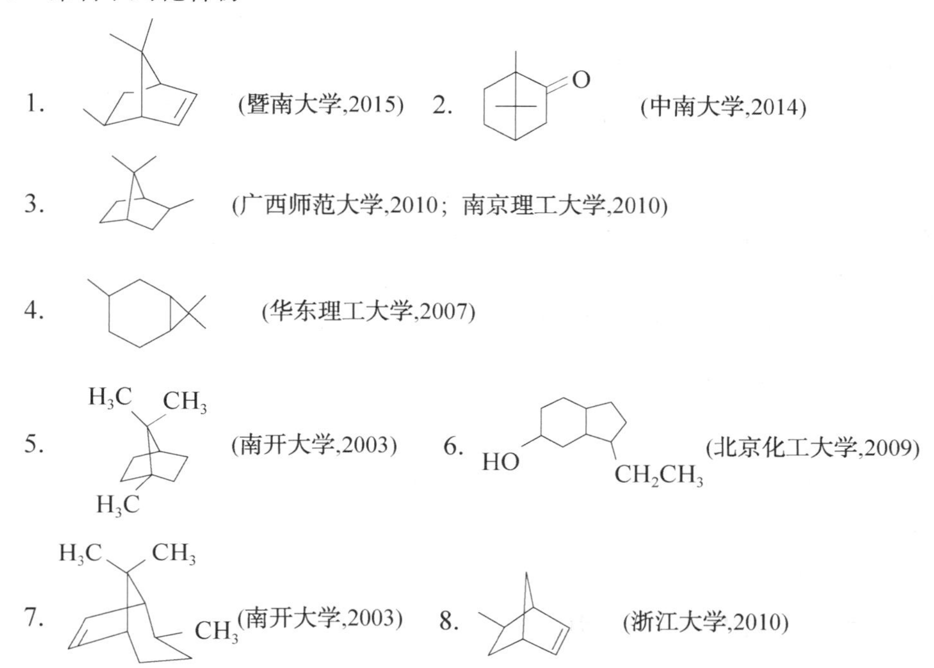

解答　1. 5,7,7-三甲基二环[2.2.1]-2-庚烯；2. 1,7,7-三甲基二环[2.2.1]-2-庚酮；3. 2,7,7-三甲基二环[2.2.1]庚烷；4. 3,7,7-三甲基二环[4.1.0]庚烷；5. 1,7,7-三甲基二环[2.2.1]庚烷；6. 9-乙基二环[4.3.0]-3-壬醇；7. 2,8,8-三甲基双环[3.2.1]-6-辛烯；8. 5-甲基二环[2.2.1]-2-庚烯。

1.3.3　烯烃、炔烃的命名

1）选择含有重键的最长碳链为主链，支链为取代基，根据主链所含碳原子数命名为某烯或某炔。

2）从靠近重键的一端开始依次用1，2，3，…给主链上的碳原子编号。重键的位次用两个重键碳原子中编号较小的碳原子的序号表示，写在某烯或某炔之前，并用半字符“-”相连。

3）取代基的位次、数目、名称写在某烯或某炔名称之前，其原则和书写格式与烷烃相同。

4）当主链碳原子数大于十时，命名时汉字数字与烯或炔字之间应加一个“碳”字称为某碳烯或某碳炔。

5）通常将碳碳双键处于端位的烯烃，统称 α-烯烃。碳碳三键处于端位的炔烃，一般称为端位炔烃。例如：

$CH_2{=}C(CH_2CH_2CH_3){-}CH_2CH_3$　2-乙基-1-戊烯

$CH_3{-}C(CH_3)_2{-}CH{=}CHCH_3$　4,4-二甲基-2-戊烯

$CH_3CH(CH_2CH_2CH_3){-}C(CH_2CH_3){=}CH_2$　3-甲基-2-乙基-1-己烯

$CH_3CH(CH_3)CH_2C{\equiv}CH$　4-甲基-1-戊炔

$CH_3CH(CH_3)C{\equiv}CCH(CH_3)CH_3$　2,5-二甲基-3-己炔

$CH_3CH(CH_3)CH_2C{\equiv}CCH_3$　5-甲基-2-己炔

$CH_3(CH_2)_3CH{=}CH(CH_2)_4CH_3$　5-十一碳烯

$CH_3(CH_2)_{10}C{\equiv}CH$　1-十三碳炔

$CH_3(CH_2)_{10}CH_3$　十二烷

例 6　命名下列化合物或写出化合物结构式

1. OH（暨南大学，2015）

2. $(BrH_2C)(H_3CH_2C)C{=}C(C_6H_5)(CH_2CH_2CH_3)$（中南大学，2014）

3. $C_6H_5{-}CH(CH_3)CH{=}CHCH(OCH_3)CH_2CH_3$（南开大学，2003）

4. 3-(2-氯乙基)-1,4-二溴-2-戊烯（北京化工大学，2009）

5. （陕西师范大学，2003）

6. $(H_3C)(Br)C{=}C(CH_2CH_2CH_3)(C_2H_5)$（南京理工大学，2010）

7. （浙江大学，2010）

解答　1. 4-甲基-3-戊烯醇；2. (*Z*)-3-溴甲基-4-苯基-3-庚烯；3. 5-甲氧基-2-苯基-3-庚烯；4. $BrCH_2CH{=}C(CH_2CH_2Cl){-}CHBrCH_3$；5. (2*Z*，4*E*)-4 甲基-2，4，6-辛三烯；6. (*E*)-3-乙基-2-溴-2-己烯；7. 3，3，8，8-四甲基-4-壬烯。

1.3.4　烯炔的命名

（1）烯炔的命名

1）不饱和链烃分子中同时含有碳碳双键和碳碳三键的化合物称为烯炔。选择含有双键和三键在内的最长碳链为主链，并将其命名为某烯炔（烯在前、炔在后）。编号时，使双键

和三键具有尽可能低的位次号，即应使烯、炔所在位次的和为最小。例如：

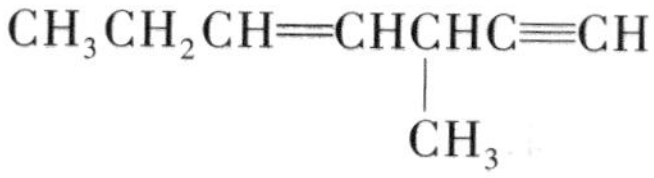

$$\begin{array}{l} CH_3CH_2CH{=\!=}CHCHC{\equiv}CH \\ \qquad\qquad\qquad\quad | \\ \qquad\qquad\qquad\; CH_3 \end{array}$$

3-甲基-4-庚烯-1-炔

2）当双键和三键处在相同的位次供选择时，即烯、炔两碳原子编号之和相等时，则从靠近双键一端开始编号。例如：

$$CH_2{=\!=}CHC{\equiv}CH$$

1-丁烯-3-炔

（2）复杂烯炔的命名

当分子中有多个不饱和键(双键、三键)时，命名时较为复杂，具体规则如下：

1）选择含不饱和键最多的链为主链(a、b、c、d)。若有两个或多个直链含相同数目的不饱和键，则选其中碳原子数多者为主链(b)。若碳原子数也相同，则选双键数目多者为主链(c)。

a　$CH_2{=}C(CH_2CH_2CH_3){-}C{\equiv}C{-}C(CH_2CH_3){=}CH_2$ ←— 主链

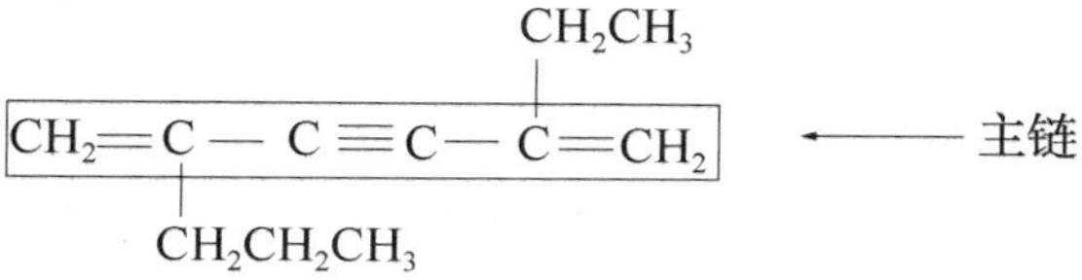

b　$CH_3{-}C{\equiv}C{-}CH(C{\equiv}CH){-}CH_2{-}CH{=}CH{-}CH_3$ ←— 主链

c　$CH_2{=}CH{-}CH(C{\equiv}CH){-}CH{=}CH_2$ ←— 主链

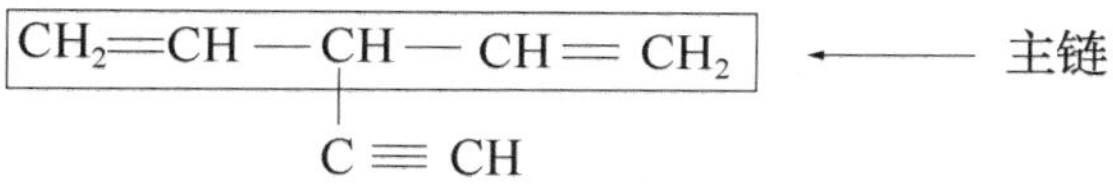

2）编号原则同烯炔。

3）取代基由取代基位置号、个数(1 可省略)、名称三部分组成。母体名称按“某-烯键位置号-几烯-炔键位置号-几炔”的次序书写(d)。

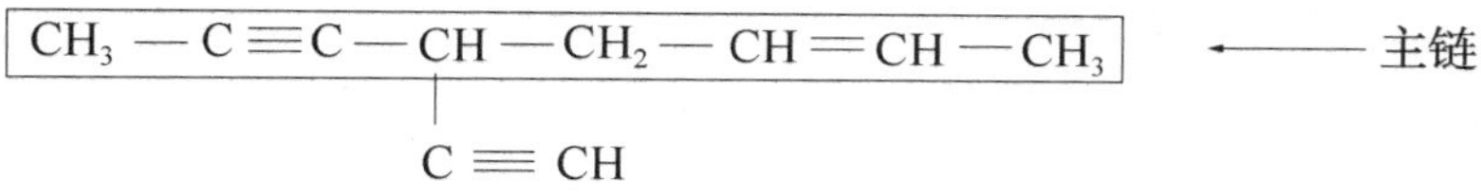

d　$\underset{9}{CH_3}{-}\underset{8}{C}{\equiv}\underset{7}{C}{-}\underset{6}{CH_2}{-}\overset{5}{C}(CH_3CH_2CH_2){=}\overset{4}{C}H{-}\underset{3}{C}H{=}\underset{2}{C}H{-}\underset{1}{CH_3}$

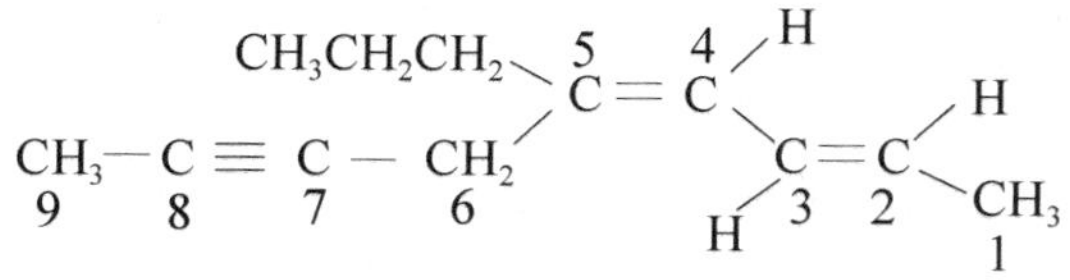

5-丙基壬-2，4-二烯-7-炔

例 7　命名下列化合物

1. 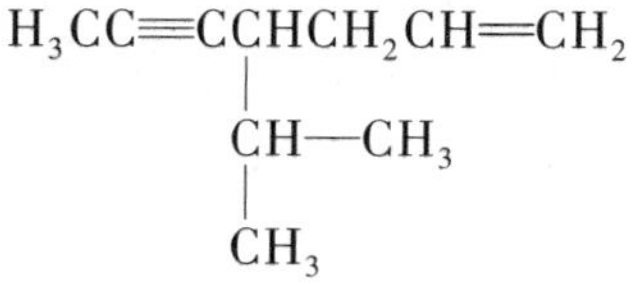 $H_3CC{\equiv}CCH(CH(CH_3)CH_3)CH_2CH{=}CH_2$（广西师范大学，2010）

2. $(CH_3)_3C(H)C{=}C(CH_3)—C{\equiv}C—CH_3$ （北京化工大学，2009）

3. $H(H_3C)C{=}C(H)C{\equiv}CH$ （武汉工程大学，1999）

4. $CH_3—C(H)(CH{=}CH_2)(C{\equiv}CH)$ （陕西师范大学，2003）

解答　1. 4-异丙基-1-庚烯-5-炔；2. (2*Z*)-3-叔丁基-2-己烯-4-炔；3. (3*E*)-3-戊烯-1-炔(分子中同时含有双键和叁键时，应使双键和叁键位次之和最小)；4. (*R*)-3-甲基-1-戊烯-4-炔。

1.3.5　烯烃顺反异构体的命名

烯烃顺反异构体的命名采用两种方法：顺，反-标记法和 *Z*，*E*-标记法。

(1) 顺，反-标记法

1) 两个相同原子或基团处于双键碳原子同一侧的称为顺式，反之称为反式。例如：

$(H_3C)(H)C{=}C(CH_2CH_3)(H)$

顺-2-戊烯

$(H)(H_3C)C{=}C(CH_2CH_3)(H)$

反-2-戊烯

2) 当两个双键碳原子所连接的四个原子或基团都不相同时，则不适合用顺，反-标记法命名。例如：

$(H)(CH_3)C{=}C(CH_2CH_3)(CH_2CH_2CH_3)$

$(CH_3CH_2)(CH_3)C{=}C(CH(CH_3)_2)(CH_2CH_2CH_3)$

上述烯烃不存在两个相同原子或基团，无法用顺，反-标记法。顺，反-标记法虽然比较简单方便，但有局限性。值得注意的是当双键碳上，其中有一个碳原子上连有两个相同的原子或基团时，则不存在顺反异构。

(2) *Z*，*E*-标记法

Z，*E*-标记法适用于所有烯烃的顺反异构体，因此烯烃的系统命名法中采用 *Z*，*E*-标记法。用 *Z*，*E*-标记法时，首先按照“次序规则”分别确定双键两端碳原子上所连接的原子或基团的次序大小。如果双键的两个碳原子连接的次序大的原子或基团在双键的同一侧，则为 *Z* 式构型(*Z* 是德文 Zusammen 的字头，指在同一侧的意思)，如果双键的两个碳原子上连接的次序大的原子或原子团在双键的异侧时，则为 *E* 式构型(*E* 是德文 Entgegen 的字头，指相反的意思)。例如：

H 　　CH_2CH_3 ↓
$C=C$
↑ H_3C 　　CH_3
(E)-3-甲基-2-戊烯

H_3C ↓ 　　CH_2CH_3 ↓
$C=C$
H 　　CH_3
(Z)-3-甲基-2-戊烯

注意：用(Z)和(E)，顺和反是两种不同的表达烯烃构型的命名方法，它们没有对应关系！不能简单地把(Z)和顺或(E)和反等同看待。

例 8　命名下列化合物或写出化合物的构型

1. H_3C 　CH_2CH_2CHO
$C=C$
Br 　CH_3
(用 Z，E-标记法命名)(华南理工大学，2017)

2. CH_3 　H
Br 　$CH_2CH_2CH_3$
H 　H
(广西师范大学，2010)

3. $ClCH_2$ 　CH_2—C_6H_5
$C=C$
CH_3 　CH_2CH_2OH
(华东理工大学，2007)

4. (陕西师范大学，2003)

5. H_3C 　CH_3
$C=C$ 　CH_3
H 　$C=C$
H 　H
(用 Z，E-标记法命名)(华南理工大学，2005)

6. ($2E$，$4S$)-3-乙基-4-溴-2-戊烯(中国石油大学，2000)

解答　1. (E)-3-甲基-2-溴-4-己烯醛；2. ($2Z$，$4Z$)-2-溴-2，4-辛二烯；3. (E)-4-甲基-3-苄基-5-氯-3-戊烯-1-醇；4. ($2Z$，$4E$)-4 甲基-2，4，6-辛三烯；

5. ($2E$，$4Z$)-3-甲基-2，4-己二烯；选择包含两个双键的最长碳链为主链，再优先考虑取代基。6.

H 　Br 　C···H 　CH_3
$C=C$
H_3C 　CH_2CH_3

。先写出其结构式：$CH_3CH=C—CHCH_3$（C 上连 H_3CH_2C，CH 上连 Br）

根据双键所连接基团，确定构型为 E 型，根据手性碳原子，用 Fischer 投影式或透视式写出其构型。

1.4　芳香烃的命名

1) 若取代基不太复杂，以苯为母体，给优先次序较小的基团以较小的编号为苯环编号。
2) 有多个取代基则以苯的同系物为母体再将取代基写在母体名称前。

3）苯环上两个取代基的相对位置，常用邻、间、对或 *o*—(Ortho)、*m*—(Meta)、*p*—(Para)等字头表示。可采用标记取代基相对位置的方法，对苯的二元取代物命名。例如：

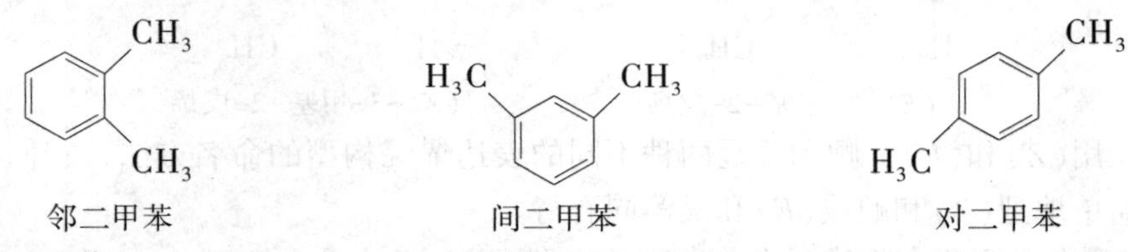

邻二甲苯（1,2-二甲苯）(*o*-二甲苯)　　间二甲苯（1,3-二甲苯）(*m*-二甲苯)　　对二甲苯（1,4-二甲苯）(*p*-二甲苯)

4）苯环上连有三个相同的取代基时，也常用连、偏、均等字头表明取代基的相对位置。例如：

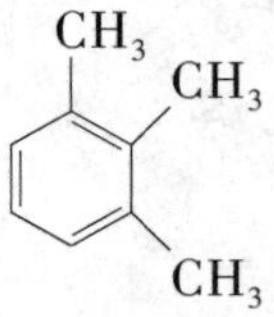

连三甲苯 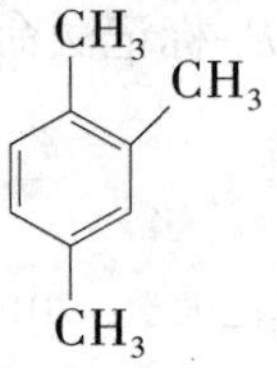　　偏三甲苯 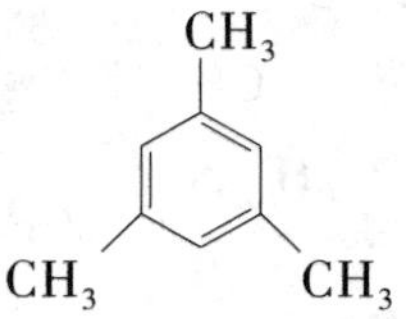　　均三甲苯

5）对于侧链是结构复杂的烃基、侧链包含官能团及侧链连接多个苯环的情况，一般将苯环视为取代基，以侧链结构为母体进行命名。例如：

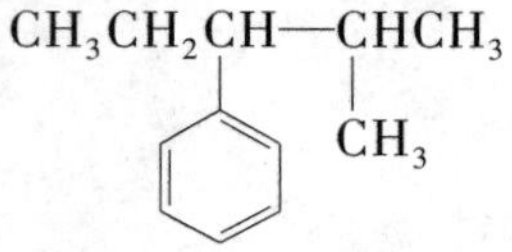

$CH_3CH_2CH(C_6H_5)—CH(CH_3)CH_3$　2-甲基-3-苯基戊烷

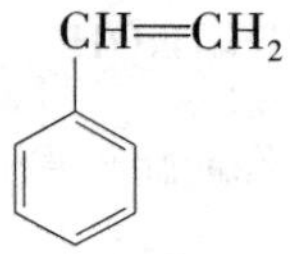

$C_6H_5CH═CH_2$　苯乙烯

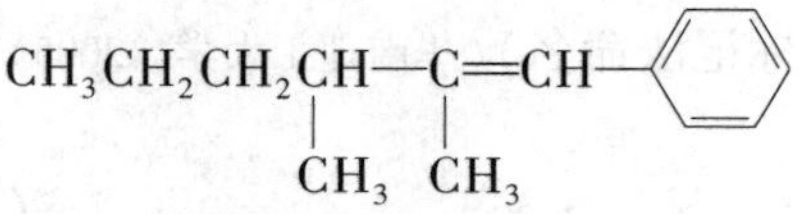

$CH_3CH_2CH_2CH(CH_3)—C(CH_3)═CH—C_6H_5$　2，3-二甲基-1-苯基-1-己烯

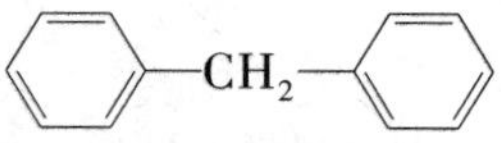

$C_6H_5—CH_2—C_6H_5$　二苯甲烷

例 9　命名下列化合物或写出其结构式

1. 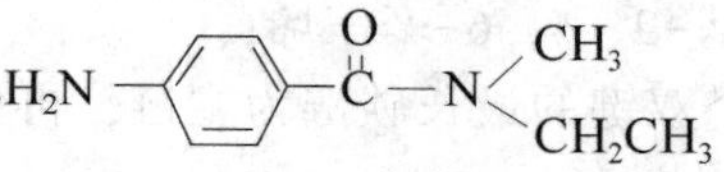 $H_2N—C_6H_4—C(═O)—N(CH_3)CH_2CH_3$　(中南大学,2014)

2. 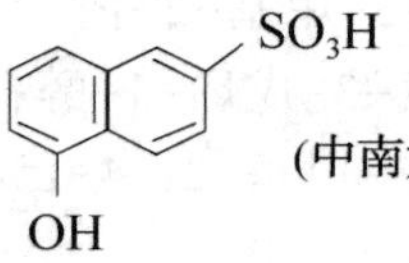 （萘环，取代基 SO_3H、OH）　(中南大学,2014)

3. 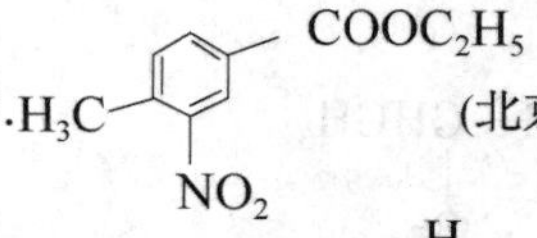 （苯环，取代基 H_3C、$COOC_2H_5$、NO_2）　(北京化工大学,2009)

4. *N*-乙基-*N*-亚硝基苯胺　(上海师范大学,2009)

5. 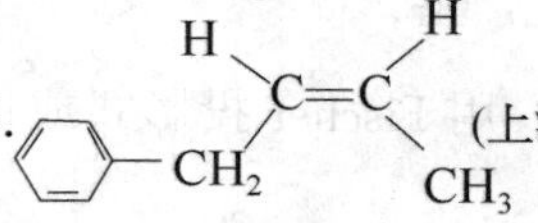 $C_6H_5CH_2(H)C═C(H)CH_3$　(上海师范大学,2009)

6. 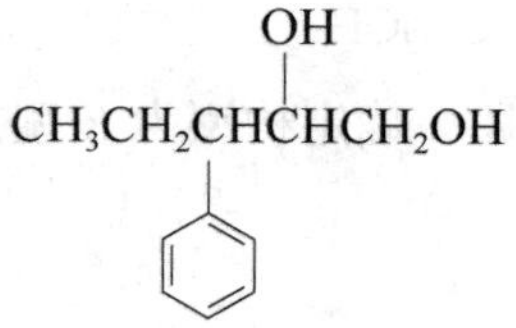 $CH_3CH_2CH(C_6H_5)CH(OH)CH_2OH$　(南京理工大学,2010)

7. 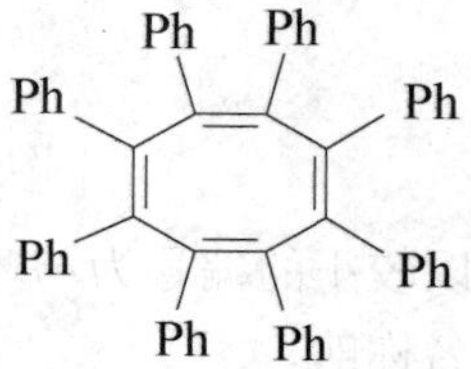 （八苯基环辛四烯，Ph ×8） 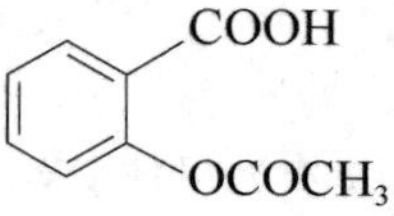　(浙江大学,2010)

8. （苯环，邻位 COOH、$OCOCH_3$）　(浙江大学,2010)

解答　1. *N*-甲基-*N*-乙基-4-氨基苯甲酰胺；2. 5-羟基-2-萘磺酸；3. 4-甲基-3-硝基苯甲酸乙酯；4. C_6H_5—N(NO)—CH_2CH_3；5. 顺-4-苯基-2-丁烯[或(*Z*)-4-苯基-2-丁烯]；6. 3-苯基-1，2-戊二醇；7. 1，2，3，4，5，6，7，8-八苯基-1，3，5，7-环辛四烯；8. 2-乙酰氧基苯甲酸。

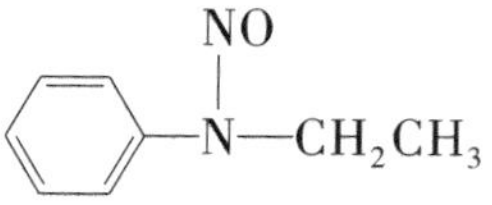

1.5　轮烯的命名

以“轮烯”为主体命名，在前加上记有轮烯上总碳原子数的方括号即可。通常将 $n \geqslant 10$ 的这类单环共轭多烯烃称为轮烯。命名时以“轮烯”为主体命名，把成环的碳原子数放在方括号中，方括号在前母体在后，命名为[*n*]轮烯。例如：

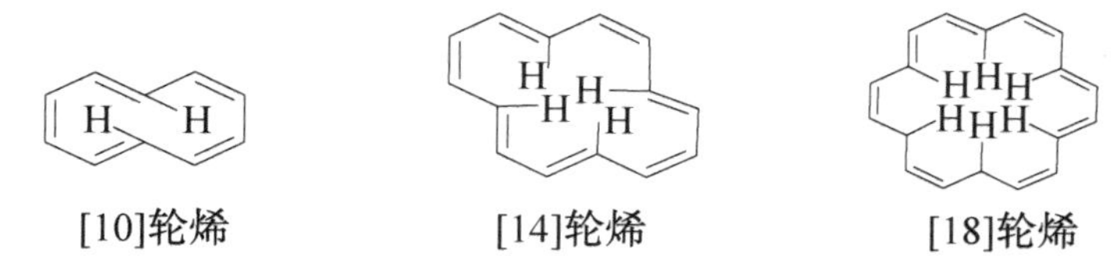

[10]轮烯　　[14]轮烯　　[18]轮烯

1.6　联苯类化合物的命名

联苯类化合物是两个或多个苯环直接以单键相连所形成的一类多环芳烃。该类化合物最简单的即是两个苯环组成的联苯。联苯环上碳原子的编号如图所示：

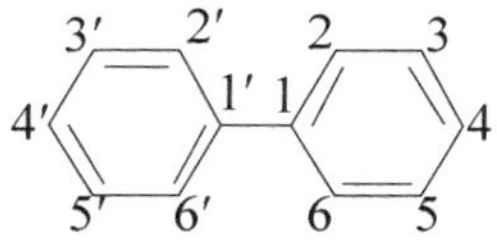

3′ 2′ 2 3
4′ 1′ 1 4
5′ 6′ 6 5

简单的取代联苯衍生物，也可用邻-间-对的方式命名。复杂衍生物，则可用环碳原子的编号来标明取代基的位置。如：

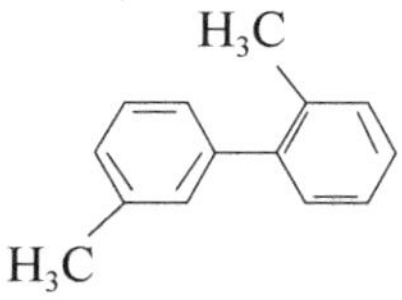

2,3′-二甲基联苯 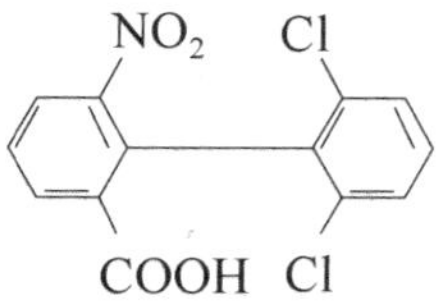　　2′,6′-二氯-6-硝基联苯-2-羧酸

例 10　命名下列化合物

1. 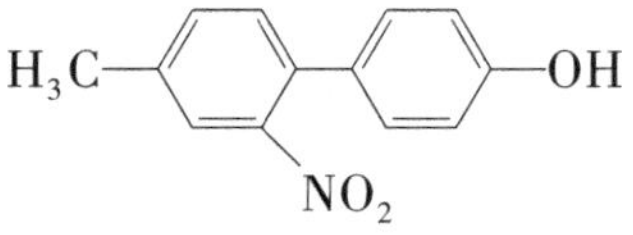 H_3C—(2-NO_2)联苯—OH（北京化工大学，2009）

2. 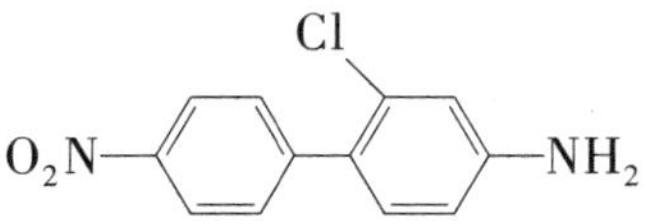 O_2N—联苯(Cl)—NH_2（北京化工大学，2008）

解答 1. 4-甲基-2-硝基-4′-羟基联苯；2. 4-氨基-2-氯-4′-硝基联苯。较小取代基位次用不带撇的阿拉伯数字编号。

1.7 烃的衍生物的命名

参照官能团的优先次序规则命名即可。

例 11 命名下列化合物或写出化合物结构

1. 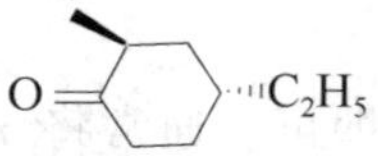 O= ⋯ C_2H_5 (广西师范大学,2010) 2. 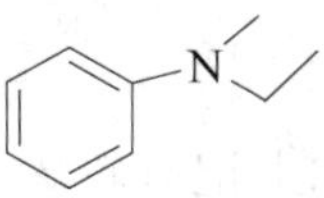 N (广西师范大学,2010)

3. NBS(陕西师范大学,2003;南京理工大学,2010) 4. DMSO(陕西师范大学,2003)

5. $CH_3CH_2CH_2COCH_2COOC_2H_5$ (华东理工大学,2008)

6. 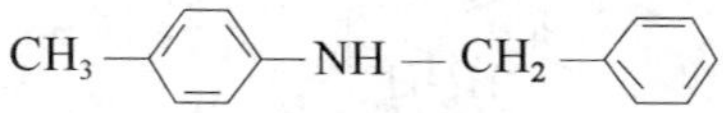 CH_3—⟨苯环⟩—NH — CH_2 —⟨苯环⟩ (华东理工大学,2007)

7. $CH_3CH_2CH_2\overset{+}{N}(CH_3)_3OH^-$ (华东理工大学,2007)

8. 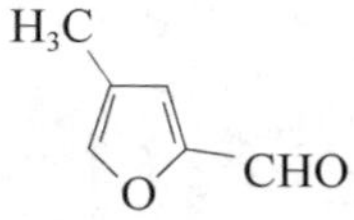 H_3C O CHO (南开大学,2003) 9. 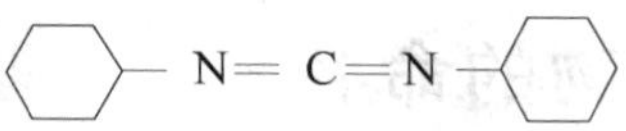 N= C =N (陕西师范大学,2003)

10. 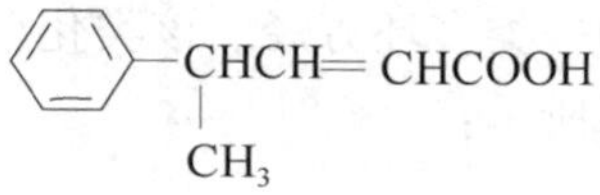 ⟨苯环⟩—CHCH= CHCOOH（CH 上连 CH_3） (北京化工大学,2009)

11. 苯甲醛-2,4-二硝基苯腙(北京化工大学,2009) 12. 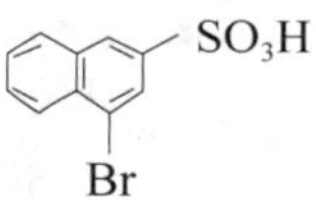 SO_3H Br (北京化工大学,2009)

13. 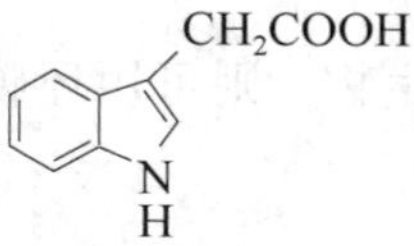 CH_2COOH N H (广西师范大学,2010) 14. 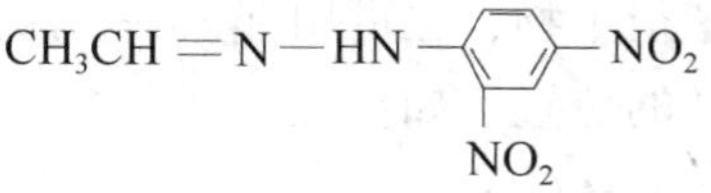 $CH_3CH = N — HN$ —⟨苯环⟩— NO_2 NO_2 (华东理工大学,2008)

15. 3-氯-*N*,*N*-二甲基苯甲酰胺 (南京理工大学,2010)

16. 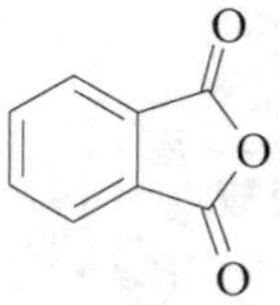 O O O (浙江大学,2010)

解答 1. (2*S*, 4*R*)-2-甲基-4-乙基环己酮；2. *N*-甲基-*N*-乙基苯胺；3. O N Br O；

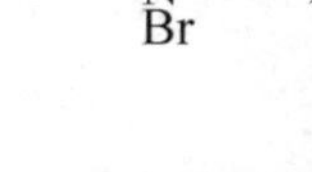

4. 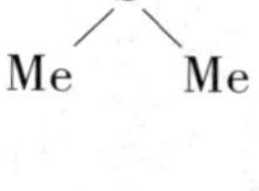 O ↑ S Me Me ；5. 丁酰乙酸乙酯；6. *N*-苄基对甲基苯胺；7. 三甲基正丙基季铵碱；

8. 4－甲基－2－呋喃甲醛；9. 二环己基碳化二亚胺；10. 4－苯基－2－戊烯酸；

11. 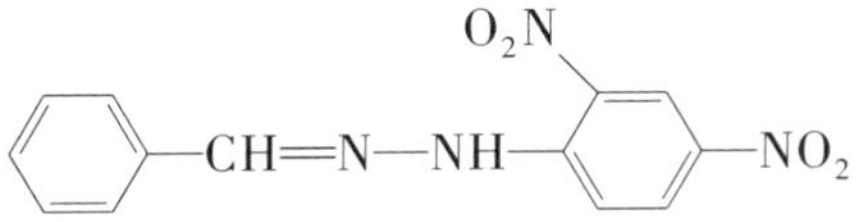 O_2N —CH═N—NH— —NO_2 ，12. 4－溴－2－萘磺酸；13. 3－吲哚乙酸或 β－吲哚乙酸；14. 乙醛－2，4－二硝基苯腙；15. O NMe$_2$ Cl ；16. 邻苯二甲酸酐。

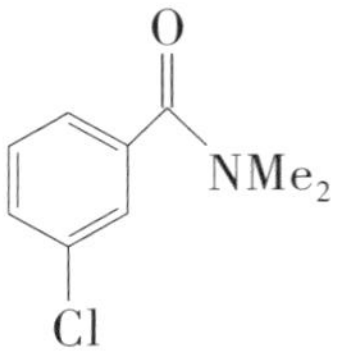

1.8　杂环的命名

杂环化合物的命名比较复杂，国际上大多采用习惯名称。我国一般采用两种方法。一种是采用外文名称音译法，即按照杂环化合物的英文译音，选用同音的汉字，再加“口”字旁，“口”表示环状化合物。例如：下面是部分五元、六元杂环和稠杂环母核的英文名称和中文的音译名。

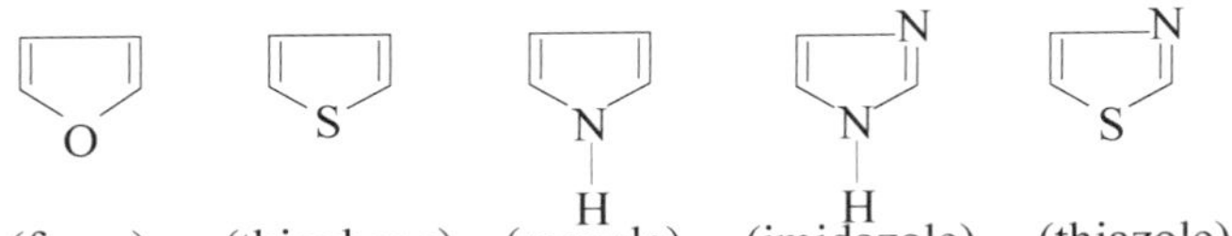

O (furan) 呋喃　S (thiophene) 噻吩　N H (pyrrole) 吡咯　N N H (imidazole) 咪唑　N S (thiazole) 噻唑

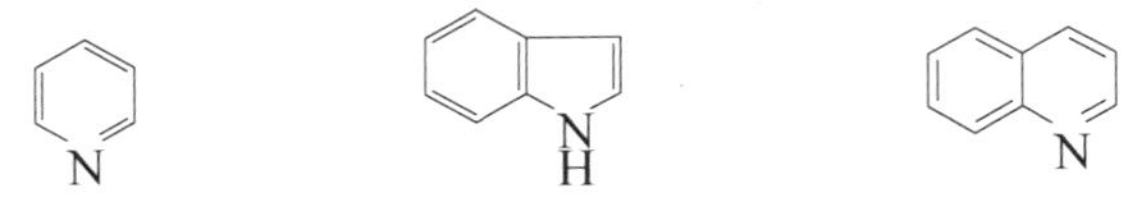

N (pyridine) 吡啶　N H (indole) 吲哚　N (quinoline) 喹啉

当杂环化合物环上有取代基时，通常以杂环为母体，杂环母核编号一般从杂原子开始，依次用 1，2，3，…编号，杂原子旁边的碳原子可以按数字依次排序，也可以依次编为 α，β，γ 等。例如：

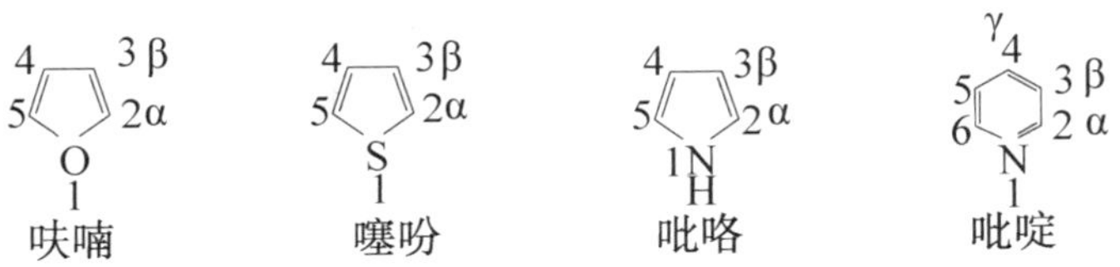

4 3β 5 2α O 1 呋喃　4 3β 5 2α S 1 噻吩　4 3β 5 2α 1N H 吡咯　γ4 5 3β 6 2α N 1 吡啶

稠杂环的编号一般和稠环芳烃相同，但有少数稠杂环有特殊的编号顺序。

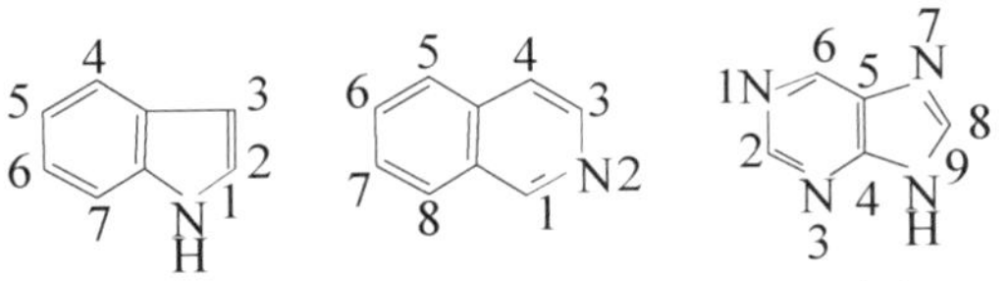

4 5 3 6 2 7 N 1 H 吲哚　5 4 6 3 7 N2 8 1 异喹啉　1N 6 5 N 7 8 2 N 4 N 9 3 H 嘌呤

如果杂环上不止一个杂原子时，则按 O、S、N 顺序依次编号。编号时杂原子的位次数

字之和应最小。当环上连有不同取代基时，编号时遵守次序规则及最低系列原则。例如：

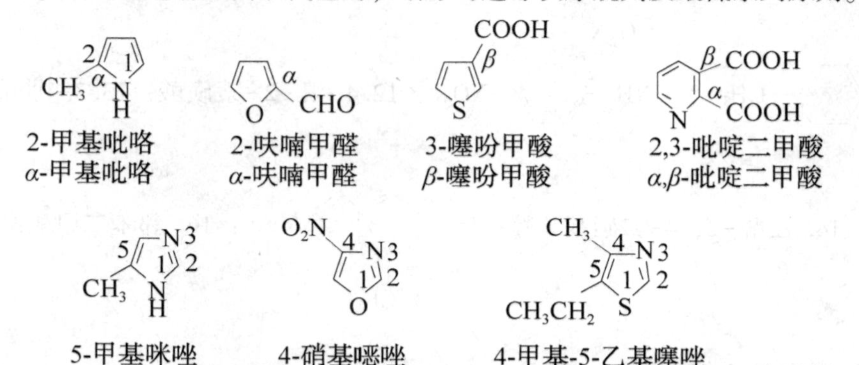

另一种方法是IUPAC的系统命名法，该方法是将杂环母核看作是相应碳环母核中的一个碳原子或多个碳原子被杂原子取代而成，命名时只需在碳环母体名称前加上某杂。例如，五元杂环的碳环母核环戊二烯(也称茂)，当茂中一个或两个碳原子被杂原子取代后，命名如下：

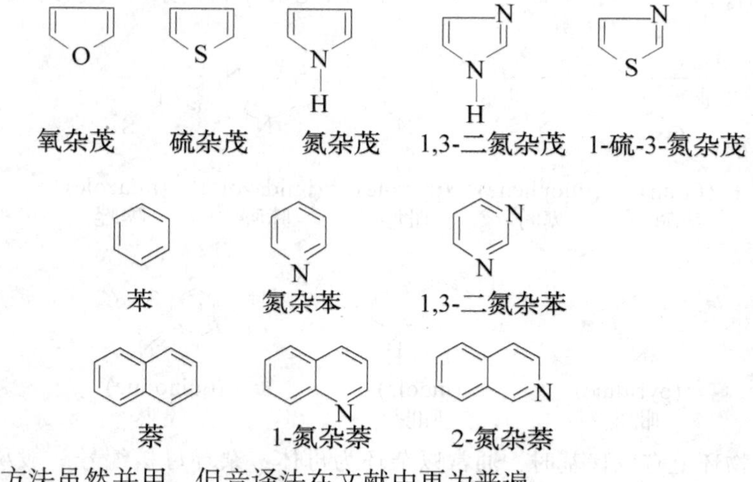

两种命名方法虽然并用，但音译法在文献中更为普遍。

例12 命名下列化合物或写出化合物结构

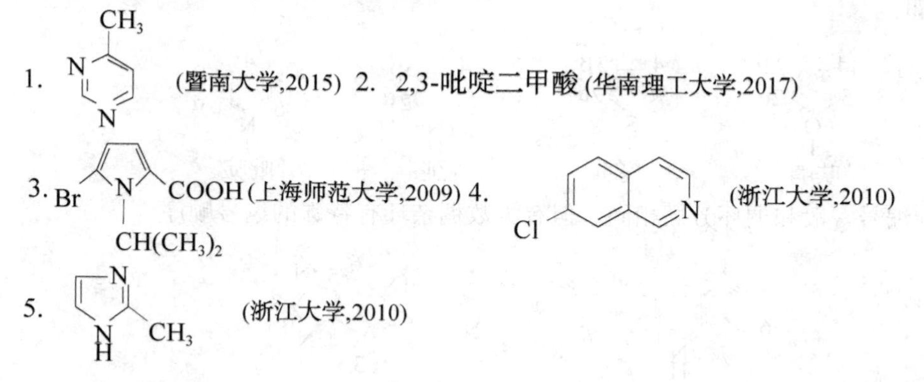

1.
(暨南大学,2015) 2. 2,3-吡啶二甲酸 (华南理工大学,2017)
3.
(上海师范大学,2009) 4.
(浙江大学,2010)
5.
(浙江大学,2010)

解答　1. 4-甲基嘧啶；2. （吡啶环，N 邻位 COOH，间位 COOH）；3. 1-异丙基-5-溴-2-吡咯甲酸；4. 7-氯异喹啉；5. 2-甲基咪唑。

1.9　以俗名命名的常见重要化合物

1）必须记住的一些常见重要化合物的俗名及其结构见表 1-3。

表 1-3　一些常见重要化合物的俗名及其结构

俗名	英文名	结构	俗名	英文名	结构
甘醇	glycol	$HOCH_2CH_2OH$	茴香醚	anisole	C_6H_5—OCH_3
甘油	glycerin	$HOCH_2CH(OH)CH_2OH$	安息香	benzoin	C_6H_5—CH(OH)—C(=O)—C_6H_5
甘油醛	glyceraldehyde	$HOCH_2CH(OH)CHO$	软脂酸	plamitic acid	$CH_3(CH_2)_{14}COOH$
糠醛	furfural	呋喃环（O）—CHO	硬脂酸	stearic acid	$CH_3(CH_2)_{16}COOH$
油酸	oleic acid	$CH_3(CH_2)_7$CH=CH$(CH_2)_7CO_2H$（两个 H 同侧）	咪唑	imidazole	五元环（N, NH）
肉桂酸	cinnamic acid	C_6H_5—CH=CH—CO_2H	噻唑	thiazole	五元环（N, S）
马来酐	maleic anhydride	五元环酸酐（O, =O, =O）	吡啶	pyridine	六元环（N）
水杨酸	salicylic acid	苯环邻位 CO_2H、OH	嘧啶	pyrimidine	六元环（N, N）
草酸	oxalic acid	HOOC—COOH	喹啉	quinoline	苯并吡啶（N）
乳酸	lactic acid	CH_3—CH(OH)—CO_2H	吲哚	indole	苯并吡咯（NH）
酒石酸	tartaric acid	HO_2C—CH(OH)—CH(OH)—CO_2H	烟碱	尼古丁	吡啶环（N）—吡咯烷环（N—CH_3）

续表

俗名	英文名	结构	俗名	英文名	结构
苹果酸	malic acid	$HO_2CCH(OH)CH_2CO_2H$	嘌呤	purine	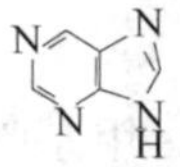
柠檬酸	citric acid	$HO_2CCH_2-C(OH)(CO_2H)-CH_2CO_2H$	腺嘌呤	Adenine—A	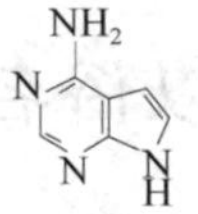
薄荷醇	menthol	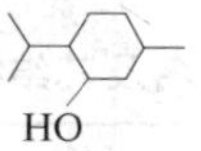	鸟嘌呤	Guanine—G	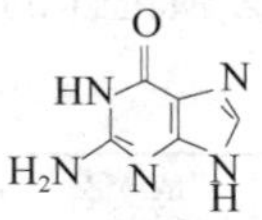
α-蒎烯	α-pinene	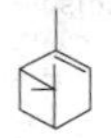	胞嘧啶	Cytosine—C	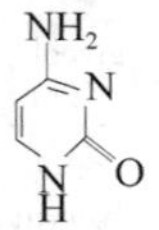
吡咯	pyrrole		胸腺嘧啶	Thymine—T	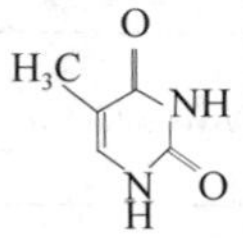
呋喃	furan		尿嘧啶	Uracil—U	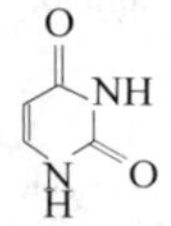
噻吩	thiophene				

2）重要的天然糖类：*D*-葡萄糖、*D*-核糖、*D*-果糖等。

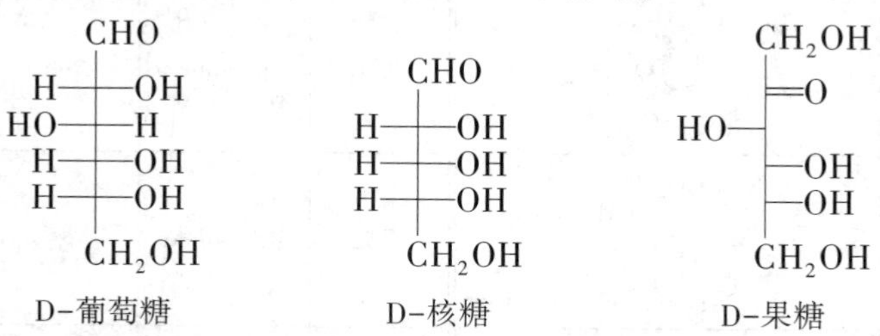

D-葡萄糖　　D-核糖　　D-果糖

3）重要的天然氨基酸：甘氨酸、谷氨酸、赖氨酸、色氨酸等。

$H-CH(NH_2)-COOH$

甘氨酸

$HOOCCH_2CH_2CH(NH_2)COOH$

谷氨酸

$H_2NCH_2-(CH_2)_3-CH(NH_2)COOH$

赖氨酸

（吲哚-3-基）$-CH_2CH(NH_2)COOH$

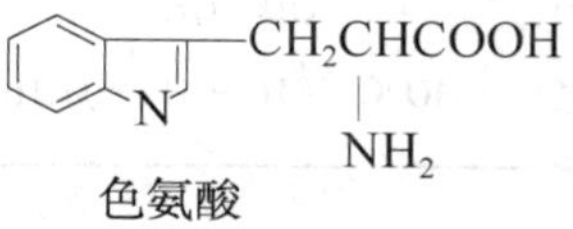

色氨酸

例 13　命名下列化合物

1. H_2N—┼—H（COOH 在上，CH_2SH 在下）(中南大学,2014)　2. CH_2OH, O, OH, OH, OH, OH (南开大学,2003)

3. CH_2OH, O, OH, HO, CH_2OH, HO (中南大学,2014)　4. OH, HO, O, HO, OMa, OH, H (浙江大学,2010)

5.*α*-D-(+)-吡喃葡萄糖的构象式(陕西师范大学,2003)

6.*D*-葡萄糖(南京理工大学,2010)　7.烟酸(南京理工大学,2010)

解答　1.(*S*)-1-巯基-2-氨基丙酸；2.*β*-D-吡喃葡萄糖；3.*β*-D-呋喃果糖；4.*β*-D-甲基吡喃葡萄糖苷；5. (OH, HO, O, HO, OH, OH) 6. (CHO; H—OH; HO—H; H—OH; H—OH; CH_2OH) 7. (N, COOH)。

例 14　糖分子中的羟基被氨基取代的化合物叫作氨基糖，请命名：

(OH, HO, O, HO, OH, NH_2)（华东师范大学，2006）

解答　*β*-D-2-氨基葡萄糖。

1.10　*R*，*S*-标记法

当有机化合物中含有手性碳原子时会产生异构现象，需要以 *R*，*S*-标记法区分。

1）按次序规则给手性碳原子上的四个基团排序。

2）将最小基团放在最远处，若余下三个基团由大到小顺序按顺时针则为 *R* 型，逆时针则为 *S* 型，用括号括起放在整个化合物名称前，用半字符相连。

3）有多个手性碳原子时需依次标明各原子的 *R*，*S* 构型。

4）命名时，先写出它的一般名称，然后进行标记，把标记的符号写在名称的前面。

5）对于环状手性化合物，一般不用顺、反标记，而采用 *R*，*S* 标记法。因顺、反标记不能确定唯一构型。

例 15　命名下列化合物

1. H—┼—$COOCH_3$（Br 在上，C_2H_5 在下）(用*R*,*S*-标记法命名) (华南理工大学,2017)

2. 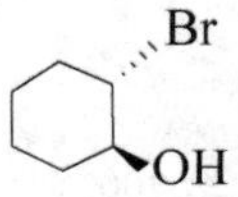 Br, OH（暨南大学,2015） 3. Br, H, C-CH_2Cl, CH_3（南京理工大学,2010）

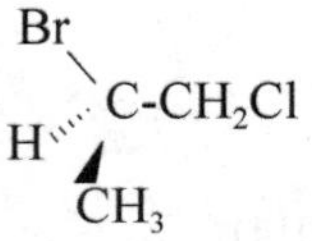

4. 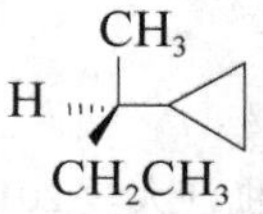 CH_3, H, CH_2CH_3（华东理工大学,2007） 5. 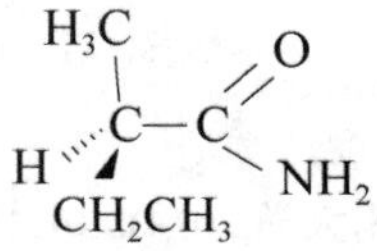 H_3C, H, C—C(=O)NH_2, CH_2CH_3（南开大学,2003）

6. 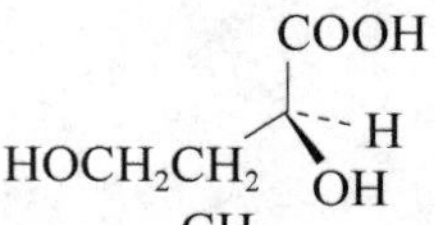 COOH, $HOCH_2CH_2$, H, OH（北京化工大学,2009） 7. 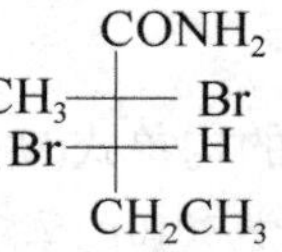 $CONH_2$, CH_3, Br, Br, H, CH_2CH_3（北京化工大学,2009）

8. 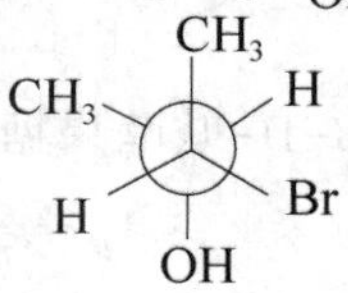 CH_3, CH_3, H, H, Br, OH（北京化工大学,2009） 9. 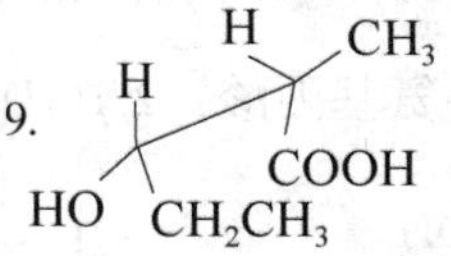 H, CH_3, H, COOH, HO, CH_2CH_3（北京化工大学,2009）

解答 1.(*S*)-2-溴丁酸甲酯；2.(1*S*，2*S*)-2-溴环己醇；3.(*R*)-1-氯-2-溴丙烷；4.(*R*)-2-环丙基丁烷；5.(*R*)-2-甲基丁酰胺；6.(*S*)-2，4-二羟基丁酸；7.(2*S*，3*S*)-2-甲基-2，4-二溴戊酰胺；8.(2*S*，3*S*)-3-溴-2-丁醇；9.(2*R*，3*S*)-2-甲基-3-羟基戊酸。

第2章　同分异构

2.1　同分异构

有机化合物同分异构一般分为两大类：①构造异构。化学式相同分子中原子排列顺序不同引起的异构。根据分子中原子排列的不同特征又分为碳架异构、官能团位置异构和官能团异构。②立体异构。构造式相同，由于空间排布不同产生的异构。它又分为构型异构（σ 键旋转不能使其相互转化）和构象异构（靠 σ 键旋转能相互转化的立体异构）。构型异构包括几何（顺、反）异构和旋光异构（见图 2-1）。

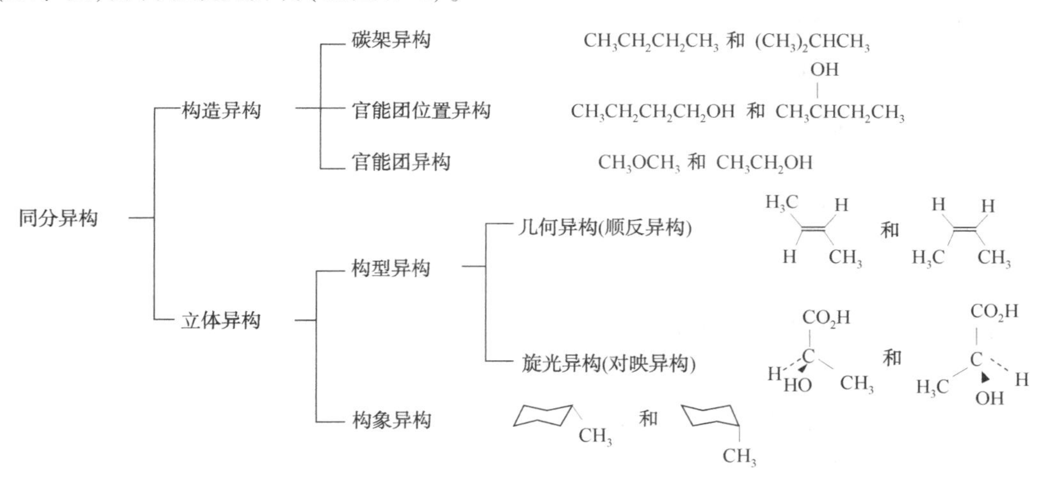

图 2-1　同分异构的分类和相应实例

具有相同的分子组成，可以有不同的结构，这种现象称为同分异构现象。这种组成相同、结构不同的化合物彼此称为同分异构体。

2.1.1　烷烃的构造异构

分子中原子之间相互连接的顺序和成键方式称为分子的构造。由分子中原子连接顺序和成键方式不同导致的同分异构现象称为构造异构。例如分子式为 C_5H_{12} 的烷烃有 3 个同分异构体，它们属于构造异构体，即：

$$CH_3CH_2CH_2CH_2CH_3 \qquad CH_3\underset{\large CH_3}{\underset{|}{C}}HCH_2CH_3 \qquad CH_3-\overset{\large CH_3}{\overset{|}{\underset{\underset{\large CH_3}{|}}{C}}}-CH_3$$

正戊烷　　异戊烷　　新戊烷

这种由于分子的碳骨架不同而引起的构造异构体也叫碳骨架异构体。随着烷烃中碳原子数目的增加，构造异构体的数目将不断增多，一些烷烃的构造异构体数目见表 2-1。

表 2-1　烷烃的构造异构体数目

碳原子数	构造异构体数	碳原子数	构造异构体数
3	1	8	18
4	2	9	35
5	3	10	75
6	5	12	355
7	9	20	366319

例 1　试指出下列化合物中，哪些所代表的是相同的化合物，只是构象表达式不同；哪些是不同的化合物。(华东师范大学，2017)

(1). $\begin{array}{c} \quad\quad Cl \\ CH_3-C-CH-CH_3 \\ \quad\quad CH_3\,CH_3 \end{array}$

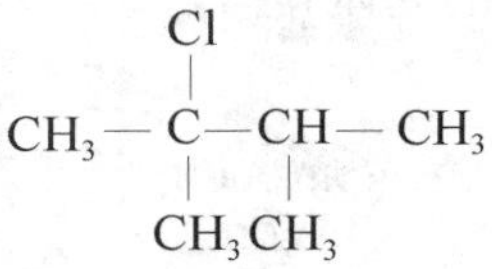

(2). H, H_3C, Cl, H, H, $CH(CH_3)_2$

(3). CH_3, H_3C, CH_3, H_3C, Cl, H

(4). H_3C, CH_3, CH_3, H, H_3C, Cl

(5). H, H, H, H, H_3C, $CCl(CH_3)_2$

(6). CH_3, H_3C, CH_3, Cl, H, CH_3

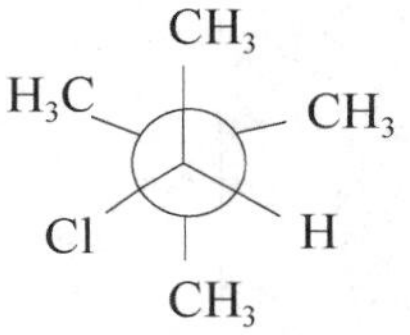

解答　六个化合物都写成构造式如下：

$$(1)\ \begin{array}{c} Cl \\ | \\ CH_3-C-CH-CH_3 \\ |\quad\ | \\ CH_3CH_3 \end{array} \qquad (2)\ \begin{array}{c} Cl \qquad\qquad H \\ | \qquad\qquad | \\ CH_3-C-\!\!\!-\!\!\!-C-H \\ | \qquad\qquad | \\ CH(CH_3)_2 \quad H \end{array} \qquad (3)\ \begin{array}{c} H\ \ Cl \\ |\quad | \\ CH_3-C-C-CH_2 \\ |\quad | \\ CH_3CH_3 \end{array}$$

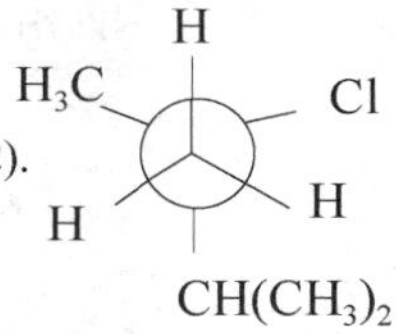

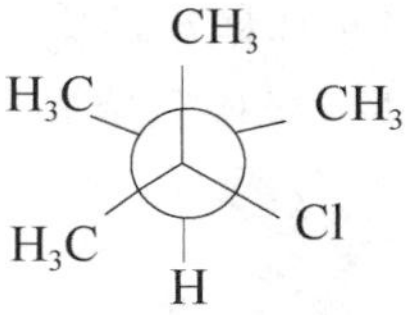

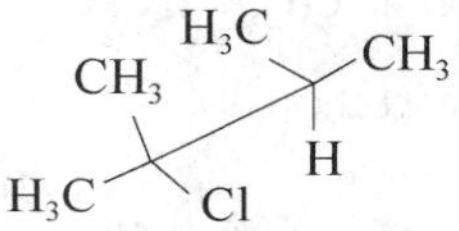

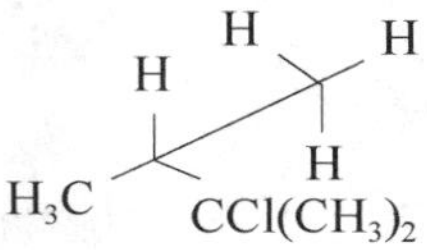

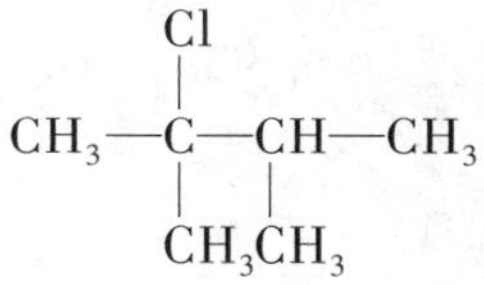

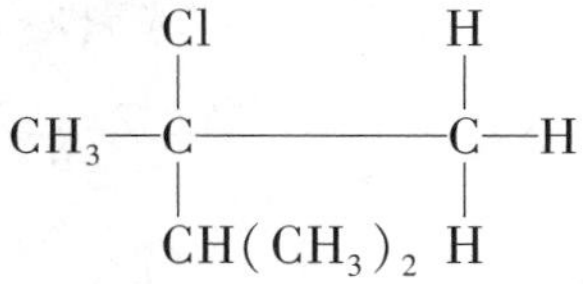

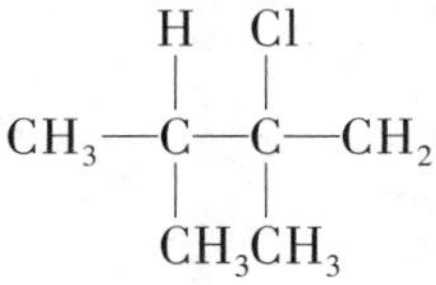

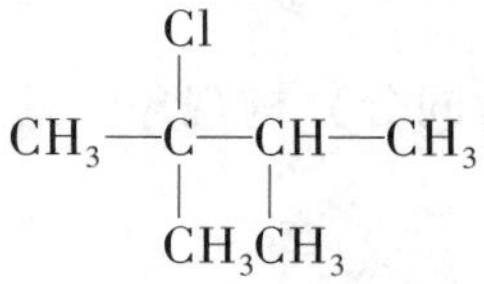

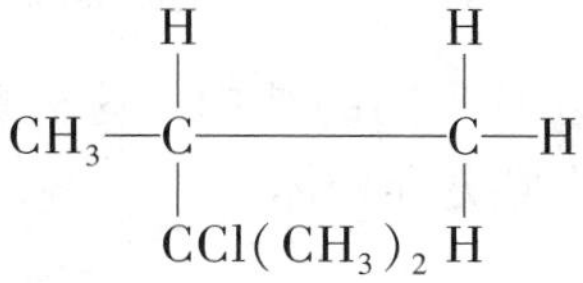

$$(4)\ \begin{array}{c} Cl \\ | \\ CH_3-C-CH-CH_3 \\ |\quad\ | \\ CH_3CH_3 \end{array} \qquad (5)\ \begin{array}{c} H \qquad\qquad H \\ | \qquad\qquad | \\ CH_3-C-\!\!\!-\!\!\!-C-H \\ | \qquad\qquad | \\ CCl(CH_3)_2 \quad H \end{array} \qquad (6)\ \begin{array}{c} CH_3Cl \\ |\quad | \\ CH_3-C-C-H \\ |\quad | \\ CH_3CH_3 \end{array}$$

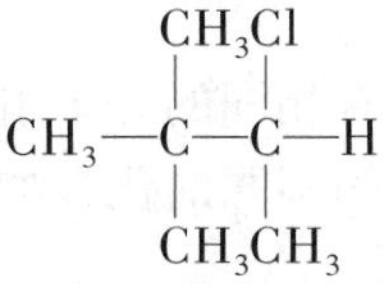

(1)、(2)、(3)、(4)、(5)是同一化合物：2,3-二甲基-2-氯丁烷；其中(2)～(5)是不同的构象式，(1)是构造式。(6)是另一种化合物：2，2-二甲基-3-氯丁烷。

2.1.2　烯烃和炔烃的同分异构

(1) 烯烃和炔烃的构造异构

与烷烃相似，含有四个或四个以上碳原子的烯烃和炔烃都有异构现象，烯烃和炔烃不仅存在碳架异构、官能团位次(重键位次)异构，还有烯烃和炔烃官能团异构，以及与脂环烃的异构。例如：

$CH_3CH_2CH=CH_2$ 1-丁烯

$CH_3-C(CH_3)=CH_2$ 2-甲基丙烯(异丙烯)

$CH_3CH=CHCH_3$ 2-丁烯

$CH_3CH_2CH_2C\equiv CH$ 1-戊炔

$CH_3-CH(CH_3)-C\equiv CH$ 3-甲基-1-丁炔

$CH_3CH_2C\equiv CCH_3$ 2-戊炔

(2) 构型异构(顺反异构)

由于碳碳双键不能绕键轴自由旋转，因此当烯烃中的两个双键碳原子各连有两个不同的原子或基团时，可能产生两种不同的排列方式。例如，在2-丁烯分子中，甲基可以在双键的同一侧(称为顺式)或两侧(称为反式)，这种现象称为顺反异构现象，过去亦称几何异构，形成的同分异构体称顺反异构体。

顺-2-丁烯（两个 CH_3 在双键同侧，两个 H 在同侧）

反-2-丁烯（CH_3 与 H 分处双键两侧）

分子中原子在空间的排列称为构型。顺-2-丁烯和反-2-丁烯是由于构型不同而产生的异构体，称为构型异构体。

丁烯分子包括碳架异构、官能团位次异构及顺反异构，共四个同分异构体。

根据烯烃的 π 键模型，反-2-丁烯分子如要绕碳碳双键旋转，会影响 p 轨道在侧面的重叠，随着旋转角度逐渐加大，p 轨道重叠程度逐渐减小，分子的能量随着上升，旋转角达到90°时，两个 p 轨道互相垂直不再重叠，π 键完全断裂，能量达到最高点，继续旋转，两个 p 轨道的重叠程度逐渐增加，旋转角达到 180°，π 键完全形成，成为稳定的顺-2-丁烯，如图 2-2 所示。

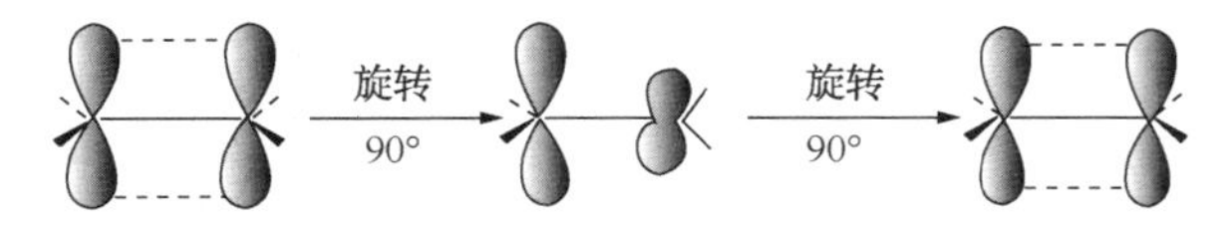

图 2-2 2-丁烯分子围绕碳碳双键的旋转

反-2-丁烯必须越过约 284kJ/mol 的能垒，才能转变为顺-2-丁烯，室温下分子的热运动不可能提供这样大的能量，因此，反-2-丁烯、顺-2-丁烯在室温下不能互变，它们是两种构型不同的立体异构，可以通过物理方法分开。

与烯烃不同，由于乙炔是线形结构，因此一取代和二取代的乙炔均不存在顺反异构现象。

2.1.3 脂环烃的同分异构

脂环烃化合物的结构常用简式表示，将环上的碳原子和氢原子省略，只保留碳碳骨架。例如：

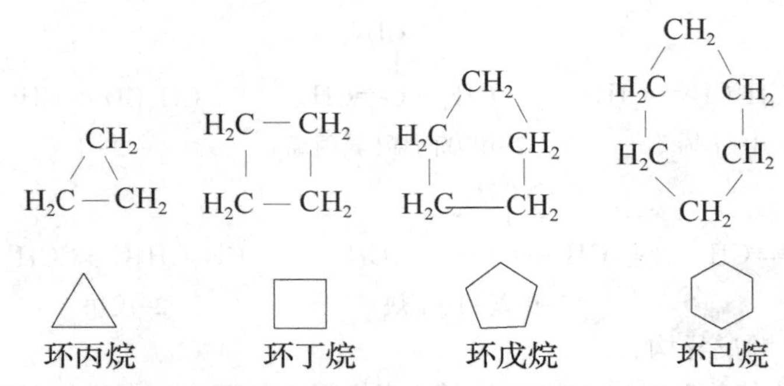

含有一个碳环且环上无取代烷基的环烷烃，分子通式为 C_nH_{2n}，也存在同分异构现象。

环烷烃 C_5H_{10} 有五个环状异构体：

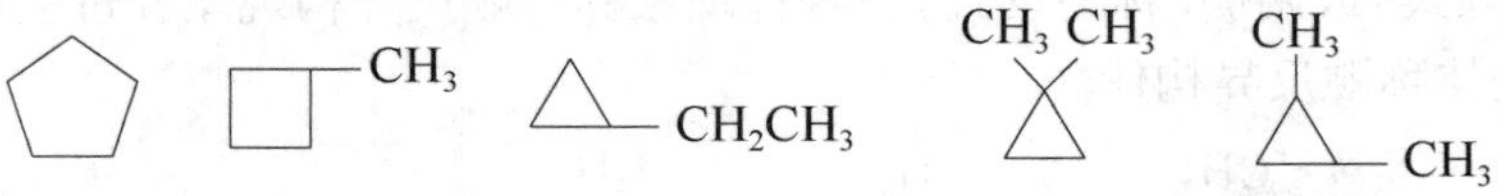

CH_3 CH_2CH_3 CH_3 CH_3 CH_3 CH_3

环烷烃 C_6H_{12} 有十二个环状异构体：

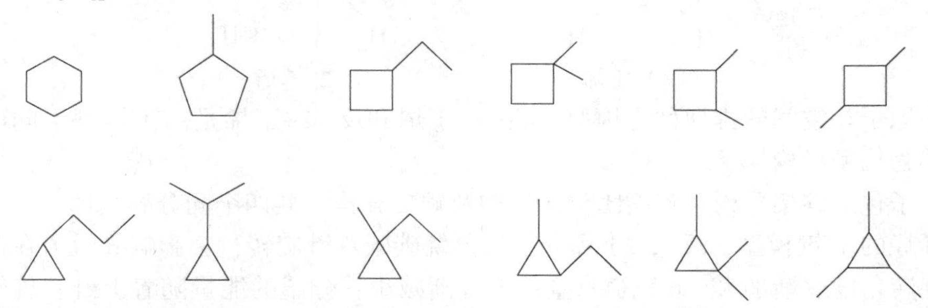

单环烷烃与碳原子数目相同的开链单烯烃互为同分异构体。例如，分子式为 C_4H_8 的环烷烃异构体为：

$CH_2=CH-CH_2-CH_3$　$CH_3-CH=CH-CH_3$　$CH_2=C(CH_3)-CH_3$

由于环的存在限制了 σ 键的自由旋转，当环上有两个或两个以上碳原子均连有不同的取代基时，将产生顺反异构。两个相同原子或基团在环平面同侧者为顺式，在异侧者为反式异构体。例如：

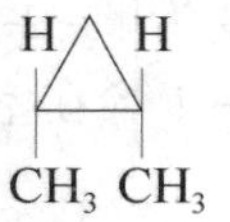

顺-1,2-二甲基环丙烷 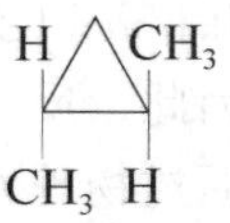　　反-1,2-二甲基环丙烷

例 2　1-甲基-4-异丙基环己烷有几种异构体？（福建师范大学，2008）

A. 2 个　　B. 3 个　　C. 4 个　　D. 5 个

解答　A

2.1.4　芳香烃的构造异构

苯及其同系物的通式为 C_nH_{2n-6}，不饱和度是 4。由于苯分子结构的特殊性，其一取代

产物只有一种，所以一取代苯的异构主要是其侧链烃基的构造异构。当苯环上的取代基含有三个或三个以上碳原子时，与脂肪烃相似，可以产生碳架的构造异构。例如：

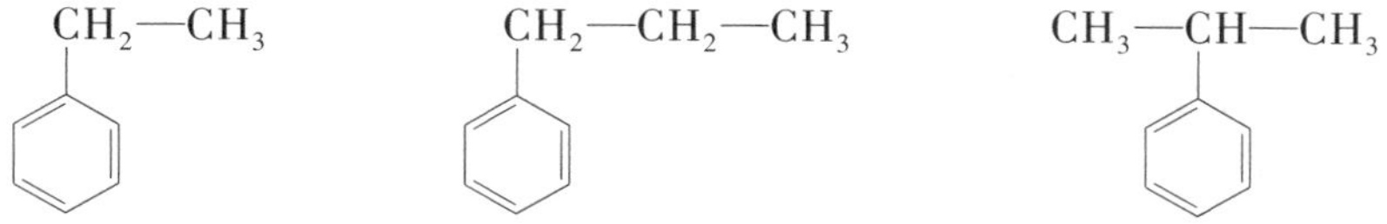

$C_6H_5-CH_2-CH_3$ 乙苯　　$C_6H_5-CH_2-CH_2-CH_3$ 丙苯　　$CH_3-CH(C_6H_5)-CH_3$ 异丙苯

苯的二元取代物，由于取代基在环上相对位置不同而产生三种异构体。

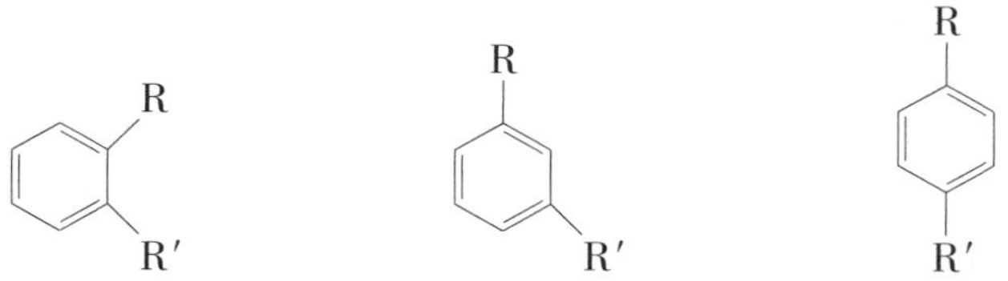

邻位　　间位　　对位

2.1.5 烃的衍生物的同分异构

1. 醇和酚的构造异构

醇的同分异构包括碳架异构和羟基位置的异构，酚的同分异构包括烃基的异构和烃基与羟基在芳环上的相对位置不同引起的异构。例如：

醇：$CH_3CH_2CH_2CH_2OH$ 正丁醇　　$CH_3CH(CH_3)CH_2OH$ 异丁醇　　$(CH_3)_3C-OH$ 叔丁醇　　$CH_3CH_2CH(OH)CH_3$ 仲丁醇

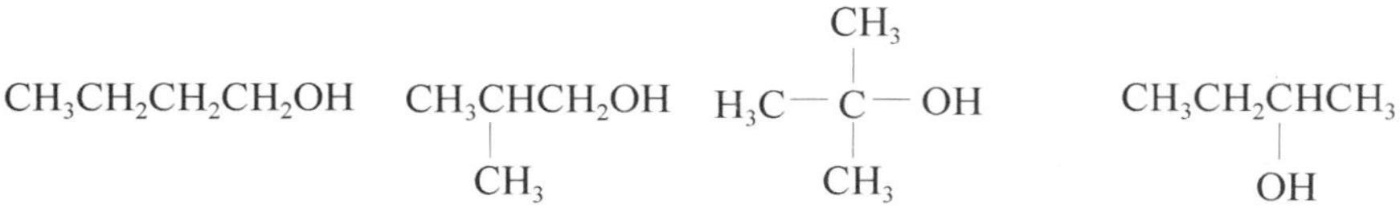

酚：邻甲苯酚　　间甲苯酚　　对甲苯酚

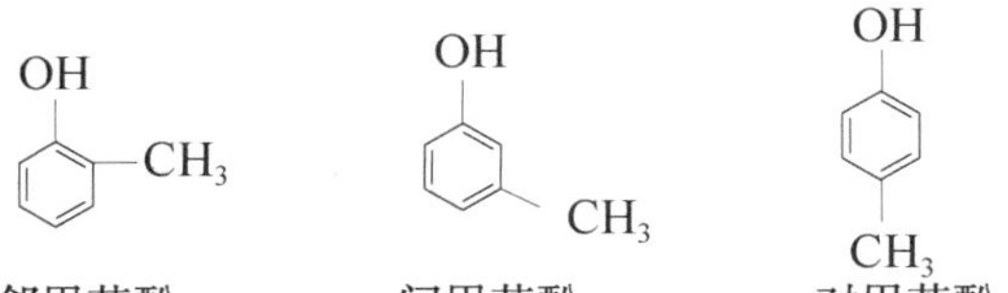

分子式相同的醇与醚、酚与醚也是同分异构体，称为官能团异构。

例 3　写出 $C_4H_{10}O$ 所有同分异构(包括立体异构)。(南开大学，2003)

解答

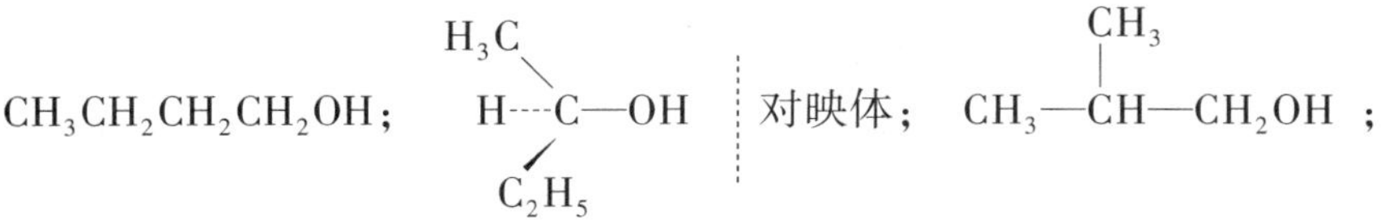

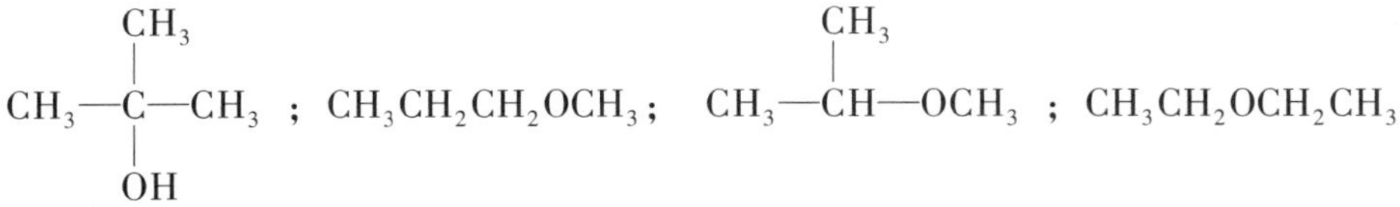

$CH_3CH_2CH_2CH_2OH$；H_3C、H、OH、C_2H_5 连于同一 C 原子（立体式）| 对映体；$CH_3-CH(CH_3)-CH_2OH$；

$CH_3-C(CH_3)(OH)-CH_3$；$CH_3CH_2CH_2OCH_3$；$CH_3-CH(CH_3)-OCH_3$；$CH_3CH_2OCH_2CH_3$

2. 醛和酮的构造异构

醛的同分异构为碳架异构，酮的同分异构包括碳架异构和羰基位置的异构，分子式相同的醛和酮也存在官能团异构。

3. 酮式和烯醇式的互变异构

β-二羰基化合物活泼的 α-氢原子可以在 α-碳和羰基氧之间来回移动，因此 β-二羰基化合物存在一对互变异构体：酮式（keto form）和烯醇式（enol form），它们共同存在于一个平衡体系中。例如乙酰乙酸乙酯的平衡体系表达如下：

$$CH_3C(=O)-CH_2-C(=O)OCH_2CH_3 \rightleftharpoons CH_3C(OH)=CH-C(=O)OCH_2CH_3$$

酮式(92.5%)　　　　烯醇式(7.5%)

乙酰乙酸乙酯是由酮式和烯醇式两个异构体组成的。在室温下，平衡体系中的酮式和烯醇式彼此转变很快，达到平衡时，酮式含量为 92. 5%，烯醇式含量为 7. 5%。这种能够互相转变的两种异构体之间存在的动态平衡现象称为互变异构现象。酮式和烯醇式这两个异构体叫作互变异构体。在室温下，这个平衡体系彼此转变得很快，难于将它们分离，所以表现为一个化合物。但在低温（-78℃）时，乙酰乙酸乙酯酮式和烯醇式二者互变的速率很慢，在适当的条件下，可以把两者分开。如把乙酰乙酸乙酯放在石英瓶内（因普通玻璃是碱性的，能催化互变异构），在低温下进行分馏，可将酮式和烯醇式分开。烯醇式由于有分子内氢键，沸点（33℃/280Pa）比酮式（41℃/280Pa）低。

简单的烯醇式是不稳定的，且不能游离存在。例如乙炔水合时，第一步生成的乙烯醇由于不稳定立即重排生成乙醛（参见第 3 章 3. 5. 2），但乙酰乙酸乙酯烯醇式能比较稳定存在。这是因为乙酰乙酸乙酯烯醇式羟基氧原子上的未共用电子对与碳碳双键和碳氧双键形成了共轭体系，发生了电子离域作用，降低了分子的能量，同时烯醇式可通过分子内氢键形成一个较稳定的六元环，所以比一般的烯醇式要稳定。

$$CH_3-C(OH)=CH-C(=O)OCH_2CH_3$$

p-π和π-π共轭体系

$$CH_3-C(-O-H\cdots O=)=CH-C-OC_2H_5$$

六元环分子内氢键

乙酰乙酸乙酯烯醇式含量随溶剂、浓度、温度的不同而不同。表 2-2 中列出了 18℃时乙酰乙酸乙酯在不同溶剂的稀溶液中烯醇式异构体的含量。

表 2-2　乙酰乙酸乙酯烯醇式在各种溶剂中的含量

溶　剂	烯醇式含量/%	溶　剂	烯醇式含量/%
水	0. 40	乙酸乙酯	12. 9
甲醇	6. 87	苯	16. 2
乙醇	10. 52	乙醚	27. 1
丙酮	7. 3	二硫化碳	32. 4
三氯甲烷	8. 2	己烷	46. 4

由表 2-2 可以看出，烯醇式的含量和溶剂的极性密切相关。非质子溶剂对烯醇式有利，因为在非质子溶剂中有利于形成分子内氢键。质子溶剂对酮式有利，这可能是由于质子溶剂能与酮式的羰基氧原子形成氢键，分子内氢键就难于形成，因而降低了烯醇式的含量。如乙酰乙酸乙酯的烯醇式含量在己烷中为 46.4%，而在乙醇中只有 10.52%。

当乙酰乙酸乙酯的亚甲基上连有烷基时，在水中的平衡体系中，烯醇式含量将下降，酸性也下降(见表 2-3)。

表 2-3　一些亚甲基取代的乙酰乙酸乙酯的烯醇式含量和 pK_a 值

化　合　物	烯醇式含量/%	pKa
$CH_3COCH_2CO_2CH_2CH_3$	0.40	11.0
CH_3 | $CH_3COCHCO_2CH_2CH_3$	0.30	12.25
C_2H_5 | $CH_3COCHCO_2CH_2CH_3$	0.17	12.50
$CH(CH_3)_2$ | $CH_3COCHCO_2CH_2CH_3$	0.04	13.50

酮式和烯醇式共存在于一个平衡体系中，但在绝大多数情况下，酮式是主要的存在形式。烯醇式含量与分子的整个结构有关，它的含量将随着活泼氢活性的增强，分子内氢键的共轭体系的增大而增加。表 2-4 列出了某些化合物中烯醇式的含量，可以大体看出结构对形成烯醇式的影响。

表 2-4　一些化合物的烯醇式含量和 pK_a 值

化合物名称	酮　式	烯　醇　式	烯醇式含量/%	pKa
乙酸乙酯	O ‖ $CH_3C—OCH_2CH_3$	OH | $CH_2=C—OCH_2CH_3$	0	25
乙醛	O ‖ $CH_3C—H$	$CH_2=CHOH$	0	17
丙酮	O ‖ $CH_3C—CH_3$	OH | $CH_3C=CH_2$	0.00015	20
丙二酸二乙酯	O　　O ‖　　‖ $C_2H_5OC—CH_2—COC_2H_5$	OH　　O |　　‖ $C_2H_5OC=CH—COC_2H_5$	0.1	13.3
乙酰乙酸乙酯	O　　O ‖　　‖ $CH_3C—CH_2—COC_2H_5$	OH　　O |　　‖ $CH_3C=CH—COC_2H_5$	7.5	10.3
2,4-戊二酮	O　　O ‖　　‖ $CH_3C—CH_2—CCH_3$	OH　　O |　　‖ $CH_3C=CH—CCH_3$	76.0	9
苯甲酰丙酮	O　　O ‖　　‖ $C_6H_5C—CH_2—CCH_3$	OH　　O |　　‖ $C_6H_5C=CH—CCH_3$	90.0	—

在书写酮-烯醇互变异构体时，要特别注意区分互变异构体与同一化合物的不同极限结

构。例如：

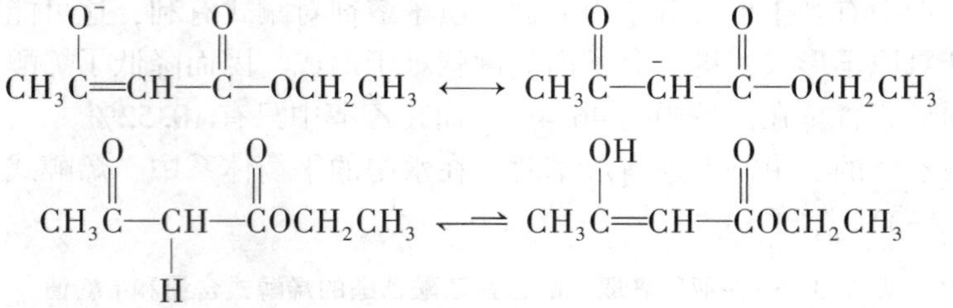

$$CH_3\overset{O^-}{\overset{|}{C}}=CH-\overset{O}{\overset{\|}{C}}-OCH_2CH_3 \longleftrightarrow CH_3\overset{O}{\overset{\|}{C}}-\overset{-}{C}H-\overset{O}{\overset{\|}{C}}-OCH_2CH_3 \qquad (1)$$

$$CH_3\overset{O}{\overset{\|}{C}}-\underset{\underset{H}{|}}{CH}-\overset{O}{\overset{\|}{C}}OCH_2CH_3 \rightleftharpoons CH_3\overset{OH}{\overset{|}{C}}=CH-\overset{O}{\overset{\|}{C}}OCH_2CH_3 \qquad (2)$$

式(1)中的两个结构之间的不同只是电子排布的不同，它们是共振杂化体的极限结构，而不是互变异构。式(2)中的两个化合物为互变异构。

乙酰乙酸乙酯中的酮式和烯醇式结构可以通过以下实验得到证实：

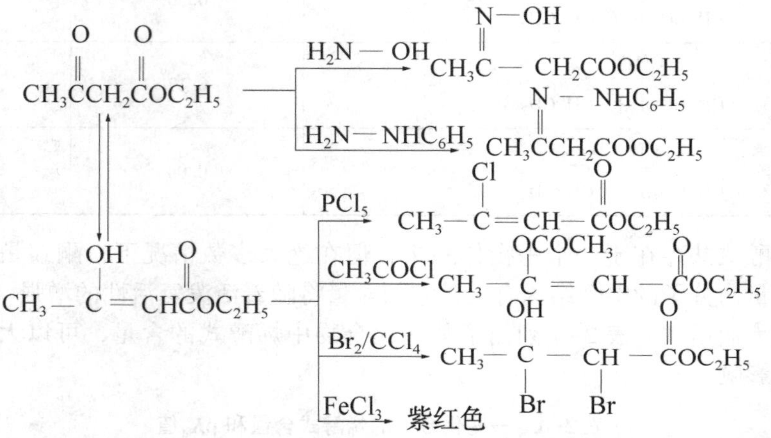

$$CH_3\overset{O}{\overset{\|}{C}}CH_2\overset{O}{\overset{\|}{C}}OC_2H_5 \xrightarrow{H_2N-OH} CH_3\overset{N-OH}{\overset{\|}{C}}-CH_2COOC_2H_5$$

$$CH_3\overset{O}{\overset{\|}{C}}CH_2\overset{O}{\overset{\|}{C}}OC_2H_5 \xrightarrow{H_2N-NHC_6H_5} CH_3\overset{N-NHC_6H_5}{\overset{\|}{C}}CH_2COOC_2H_5$$

$$\updownarrow$$

$$CH_3-\overset{OH}{\overset{|}{C}}=CH\overset{O}{\overset{\|}{C}}OC_2H_5 \xrightarrow{PCl_5} CH_3-\overset{Cl}{\overset{|}{C}}=CH-\overset{O}{\overset{\|}{C}}OC_2H_5$$

$$\xrightarrow{CH_3COCl} CH_3-\overset{OCOCH_3}{\overset{|}{C}}=CH-\overset{O}{\overset{\|}{C}}OC_2H_5$$

$$\xrightarrow{Br_2/CCl_4} CH_3-\underset{\underset{Br}{|}}{\overset{OH}{\overset{|}{C}}}-\underset{\underset{Br}{|}}{CH}-\overset{O}{\overset{\|}{C}}OC_2H_5$$

$$\xrightarrow{FeCl_3} \text{紫红色}$$

在常态下，乙酰乙酸乙酯能与羰基试剂(如羟氨、苯肼等)发生反应，说明分子中有酮式构造；另外，乙酰乙酸乙酯能与五氯化磷、乙酰氯、溴的四氯化碳溶液及三氯化铁作用，说明分子中有烯醇式构造。

例4 选择题

1. 化合物①$CH_3COCH_2COOC_2H_5$ ②$C_6H_5COCH_2COOC_2H_5$ ③$C_2H_5OOCCH_2COOC_2H_5$ ④$C_6H_5COCH_2COCH_3$的烯醇式含量由高到低排列为(　　)。(中南大学，2014)

A. ④②①③　　B. ②④③①　　C. ②①④③　　D. ②③④①

解答　A

2. 在酮式-烯醇式互变异构中，烯醇含量最高的两个化合物是(　　)。(东华大学，2008)

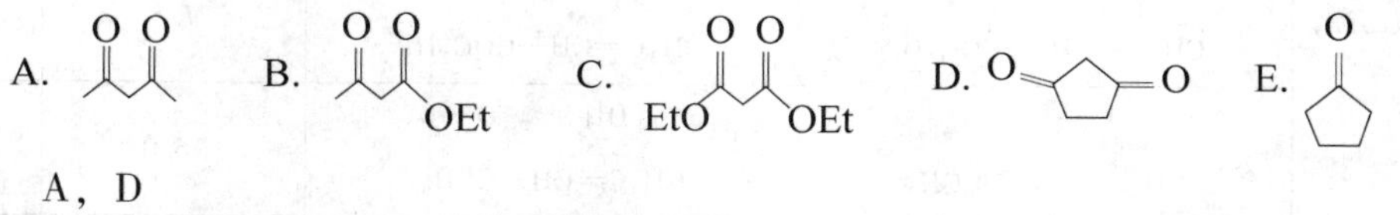

A. $CH_3COCH_2COCH_3$　B. CH_3COCH_2COOEt　C. $EtOOCCH_2COOEt$　D. 环戊烷-1,3-二酮　E. 环戊酮

解答　A，D

3. 下列化合物烯醇化程度由高到低排列是(　　)。(广西师范大学，2010)

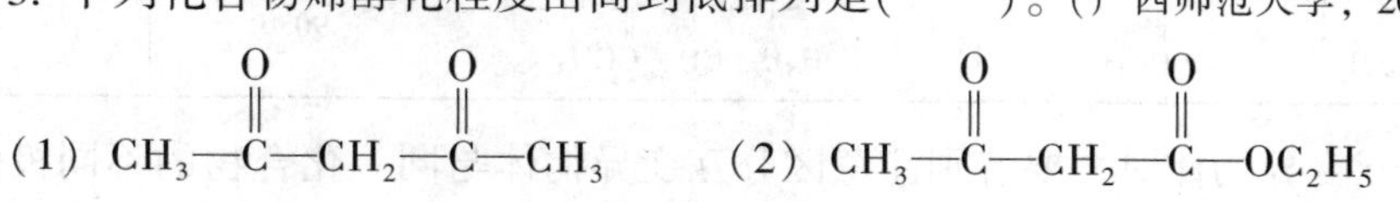

(1) $CH_3-\overset{O}{\overset{\|}{C}}-CH_2-\overset{O}{\overset{\|}{C}}-CH_3$　(2) $CH_3-\overset{O}{\overset{\|}{C}}-CH_2-\overset{O}{\overset{\|}{C}}-OC_2H_5$

(3) $C_6H_5-\overset{O}{\overset{\|}{C}}-CH_2-\overset{O}{\overset{\|}{C}}-CH_3$ (4) $CH_3-\overset{O}{\overset{\|}{C}}-CH_3$

A. (3)>(2)>(1)>(4) B. (1)>(2)>(3)>(4)

C. (3)>(1)>(2)>(4) D. (1)>(3)>(2)>(4)

解答 C

4. 下列碳负离子中稳定性最差的是( )。(北京化工大学，2009)

A. $PhCO\bar{C}HCOCH_3$ B. $PhCO\bar{C}HCOCF_3$ C. $CH_3CO\bar{C}HCOCH_3$

解答 C

例5 化合物 $Cl-CH=CH-\underset{}{\overset{Cl}{\overset{|}{C}}}H-CH_2-CH_3$ 有几个构型异构体，分别写出其构型式，并进行命名。(复旦大学，2008)

解答

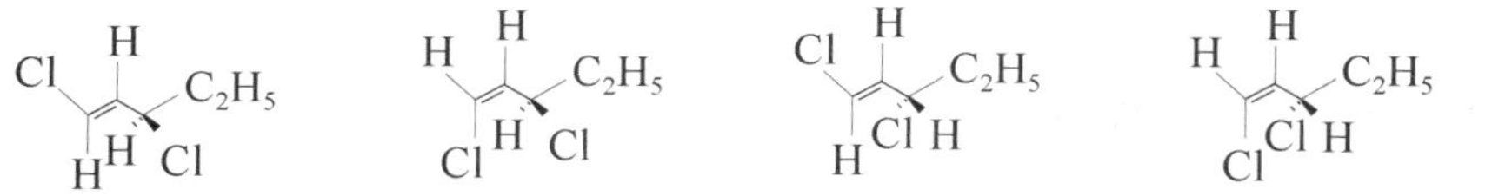

(1*E*,3*R*)-1,3-二氯-1-戊烯 (1*Z*,3*R*)-1,3-二氯-1-戊烯 (1*E*,3*S*)-1,3-二氯-1-戊烯 (1*Z*,3*S*)-1,3-二氯-1-戊烯

例6 以下化合物中的两个羧基，在加热条件下哪个更容易脱去？用反应历程给出合理解释。(南开大学，2009)

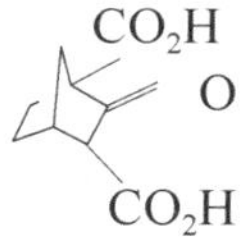

解答 右下角的可脱去，因为环状的脱羧过程经历了烯醇中间体，而桥头碳是不能形成烯键的。

例7 下列化合物P和Q，P可与Tollen试剂反应而Q不可，为什么？(南开大学，2004)

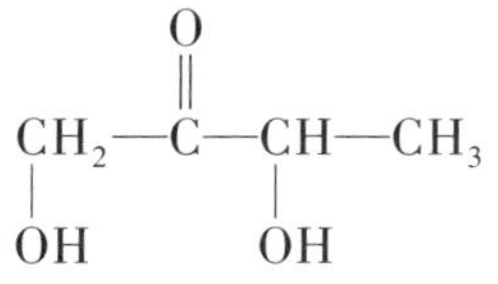

P: $\underset{OH}{\underset{|}{C}H_2}-\overset{O}{\overset{\|}{C}}-\underset{OH}{\underset{|}{C}H}-CH_3$

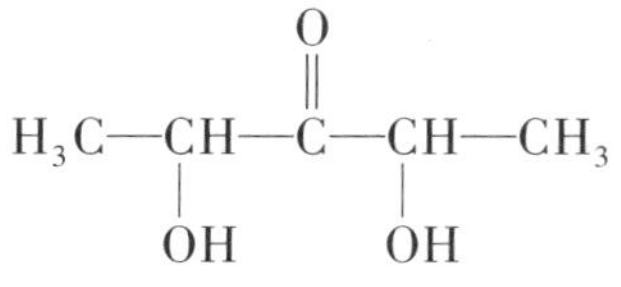

Q: $H_3C-\underset{OH}{\underset{|}{C}H}-\overset{O}{\overset{\|}{C}}-\underset{OH}{\underset{|}{C}H}-CH_3$

解答 P可通过烯醇式差向异构化为醛，可被Tollen试剂氧化，而Q不能通过差向异构化到醛。

例8 把下列酮或醛可能有的烯醇物都写出来，指出你认为有利于动力学控制的脱质子的那个烯醇物。每一例中你认为哪一个是最稳定的？(华东师范大学，2017)

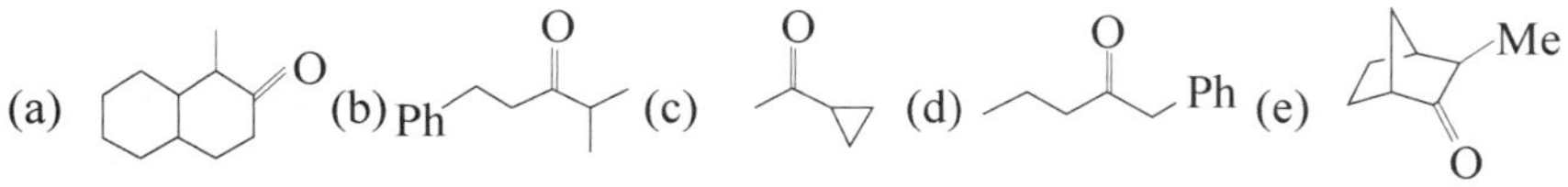

(a) (b) (c) (d) (e)

解答 A为热力学稳定物，B为动力学控制脱质子产物。

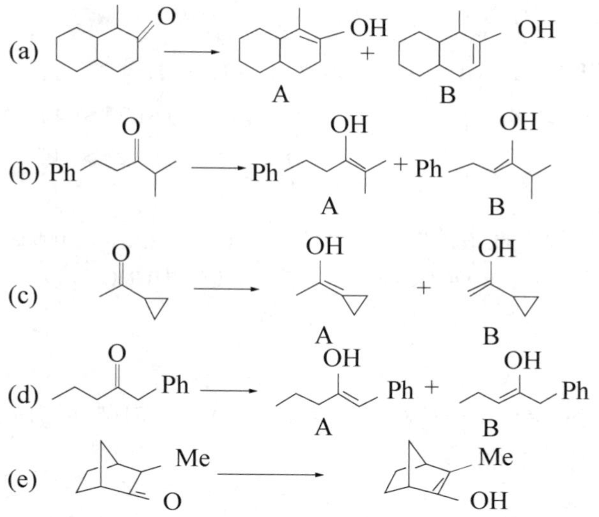

(a) → A + B

(b) Ph → Ph A + Ph B

(c) → A + B

(d) Ph → Ph A + Ph B

(e) Me O → Me OH

2.2 构型和构象异构

2.2.1 构型和构象的关系

分子中原子在空间的排列称为构型。顺-2-丁烯和反-2-丁烯是由于构型不同而产生的异构体，称为构型异构体。由于 σ 键可以“自由”旋转，所以当相邻两个碳原子围绕 σ 键键轴旋转时，分子中的原子或基团可以产生不同的空间排列方式，这种特定的排列方式称为构象。每一种排列形式为一种构象。由单键旋转而产生的异构体称为构象异构体。构象异构体的分子组成及分子中原子或基团之间相互连接的顺序及方式是相同的，即它们的分子构造是相同的，但分子中原子或基团在空间的排列(相对位置)是不同的，所以构象异构体属于立体异构范畴。

构型和构象都是用来描述分子的空间结构的，但二者又有不同。构型是不可以通过分子中 σ 键键轴旋转而变化的，构象则可通过 σ 键键轴旋转而转变。一般一个构型可具有多种构象，而一种构象只有一种构型。例如，(*R*，*R*)-2，3-二氯丁烷的构型式可用(A)表示，然而可以写出多个构象式，如(B)、(C)、(D)。

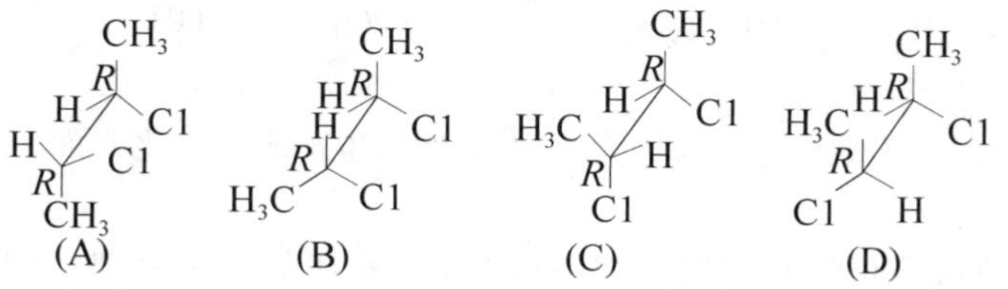

(A) (B) (C) (D)

2.2.2 顺反异构

由于碳碳双键不能绕键轴自由旋转，因此当烯烃中的两个双键碳原子各连有两个不同的原子或基团时，可能产生两种不同的排列方式。例如，在2-丁烯分子中，甲基可以在双键的同一侧(称为顺式)或两侧(称为反式)，这种现象称为顺反异构现象，过去亦称几何异构，形成的同分异构体称顺反异构体。

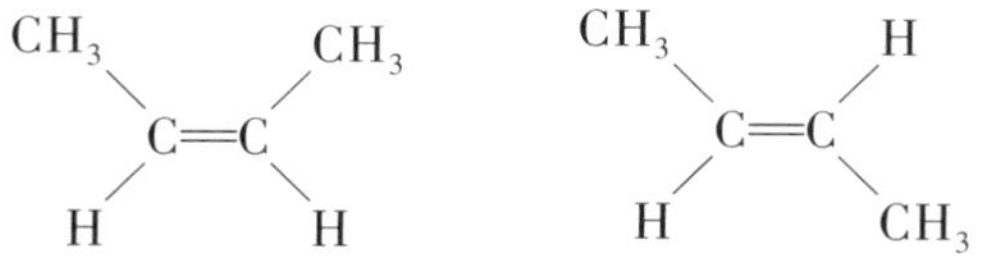

顺-2-丁烯　　　　反-2-丁烯

环的存在限制了σ键的自由旋转，当环上有两个或两个以上碳原子均连有不同的取代基时，将产生顺反异构。两个相同原子或基团在环平面同侧者为顺式，在异侧者为反式异构体。例如：

顺-1,2-二甲基环丙烷　　　　反-1,2-二甲基环丙烷

例9　下列有关同分异构体的判断错误的是(　　)。(湖南师范大学，2014)

A.几何异构：　　与

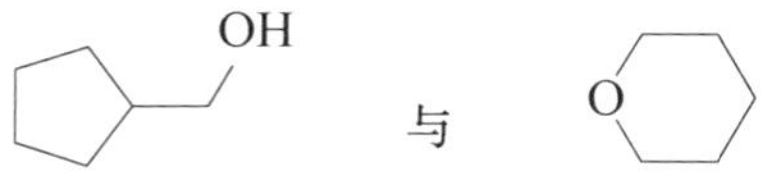

B.构型异构：　　与

C.构象异构：　　与

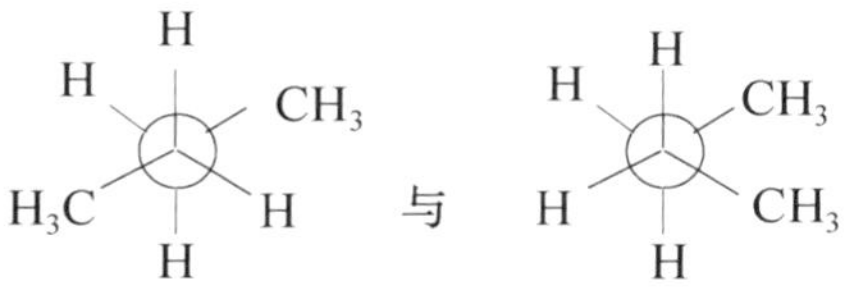

D.对映异构：　　与

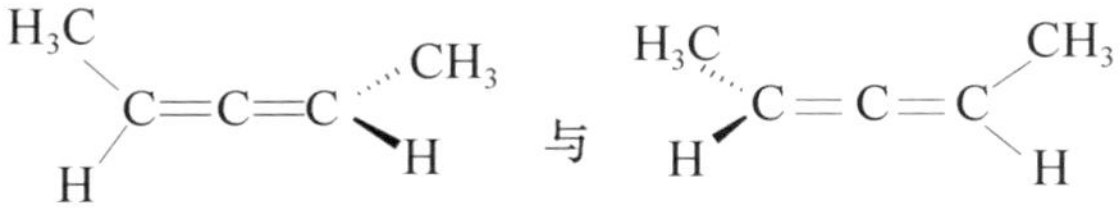

解答　A

第3章　构　　象

由于σ键可以“自由”旋转，所以当相邻两个碳原子围绕σ键键轴旋转时，分子中的原子或基团可以产生不同的空间排列方式，这种特定的排列方式称为构象。每一种排列形式为一种构象。由单键旋转而产生的异构体称为构象异构体。构象异构体的分子组成及分子中原子或基团之间相互连接的顺序及方式是相同的，即它们的分子构造是相同的，但分子中原子或基团在空间的排列(相对位置)是不同的，所以构象异构体属于立体异构范畴。

3.1　乙烷的构象

在乙烷分子中，固定一个甲基，使另一个甲基围绕C—Cσ键轴旋转，则两个甲基上的氢原子在空间的相对位置逐渐改变，从而产生了许多不同的空间排列形式，即不同的构象。由于旋转角可以无穷小，故乙烷分子有无穷多个构象。其中有两种典型的极限构象：重叠式构象和交叉式构象。当两个碳上的氢原子彼此相距最近时形成的构象称为重叠式构象；当两个碳上的氢原子彼此相距最远时形成的构象称为交叉式构象。构象的表示方式有三种：立体透视式、锯架式和纽曼(Newman)投影式。

3.1.1　立体透视式

立体透视式是取H—C—C—H为平面投影，眼睛垂直于C—C键轴方向看。

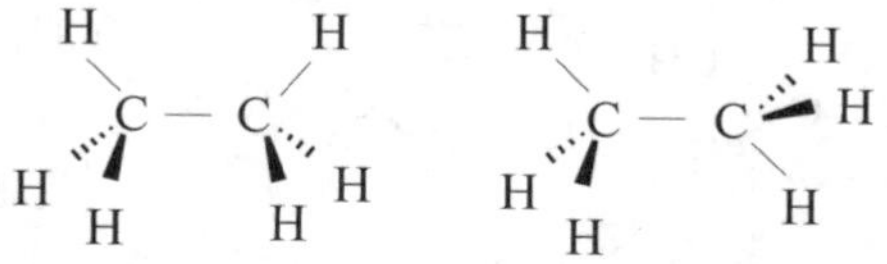

重叠式构象　　　　交叉式构象

实线表示键在纸面上，虚线表示键伸向纸面后方(远离读者)，楔形线表示键伸向纸面前方(指向读者)。

3.1.2　锯架式

锯架式是沿C—C键轴斜45°方向从前一个碳向后一个碳看，每个碳原子上的其他三个键夹角均为120°。

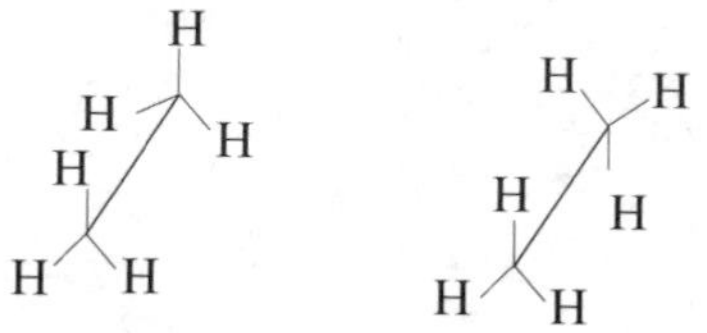

重叠式构象　　　　交叉式构象

3.1.3 Newman 投影式

Newman 投影式从 C—C 键轴的延长线上观察，两个碳原子在投影式中处于重叠位置，用 ⅄ 表示距离观察者较近的碳原子(三条线的交点)及其上的三个键(三条线)，用 ⦽ 表示距离观察者较远的碳原子(圆圈)及其上的三个键(三条线)，每一个碳原子上的三个键在投影式中互呈 120°角。

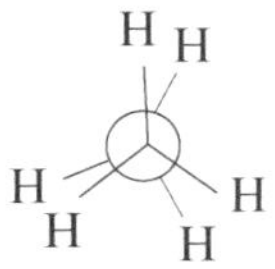

重叠式构象 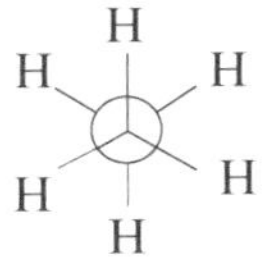　　交叉式构象

乙烷分子的各种构象中，重叠式构象中的两个碳原子上 C—Hσ 键相距最近，彼此之间排斥力(扭转张力)最大，另外，两个碳上的氢原子处于对应重叠，距离也最近，两个氢原子之间也有排斥力(非键张力)，因而，重叠式构象内能最高，稳定性最小。交叉式构象中的两个碳原子上 C—Hσ 键相距最远，彼此之间电子对排斥力最小，两个碳原子上的氢相距最远，相互间的排斥力也最小，所以交叉式构象内能最低，稳定性最大，这种能量最低的稳定构象叫优势构象。重叠式构象比交叉式构象能量高 12.6kJ/mol。此能量差称为能垒，其他构象的能量介于这两者之间，如图 3-1 所示。

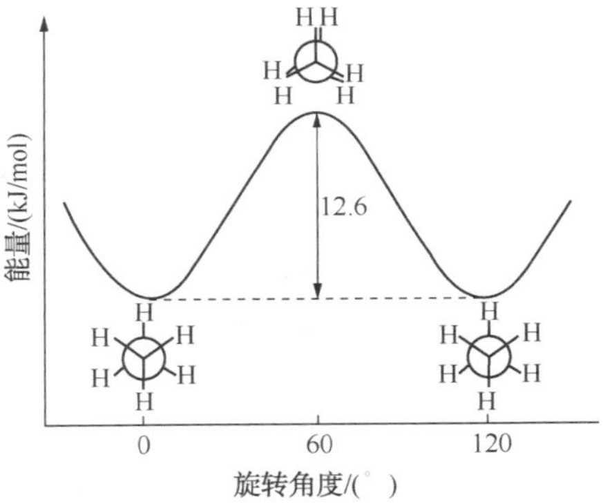

能量/(kJ/mol)　12.6　0　60　120　旋转角度/(°)

图 3-1　乙烷不同构象的能量曲线图

由于不同构象的内能不同，所以从一个交叉式构象通过碳碳单键旋转到另一个交叉式构象必须克服一定的能垒才能完成，可见，所谓的 σ 键的自由旋转，并不是完全自由的。不过，乙烷分子在室温下因热运动相互碰撞而产生的能量足以克服 12.6kJ/mol 的能垒，所以，在室温下，通常乙烷是各种构象不断变化的动态平衡体，交叉式构象出现的几率较多。分子在某一构象停留时间很短($<10^{-6}$s)不能把某一构象分离出来。借助 X 射线衍射、电偶极矩和光谱的研究，可以确定优势构象的存在。

例 1　与化合物 CH_3 / H—OH / Cl—H / CH_3 的结构对应的 Newman 投影式是(　　)。(华东理工大学，2007)

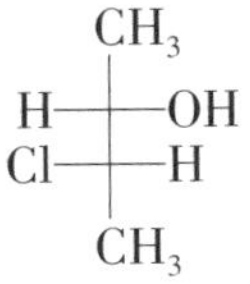

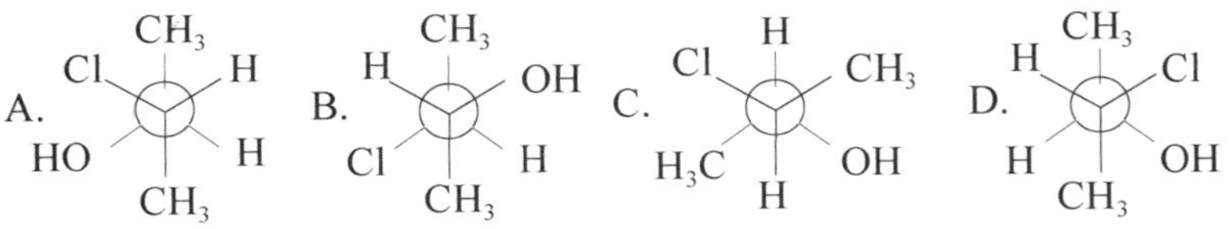

A. 前: CH_3(上), HO(左下), H(右下)；后: Cl(左上), H(右上), CH_3(下)

B. 前: CH_3(上), Cl(左下), H(右下)；后: H(左上), OH(右上), CH_3(下)

C. 前: H(上), H_3C(左下), OH(右下)；后: Cl(左上), CH_3(右上), H(下)

D. 前: CH_3(上), H(左下), OH(右下)；后: H(左上), Cl(右上), CH_3(下)

解答　A

例 2 名词解释：构象异构(武汉大学，2005)

解答 由于分子中单键的旋转使得原子或原子团在空间分布不同而产生的异构现象。

例 3 写出乙二醇的稳定构象(Newman 式)(南京理工大学，2010)

解答

3.2 丁烷的构象

丁烷可以看作是乙烷分子中的两个碳原子上各有一个氢原子分别被一个甲基取代的化合物，当沿 C_2—$C_3\sigma$ 键键轴旋转 360°时，每旋转 60°，可以得到一种有代表性的构象，可以产生四种不同的极限构象，即：

全重叠式(顺叠式)　邻位交叉式(顺错式)　部分重叠式(反错式)　对位交叉式(反叠式)

丁烷的四种典型构象的内能高低为：全重叠式 > 部分重叠式 > 邻位交叉式 > 对位交叉式。全重叠式构象的内能最高，是丁烷的最不稳定构象，原因是全重叠式构象的扭转张力和处于重叠位置的两个甲基之间的非键张力都最大。但是，这些构象之间的能量差别不大，因此室温下不能分离出构象异构体。与乙烷相似，丁烷分子的构象也是许多构象的动态平衡混合体系，但在室温时以对位交叉式为主，对位交叉式是丁烷的优势构象。

丁烷的各种构象的内能变化如图 3-2 所示。

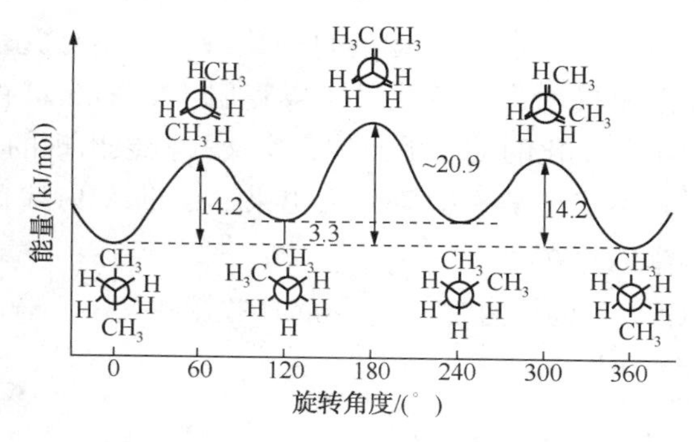

图 3-2　丁烷不同构象的能量曲线图

丁烷中，沿 C_1—C_2 或 C_3—$C_4\sigma$ 键键轴旋转，也会产生一系列的不同构象。其他链烷烃，通常是以最稳定的交叉式构象存在为主。由于对位交叉式是最稳定的，所以 3 个碳以上的烷烃的碳链以锯齿形为最稳定。

构象对有机化合物的理化性质有重要影响，有时甚至对反应性能起着决定性的作用，特别是在蛋白质的性质及酶的生物活性等方面具有重要意义。

例 4 试解释在3-溴戊烷的消除反应中制得的反-2-戊烯比顺式的产量高的原因。(哈尔滨工业大学，2002)

解答 在3-溴戊烷中，溴原子与β-H应处于反式共平面消除。

(A) Br，H，CH_3，H，CH_2CH_3，H $\xrightarrow{-HBr}$ 顺式-2-戊烯，(B) Br，H_3C，H，H，CH_2CH_3，H $\xrightarrow{-HBr}$ 反式-2-戊烯

(B)构型更稳定

例 5 R-2-氯丁烷用C_2H_5ONa/C_2H_5OH处理得到主要的烯烃是E式还是Z式？(四川大学，2003)

解答 E式，反式共平面消除。

例 6 命名：CH_3，H_3C，H，H，Br，H (华南理工大学，2004)

解答 S-2-溴丁烷。首先分析构造，为2-溴丁烷。根据Newman投影式分析构型为S。

3.3 环己烷的构象

环己烷分子中碳原子是sp^3杂化的，六个碳原子不在同一平面内。环己烷分子可以通过环的扭动而产生构象异构，其中最典型的有两种极限构象：一种像椅子称为椅式构象，另一种像船形称为船式构象。椅式和船式是环己烷能保持正常键角的两种极限构象，两种构象通过碳碳单键的旋转，可相互转变(见图3-3)。

在环己烷的椅式构象中，所有的键角都接近正四面体键角，同时所有相邻碳原子上的氢原子都处于邻位交叉式。环上同方向的氢原子距离最大(约为250pm)，无非键张力。这些因素导致分子的内能较低，因此是稳定构象，从Newman投影式中会看得更清楚(见图3-4)。

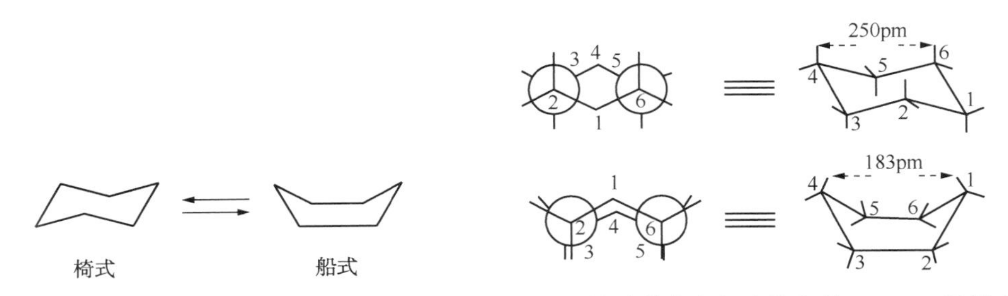

图3-3 环己烷的两种构象　　图3-4 椅式构象和船式构象的Newman投影式

从图3-4中环己烷船式构象的Newman投影式中可以看出，C_2—C_3及C_5—C_6间的碳氢键处于能量较高的重叠式位置，C_1和C_4(船头和船尾)上的两个C-H键(又称旗杆键)向内伸

展，相距较近，约为 183pm，比较拥挤，存在非键张力，因而有较大的排斥作用，是一个不稳定的构象。

由此可见，船式构象不如椅式构象稳定，尽管两种构象可以相互转换，并组成动态平衡体系，但在室温时 99.9%的环己烷是以内能低的椅式构象存在的。

椅式构象内能较小，转变为船式的能垒约为 37.7~46.0kJ/mol。船式容易折成其他多种不同能量的构象以减少内在张力，其中有一种扭船式比椅式能量高 22.2kJ/mol，与船式的能量差为 6.7kJ/mol，比船式构象稳定。环己烷几种构象转换的能量变化见图 3-5，其中半椅式的能量最高。

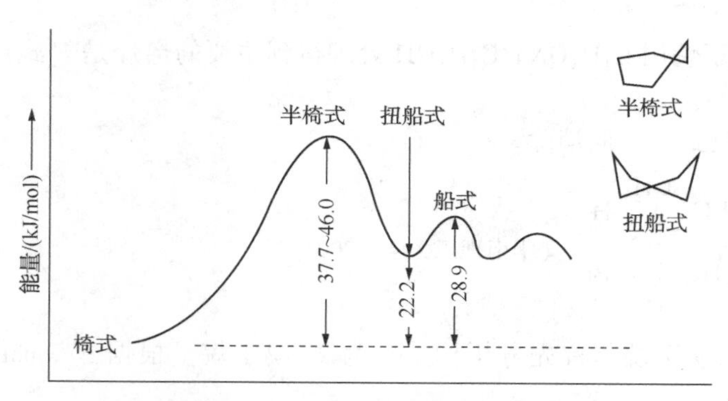

图 3-5　环己烷各构象之间的能量关系

观察环己烷的椅式构象，六个碳原子分布在相互平行的两个平面上，即 C_1、C_3、C_5在一个平面上，C_2、C_4、C_6在另一个平面上，穿过环平面中心并垂直于环平面的轴叫作对称轴。可以将环己烷分子在椅式构象中的十二个碳氢键分为两种类型：第一类的六个碳氢键与上述平面垂直，即与对称轴平行，叫作直立键(竖键)，又叫 a 键。其中三个(与 C_1、C_3、C_5相连)方向朝上，另外三个(与 C_2、C_4、C_6相连)方向朝下，即“高则高，低则低”。

第二类的六个碳氢键略与环平面平行，实际上形成 109°28′-90° = 19.5°的角度，叫做平伏键(横键)，又叫 e 键。其中三个键(与 C_1、C_3、C_5相连)方向朝下，另外三个(与 C_2、C_4、C_6相连)方向朝上。每个碳原子上的 a 键和 e 键形成约为 109.5°的夹角，因此在同一个碳原子上的两碳氢键如果一个是 a 键，另一个一定是 e 键，并且方向相反(见图 3-6)。

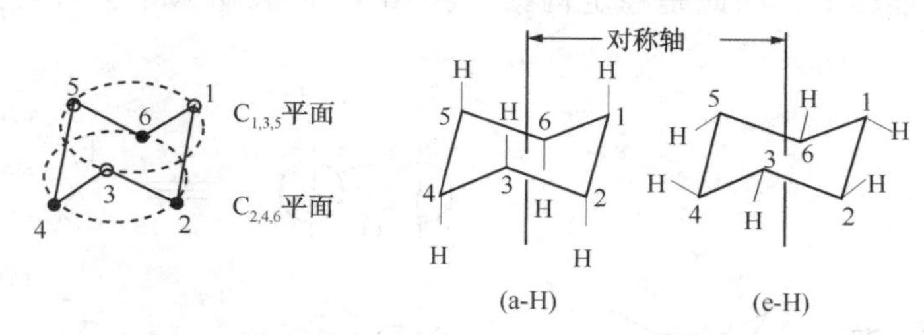

图 3-6　椅式环己烷的平面、对称轴及直立键、平伏键

室温时，环己烷分子并不是静止的，可通过碳碳键的转动由一种椅式构象转变为另一种椅式构象，在互相转变过程中，两个平面上的碳原子互换，C_1、C_3、C_5由上平面转移到下平面，C_2、C_4、C_6由下平面转移到上平面。a、e 键也互换，原来的 a 键变成了 e 键，而原来的 e 键变成了 a 键，如图 3-7 所示。常温下，这种构象的翻转进行得非常快，因此环己烷

实际上是两种构象互相转化的动态平衡形式，在平衡体系中两种构象各占一半，当六个碳原子上连的都是氢时，两种构象是同一构象，连有不同基团时，则构象不同。例如原来a键上连有甲基，翻转后甲基就连在了e键上，翻转前后是两种结构不同的分子，能量上也不相同，所以在平衡体系中，它们的含量是不相等的，例如e-甲基构象占93%、e-异丙基构象占97%。

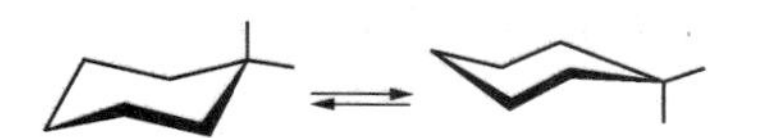

图3-7 两种椅式构象a、e键的转变

3.4 环己烷衍生物的构象

3.4.1 一元取代环己烷

一元取代环己烷分子中，取代基可占据直立键a键，也可占据平伏键e键(见图3-8)，但大多数取代基连在e键上，这时的体系能量最低，构象稳定。这是因为a键上取代基的非键原子间斥力比e键取代基的大，如图3-9所示，e键取代时，取代基与所标1号CH_2基团处于对位交叉位置，体系能量较低；a键取代时，取代基与所标1号CH_2基团处于邻位交叉位置，体系能量较高，因此在e键上取代含量较多，为优势构象，并且取代基越大e键型构象为主的趋势越明显。随着烷基取代基体积的增大，e键型构象增加，如室温时e键型叔丁基环己烷构象的含量已大于99.99%。

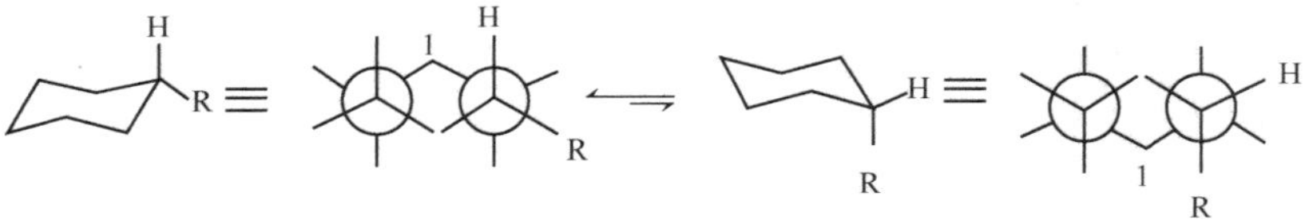

图3-8 取代基在a、e键上

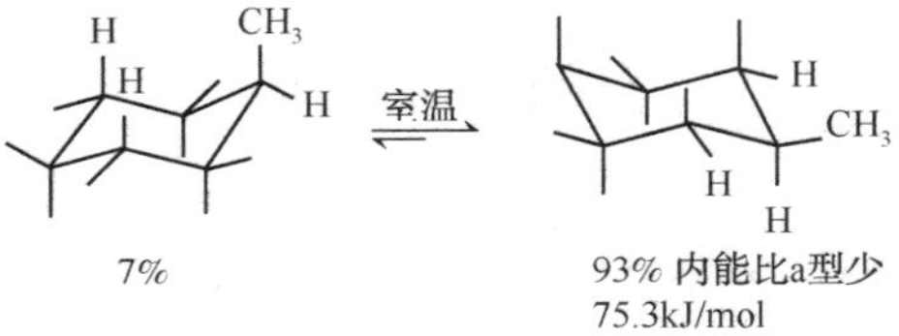

图3-9 e键型构象含量较多

3.4.2 二元取代环己烷

环己烷分子中，如果环上有两个或两个以上取代基时，就有可能存在几何异构现象，例如1，2-二甲基环己烷就有顺式和反式两种异构体，因为同一个碳上a键和e键方向是相反的，所以如果是顺式异构体，两个甲基一个位于a键，那么另一个就在e键上，这种构象称为ae型，而反式异构体的两个甲基或者同时处于a键或者同时处于e键，因此可以分别称为aa型或ee型，其中都在ee键上的为优势构象。

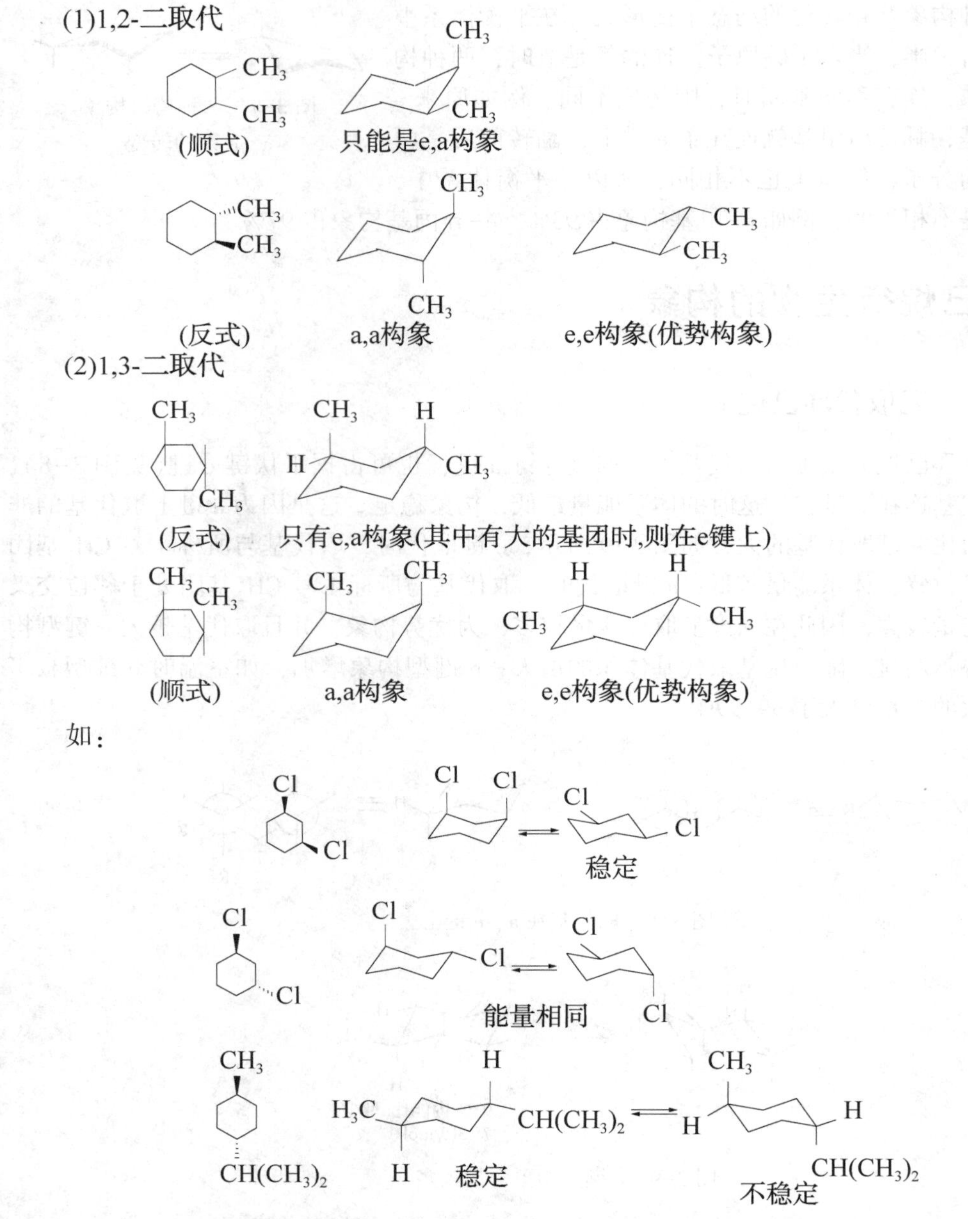

其他二元、三元等取代环己烷的稳定构象，可同样用上述方法得知。在多取代的环己烷中，取代基处于 e 键较多的构象比较稳定；反之，处于 a 键较多的则不稳定。例如，在紫外线照射下，苯与氯加成产生六六六(benzene hexachloride)时，杀虫效能最强的 γ-异构体产量较少，而杀虫效能差的 β-异构体产量较多，这是因为 β-异构体中六个氯原子都在 e 键，能量较低，易于形成的，而 γ-异构体中有三个氯原子处于 a 键，能量较高，不易形成(见图 3-10)。

β-异构体　　γ-异构体

图 3-10　六六六的两种异构体

取代环己烷的构象中，由于顺反构型的关系，有时不可能两个取代基都占在能量较低的平伏键 e

键上。因此从许多实验事实总结如下：

1）环己烷的稳定构象为椅式构象。

2）取代基在 e 键上的构象比较稳定，并且占 e 键越多构象越稳定。

3）环上有不同取代基时，体积较大的取代基在 e 键的构象最稳定。

例 7 选择题

1. 顺-1-甲基-4-叔丁基环己烷的稳定构象是(　　)。(复旦大学，2007)

A. 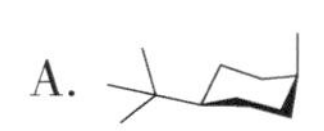 B.  C. D. 

解答 C

2. 下列化合物发生 E2 反应(NaOiPr/iPrOH)的活性次序为(　　)。(中国科学技术大学，2011)

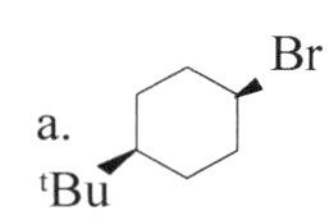

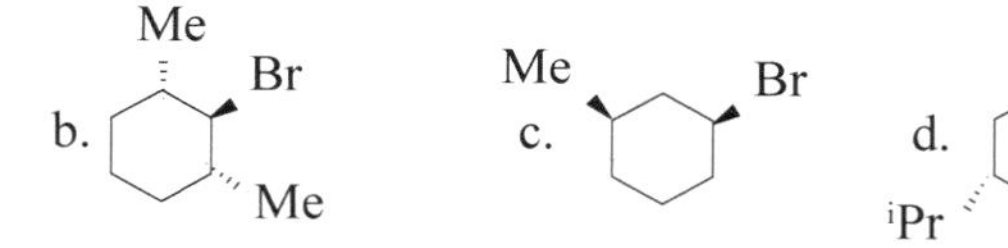

A. c>d>a>b　　B. b>a>d>c　　C. a>c>d>b　　D. d>a>c>b

解答 C

3. 下列化合物构象最稳定的是(　　)。(华东理工大学，2008)

A. H_3C H CH_3 H H H H H

B. 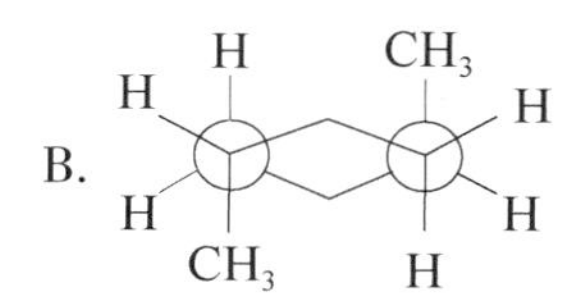

C. H_3C H H H H H H CH_3

解答 C

4. 化合物(Me, t-Bu)的对映体的优势构象是(　　)。(中南大学，2014)

A. 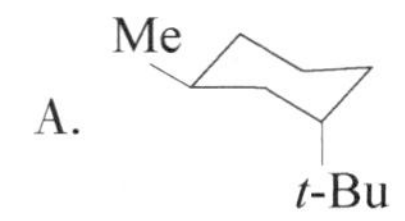

B. Me *t*-Bu　C. Me *t*-Bu　D. Me *t*-Bu

解答 D

5. 下列化合物发生亲核加成反应，活性最高的是(　　)。(北京化工大学，2009)

a. *t*-Bu H_3C　b. CH_3 *t*-Bu　c. *t*-Bu H_3C

解答 b

6. 下列构象式中哪一个为（环己烷，1-C(CH$_3$)$_3$，2-Cl）的最稳定的构象式？（四川大学，2003）

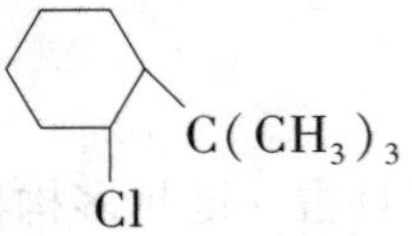

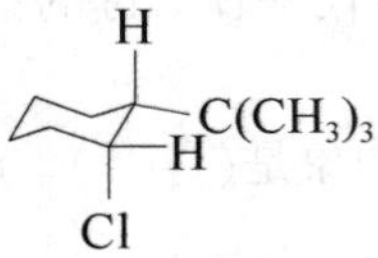

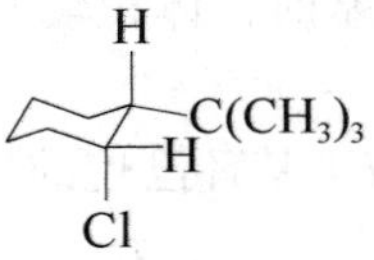

A. 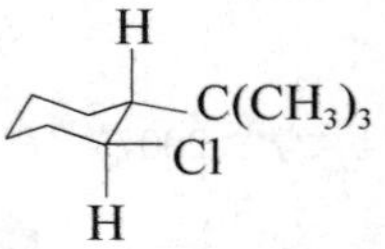 H，C(CH$_3$)$_3$，Cl，H　B. H，C(CH$_3$)$_3$，H，Cl　C. H，C(CH$_3$)$_3$，H，Cl　D. 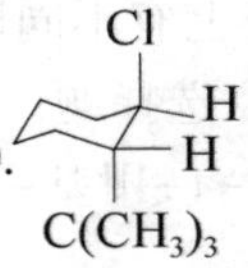 Cl，H，H，C(CH$_3$)$_3$

解答　B、C。C(CH$_3$)$_3$与-Cl为顺式应在同侧，大基团在e键较稳定。

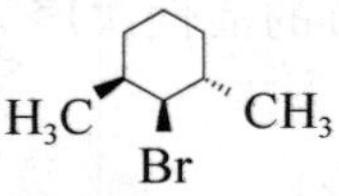

7. 比较E2消除反应，速度最快的是(　　)。（武汉大学，2005）

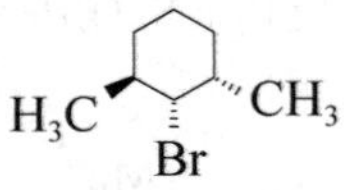

A. 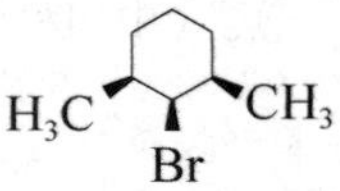 H$_3$C，Br，CH$_3$　B. H$_3$C，Br，CH$_3$　C. H$_3$C，Br，CH$_3$　D. 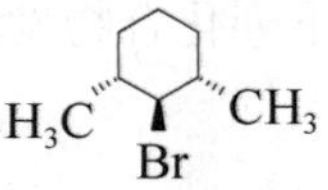 H$_3$C，Br，CH$_3$

解答　A。根据反应物结构对消除反应速度的影响，E2反应中，亲核试剂进攻卤烷的β氢原子，因此对β位上的氢原子进攻位阻最小，反应速度最快。卤代环己烷进行E2消除，卤原子总是优先与反式β-H消除，在有两种β-H的情况下，优势产物再由萨伊切夫规律决定。为了满足反式共平面的关系，消除基团必须处在a键上，如果它们处在e键，则不能共平面，要消除必须进行构象的翻转，以满足反式结构。

例8　请画出下列化合物的优势构象。

1. 反-1-甲基-2-异丙基环己烷（暨南大学，2015）
2. 顺-4-叔丁基环己醇（中南大学，2014；南开大学，2005）
3. 反-1-甲基-3-叔丁基环己烷（上海师范大学，2009）
4. 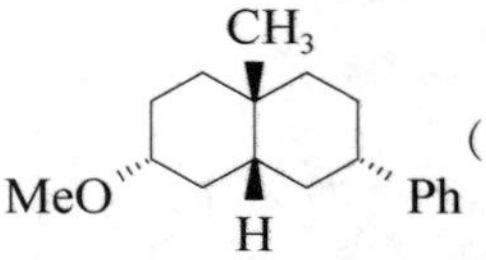 （CH$_3$，MeO，Ph，H 取代的十氢化萘）（中山大学，2002）
5. 顺-1-甲基-3-叔丁基环己烷（华东师范大学，2017）

解答　1.  H$_3$C，C(CH$_3$)$_3$；2. C(CH$_3$)$_3$，OH；3. C(CH$_3$)$_3$，CH$_3$。环己烷最稳定的构象为椅式，大基团在e键能量低。4. CH$_3$，H，OMe，Ph。分子中含有两个并联的环己烷。环己烷的优势构象为椅式构象。两个并联后由于—H与—CH$_3$处于环的同侧，故该化合物为取代的顺式十氢化萘。

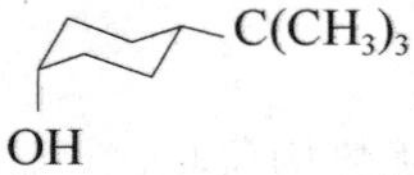

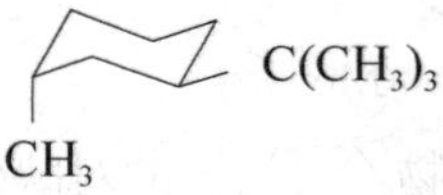

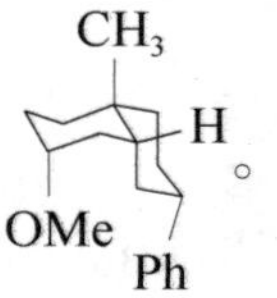

5. 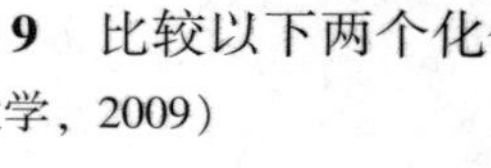 CH$_3$，(H$_3$C)$_3$C。体积大的取代基位于e键的构象最稳定。

例9　比较以下两个化合物被高锰酸钾氧化成酮反应活性的高低，并用构象加以解释。（南开大学，2009）

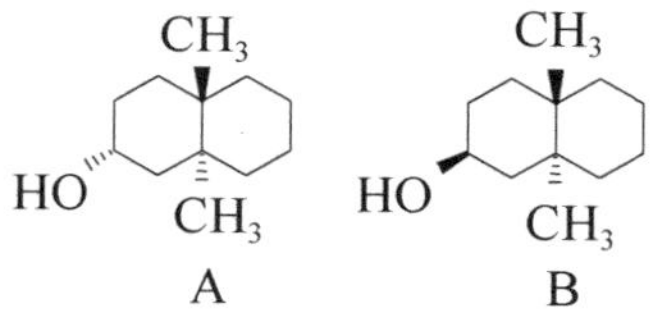

A　　B

解答　A 和 B 的构象如下所示。

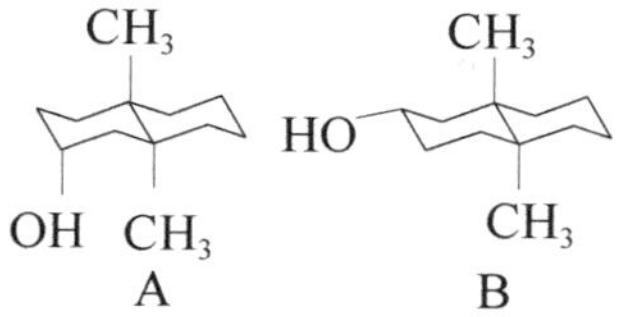

A　　B

A 和 B 经高锰酸钾氧化得酮，涉及环上碳原子，因反应活性 a 键大于 e 键，即 A>B。同时醇羟基被氧化后可以解除与 3-位甲基的空间排斥，如下所示。

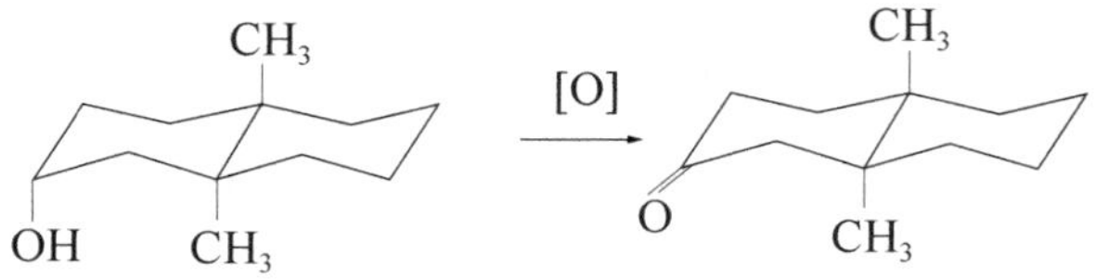

例 10　写出下列 A 和 B 两个立体异构体的稳定构象。若 A 和 B 与乙酸酐反应，哪一个反应速度快？（南开大学，2004）

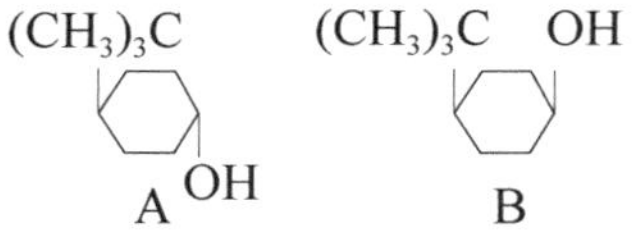

A　　B

解答　A　B。A 快，因为在 A 的结构中，羟基和叔丁基分别在环的上下方，为反式结构，空间位阻较小，反式过渡态有利。

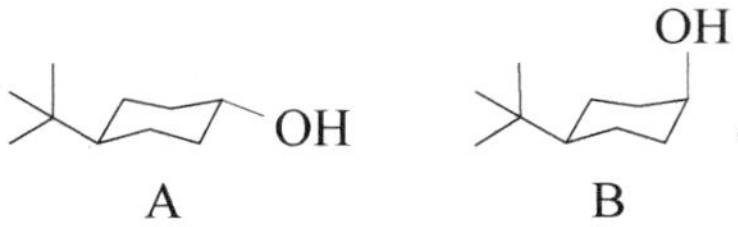

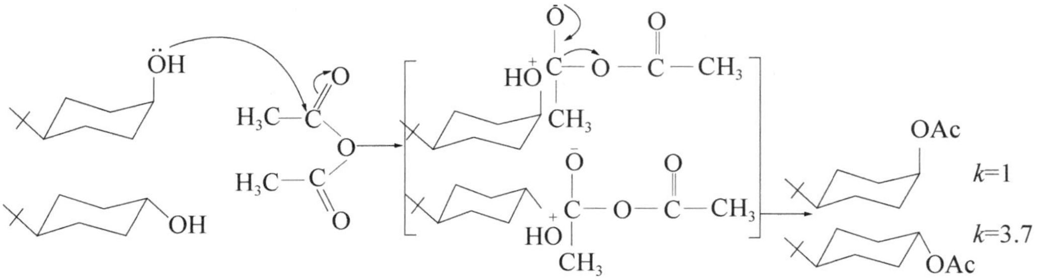

k=1

k=3.7

例 11　下列 1，2，3-三甲基环己烷的三个异构体中，最稳定的异构体是：

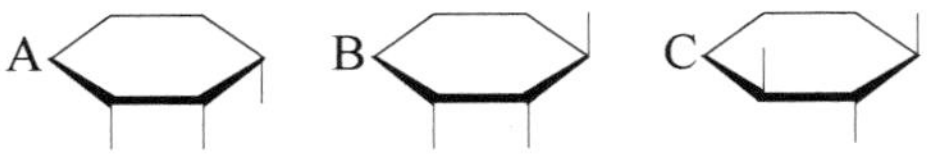

A　B　C　（陕西师范大学，2004）

解答　C。C 中的三个基团均处 e 键。

例 12　以下四个化合物用 HNO_2 处理分别得到什么产物？用构象解释这些产物是如何形成的。（南开大学，2009）

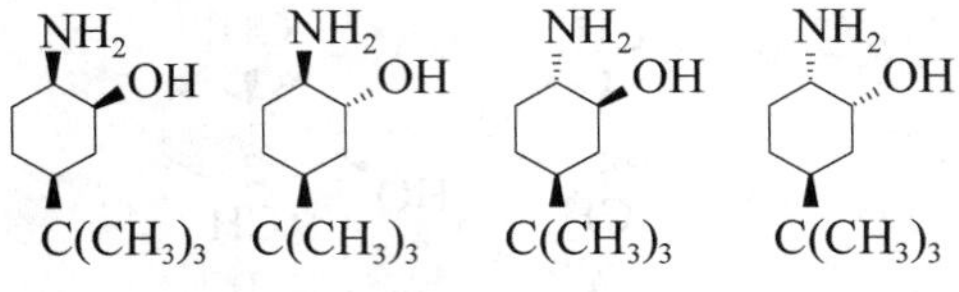

A　　B　　C　　D

解答

A　　B　　C　　D

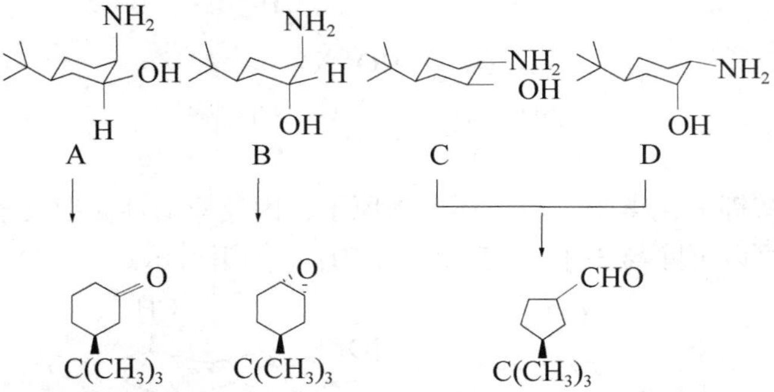

例 13　比较下列化合物在碱性条件下的消除速率，并说明原因。(南开大学，2015)

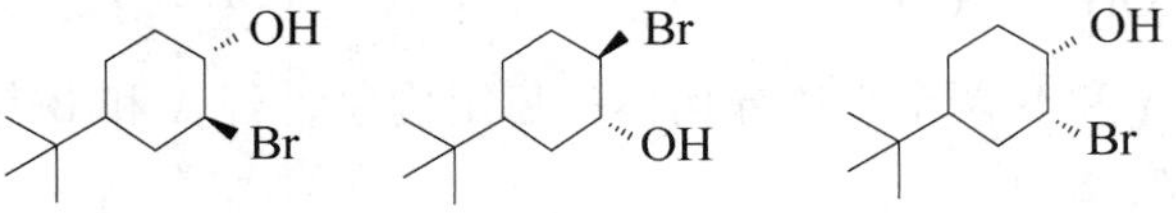

A　　B　　C

解答　B>A>C。在 A 和 B 中，首先是碱作用于醇羟基形成醇氧负离子，然后进行分子内的取代反应，而在化合物 C 中，是碱作用于与 Br 的处于反式共平面的两个酸性弱得多的 β-H 进行消除反应，因此 A 和 B 的分子内取代反应速率快。取代反应中旧键断裂所需能量的一部分可由新键形成时放出的能量供给，由于消除反应的产物——烯烃的内能高于反应物的内能(卤代烷在反应中断裂两个 σ 键，生成一个 π 键)，反应是吸热的，又由于 β-H 的“酸性”非常弱。也说明了这一点。

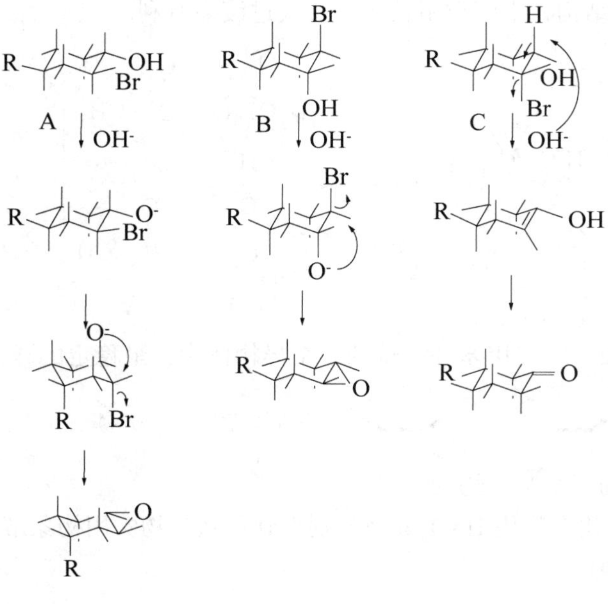

在 A 和 B 中，—OH 和—Br 均处于反式，有利于分子内 S_N2 成环氧化合物。在化合物 B 的反应构象中，—OH 和—Br 均处于 a 键，反式共平面，既是稳定的构象也是取代的有利构象，分子内取代反应速率快。化合物 A 的优势构象不是分子内取代反应的有利构象，当翻转成取代构象时，则成为最不稳定的劣势构象，内能最大(三个较大基团都在 a 键上)，分子内取代反应速率较慢。在化合物 C 反应构象中，有两个 β—H 处于—Br 的反式共平面，既是稳定的构象也是消除的有利构象，β-消除反应速率快，以消除生成双键碳上连有羟基的烯烃为主，再异构为酮。

例 14 画出 *cis*-和 *trans*-4-叔丁基环己基溴的稳定的构象结构式，它们发生消除时何者较快，为什么？(华东理工大学，2003)

解答

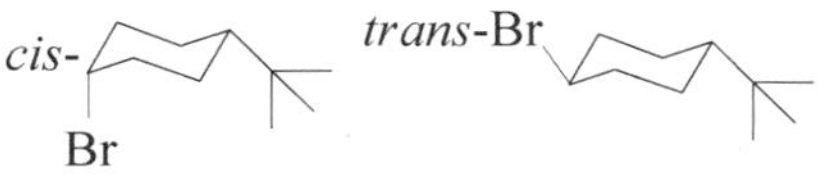

消除时，*cis*-可直接与 β-H 反式共平面消除：。*trans*-需构型翻转，Br 与 $C(CH_3)_3$ 均处于 a 键时方能消除，所需能量较大。

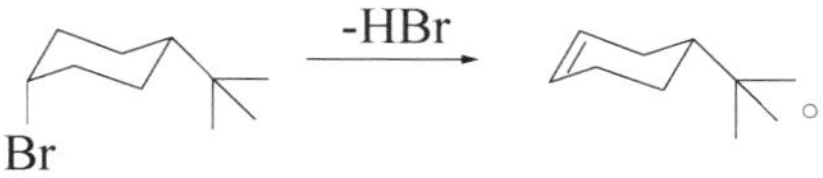

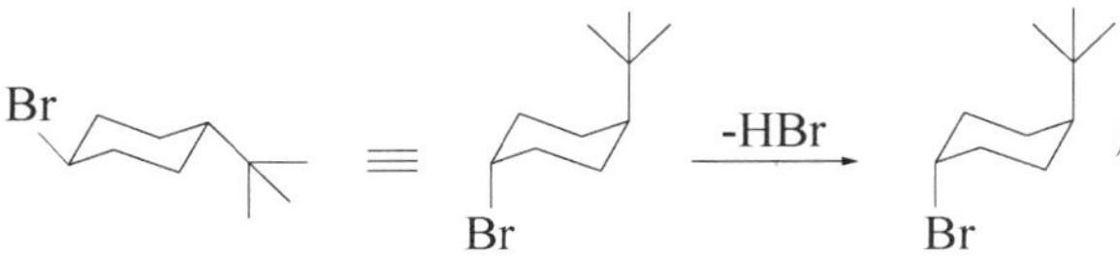

顺式快于反式。

例 15 请解释下列两个立体异构体在相同的反应条件下会得到不同的产物。

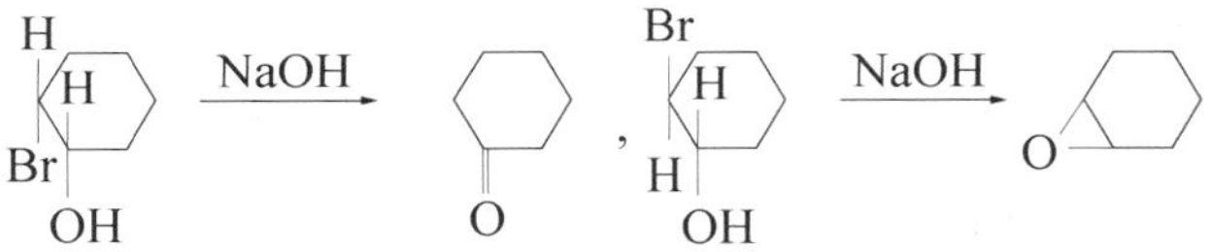

解答 E2 消除时对立体化学的要求为反式共平面。

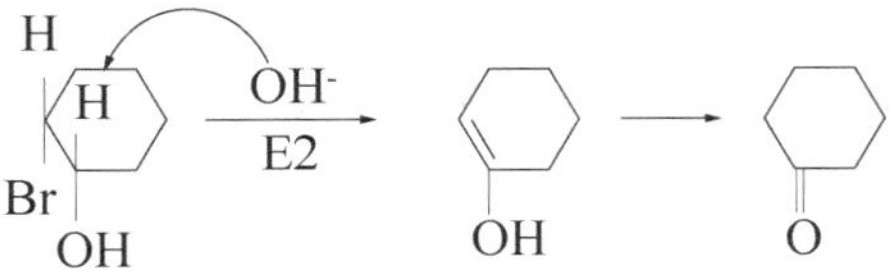

立体化学不能进行 E2 消除去 HBr，但易进行分子内 S_N2 反应。

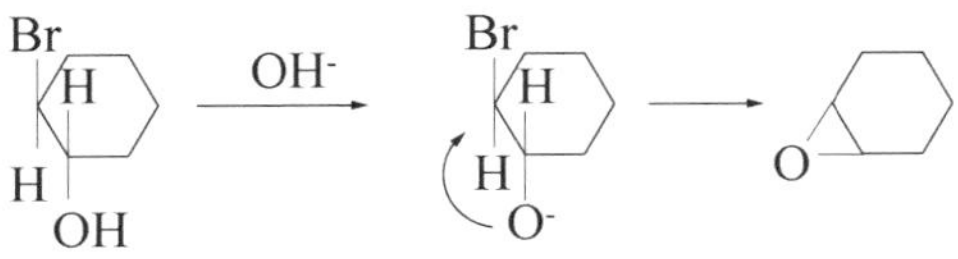

例 16 ①写出(1*S*，2*R*，4*S*)-4-苯基-2-溴环己醇的稳定构象；②写出它与 OH^- 作用后的产物。(南开大学，2003)

解答

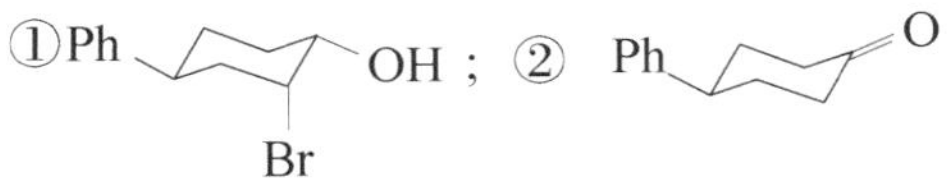

例 17 解释化合物 A 在 S_N2 反应中的速率比化合物 B 快。

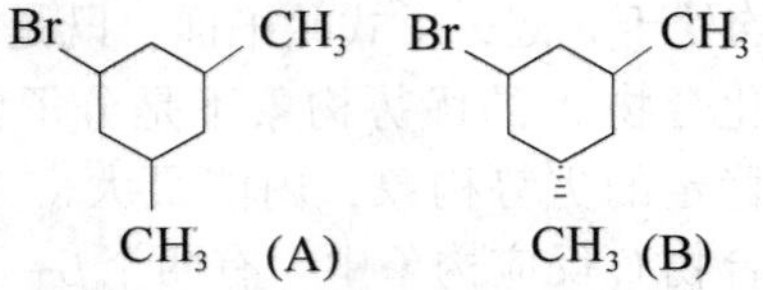

(A) (B)

解答 决定 S_N2 活性的一个主要因素是 α-碳周围的空间位阻。化合物 A 和 B 的优势构象分别为 …Br 和 …Br，在 S_N2 反应中，亲核试剂是从离去基团(Br)的背面(环平面上方)向底物进攻。化合物 B 的环平面上方存在一个甲基，对亲核试剂的进攻产生一定的空间阻碍，故其反应活性较低。

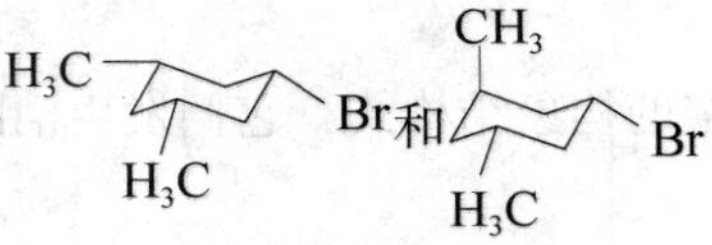

例 18 比较如下两个化合物发生反应的速率，并分别写出其主要产物的结构和反应方程式。

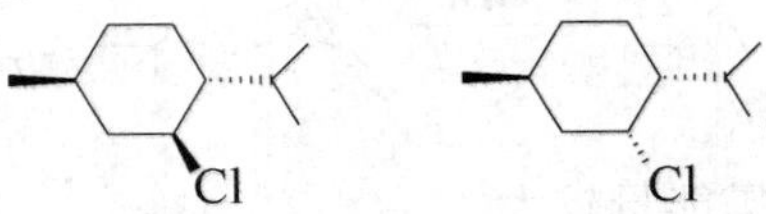

(湖南师范大学，2014)

解答

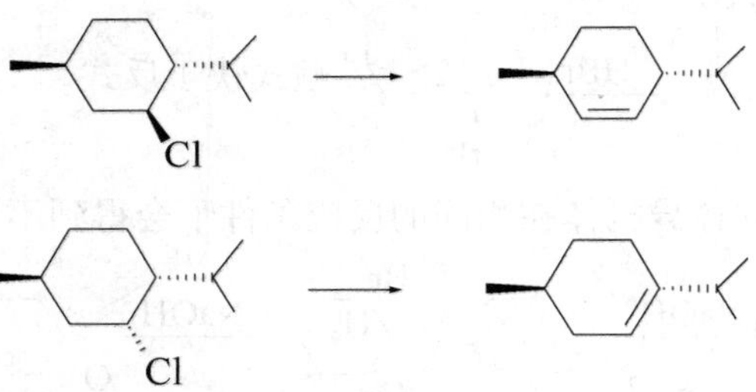

(1)

(2)

反应(2)速率大于反应(1)，因为 E2 消除反应立体化学是反式共平面。反应(1)速率慢是因为进行消除前要从优势构象翻转成不稳定的构象，需要吸收一定的能量。

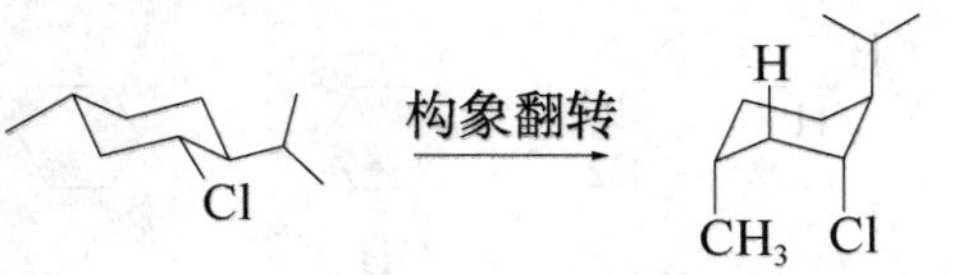

构象翻转

(1) (2)

第 4 章　杂化轨道理论、共振论和芳香性

4.1　杂化轨道理论

碳原子核外电子排布为 $1s^2 2s^2 2p_x^1 2p_y^1 2p_z^0$，这六个电子中只有两个是未配对的，按照价键理论和分子轨道理论，碳原子应该可以形成两个共价键，是二价的。但是，在大多数有机化合物中，碳原子是四价并不是二价的，这是什么原因呢？为了解释这个问题，1931 年鲍林（L. Pauling）等提出了杂化轨道理论。

杂化轨道理论认为，元素的原子在成键时，不但可以变成激发态，而且能量相近的原子轨道可以重新组合成新的原子轨道，称为杂化轨道。杂化轨道的数目等于参与杂化的原子轨道的数目，并包含原子轨道的成分。

碳原子中，2s 和 2p 电子属于同一能级中的不同亚层，它们的能量相近，因此 2s 电子中的一个电子很容易被激发而跃迁到 2p 的空轨道中，这样碳原子就有了四个未配对的电子，这时处于激发态，激发态能量高，不稳定，一旦形成，原子轨道就立即混合并重组，即杂化，形成与原来不同的新的杂化轨道。

碳原子的杂化常见的有三种类型：2s 轨道和三个 2p 轨道杂化为 sp^3 杂化；2s 轨道和两个 2p 轨道杂化为 sp^2 杂化；2s 轨道和一个 2p 轨道杂化为 sp 杂化。以 sp^3 杂化轨道的形成为例，见图 4-1。

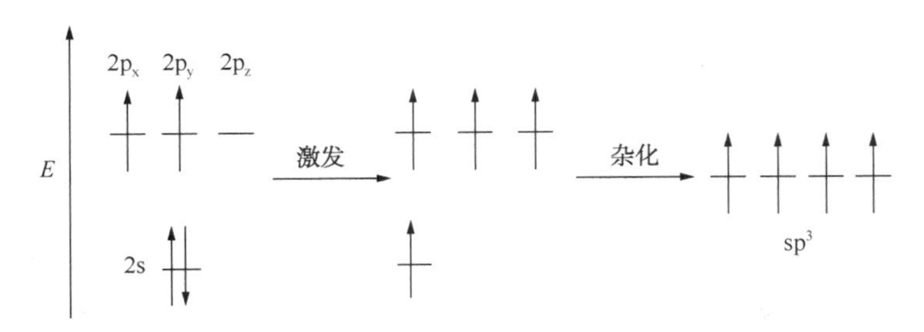

图 4-1　sp^3 杂化轨道的形成

4.1.1　sp^3 杂化

在形成的四个共价键都是单键时，碳原子采用 sp^3 杂化形式，如烷烃、环烷烃中的碳碳键及碳氢键等。杂化时，由一个 2s 轨道和三个 2p 轨道杂化形成四个完全相同的 sp^3 杂化轨道。这就解释了为什么甲烷分子中的四个碳氢键是完全相同的。杂化后每一个轨道都含有 1/4 的 s 轨道成分和 3/4 的 p 轨道成分，电子在一个方向上的概率密度增大了，而在相反方向上却减小了，其形状如图 4-2 所示。

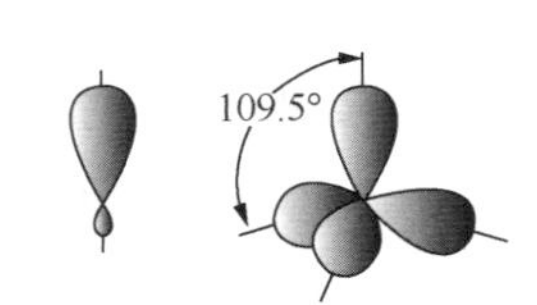

图 4-2　碳原子的 sp^3 杂化轨道

碳原子形成的四个 sp^3 杂化轨道取最大的空间距离为正四面体构型，轨道夹角为109.5°。

4.1.2 sp^2杂化

在形成双键时，碳原子采用sp^2杂化形式，如烯烃中的碳碳双键，醛酮中的碳氧双键等。碳原子轨道sp^2杂化时，由一个2s轨道和两个2p轨道杂化形成三个完全相同的sp^2杂化轨道，保留一个$2p_z$轨道未参与杂化。杂化后每一个轨道都含有1/3的s轨道成分和2/3的p轨道成分，其形状如图4-3所示。

碳原子形成的三个 sp^2 杂化轨道取最大的空间距离为平面三角形构型，轨道夹角为120°。保留的$2p_z$轨道的对称轴垂直于三个sp^2杂化轨道所在的平面。

4.1.3 sp杂化

在形成三键时，碳原子采用sp杂化形式，如炔烃中的碳碳三键，腈中的碳氮三键等。碳原子轨道sp杂化时，由一个2s轨道和一个2p轨道杂化形成三个完全相同的sp杂化轨道，保留$2p_y$和$2p_z$两个轨道未参与杂化。杂化后每一个轨道都含有1/2的s轨道成分和1/2的p轨道成分，其形状如图4-4所示。

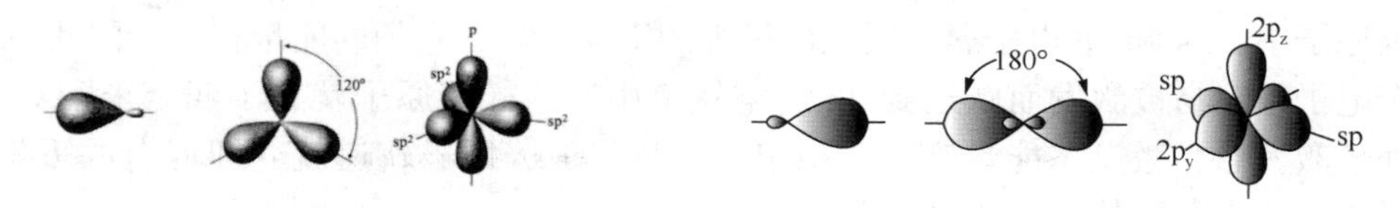

图4-3　碳原子的sp^2杂化轨道　　　图4-4　sp杂化和乙炔分子

碳原子形成的两个sp杂化轨道取最大的空间距离为直线形构型，轨道夹角为180°。保留的$2p_y$和$2p_z$轨道的对称轴互相垂直，并且都垂直于两个sp杂化轨道所在的直线。

杂化即轨道的组合再分配，杂化后因为顶点方向电子云密度最大，成键时原子只能从顶点进行重叠，形成共价键。因此采取杂化后不仅具有更大的方向性，因为重叠程度大，成键能力也更强了。

原子的杂化能影响到化合物的酸碱性。如乙烷、乙烯和乙炔，碳的杂化分别为sp^3、sp^2、sp，随杂化轨道中s成分的增加，与之成键的氢表现出的酸性逐渐增强。可解释为s成分越大，轨道离碳原子核越近，相应负离子越稳定，因此它们的酸性越强(乙炔>乙烯>乙烷)。由此推论，其共轭碱的碱性强度刚好相反($CH_3CH_2^- > CH_2=CH^- > HC\equiv C^-$)。又如，氮的杂化对碱性的影响，叔胺、吡啶和腈中氮的杂化不同，表现出不同的碱性，$R_3N > C_6H_5N$(吡啶)$>RC\equiv N$。该碱性顺序也是和不同化合物中氮原子杂化方式不同，即杂化轨道中s成分不同相关的。叔胺中氮为sp^3杂化，s成分最少；吡啶中氮为sp^2杂化，s成分居中；腈中氮为sp杂化，s成分最多。S成分越多，受原子核影响越大，给出电子的能力越小，碱性越弱。

例1　按碱性强弱把下列化合物排列成序。(南开大学，2001)

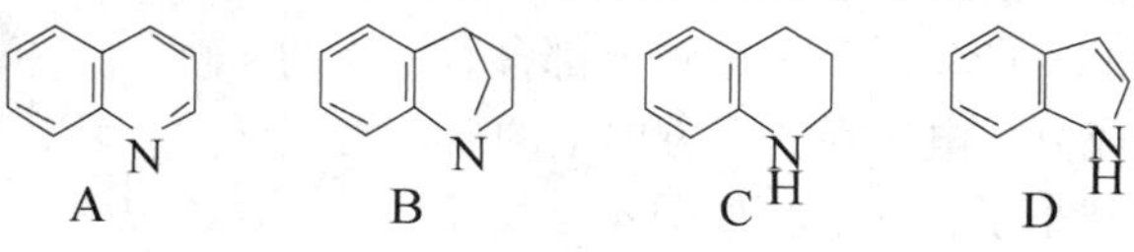

解答 B>A>C>D.

例 2　按下列化合物酸性由强到弱排序。（南开大学，2003）

A. $CH_3-\overset{\overset{\displaystyle O}{\|}}{C}-CH_2-\overset{\overset{\displaystyle O}{\|}}{C}-CH_3$

B. $CH_3CH_2CH_2CO_2CH_3$

C. $C_6H_5-CH_2CO_2CH_3$

D. $CH_3CH_2CH_2CO_2H$

E. $CH_2=CHCH_2CO_2H$

解答 E>D>A>C>B

例 3　下列碳负离子的稳定性顺序。（湖南师范大学，2014）

a. $CH_3C\equiv C^-$　　b. $CH_3CH=CH^-$　　c. $CH_3CH_2CH_2^-$

A. a>b>c　　B. c>b>a　　C. b>c>a　　D. c> a>b

解答 A

4.2 共振论

4.2.1 共振论的基本概念

许多化合物可以用一个式子来表示其结构，例如甲烷、乙烯、1，4-戊二烯等。

$$CH_4\qquad H_2C=CH_2\qquad H_2C=CH-CH_2-CH=CH_2$$

有一些化合物不能用单一的式子精确地表示其结构。例如：在醋酸根中，两个 C—O 键的键长相等，负电荷也不是固定在哪一个氧原子上，用下面两个式子中的任何一个都不能精确表示其结构：

$$CH_3C(=O)O^-\qquad\qquad CH_3C(-O^-)=O$$

在这种情况下可以采用共振式表示：

$$\left[\,CH_3C(=O)O^- \longleftrightarrow CH_3C(-O^-)=O\,\right]$$

共振论是美国化学家 L. Pauling 于 1931—1933 年提出来的，共振论以经典结构式为基础，是价键理论的延伸和发展，可用以解决经典结构式表述复杂的离域体系所产生的矛盾。共振论的基本观点是，当一个分子、离子或自由基不能用一个经典结构式表示时，可用几个经典结构式的叠加来描述。叠加又称共振，这种可能的经典结构称为极限结构或共振结构或正则结构，经典结构的叠加或共振称为共振杂化体。任何一个极限结构都不能完全正确地代表真实分子，只有共振杂化体才能更确切地反映一个分子、离子或自由基的真实结构。例

如，1，3-丁二烯是下列极限结构(Ⅰ)、(Ⅱ)、(Ⅲ)等的共振杂化体：

$$\underset{(\mathrm{I})}{CH_2=CH-CH=CH_2} \longleftrightarrow \underset{(\mathrm{II})}{\overset{+}{C}H_2-CH=CH-\overset{..}{\overset{-}{C}}H_2} \longleftrightarrow \underset{(\mathrm{III})}{\overset{..}{\overset{-}{C}}H_2-CH=CH-\overset{+}{C}H_2}$$

为了表示极限结构之间的共振，采用双箭头符号“⟷”表示，以区别于动态平衡符号“⇌”。共振杂化体既不是极限结构(Ⅰ)、(Ⅱ)、(Ⅲ)等中之一，也不是它们的混合物，在它们之中也不存在着某种平衡。目前尚未找到一个能够正确表示共振杂化体的结构式，而只能用一些极限结构式之间的共振表示。每一个极限结构式分别代表着电子离域的限度，因此，一个分子写出的极限结构式越多，说明电子离域的可能性越大，体系的能量也就越低，分子越稳定。实际上，共振杂化体的能量比任何一个极限结构的能量均低，不同的极限结构其能量也不尽相同。以能量最低最稳定的极限结构为标准，能量最低的极限结构与共振杂化体(分子的真实结构)之间的能量差，称为共振能。它是真实分子由于电子离域而获得的稳定化能。通常共振能越大说明该分子比最稳定的极限结构越稳定。共振能实际上也就是离域能或共轭能。对于一个真实分子，并不是所有极限结构的贡献都是一样的。其中能量低稳定性大的贡献大，能量较高稳定性较小的贡献小，有的甚至可以忽略不计。同一化合物分子的不同极限结构对共振杂化体的贡献大小，大致有如下规则。

1）共价键数目相等的极限结构，对共振杂化体的贡献相同。例如：

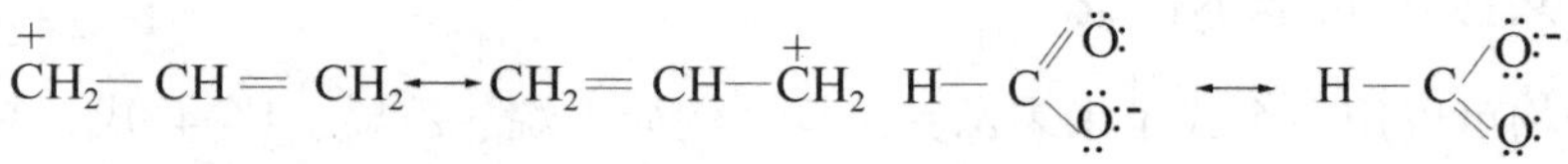

$$\overset{+}{C}H_2-CH=CH_2 \longleftrightarrow CH_2=CH-\overset{+}{C}H_2 \qquad H-C\begin{matrix}\nearrow \ddot{O}: \\ \searrow \ddot{O}:^-\end{matrix} \longleftrightarrow H-C\begin{matrix}\nearrow \ddot{O}:^- \\ \searrow \ddot{O}:\end{matrix}$$

2）共价键多的极限结构比共价键少的极限结构更稳定，对共振杂化体的贡献更大。例如：

$$\underset{\text{五个共价键,贡献大}}{CH_2=CH-CH=CH_2} \longleftrightarrow \underbrace{{}^{-}\overset{..}{C}H_2-CH=CH-\overset{+}{C}H_2 \longleftrightarrow \overset{+}{C}H_2-CH=CH-\overset{..}{\overset{-}{C}}H_2}_{\text{四个共价键,贡献较小}}$$

3）含有电荷分离的极限结构不如没有电荷分离的极限结构贡献大，而且不遵守电负性原则的电荷分离的极限结构通常是不稳定的，对共振杂化体的贡献很小，一般可忽略不计，例如：

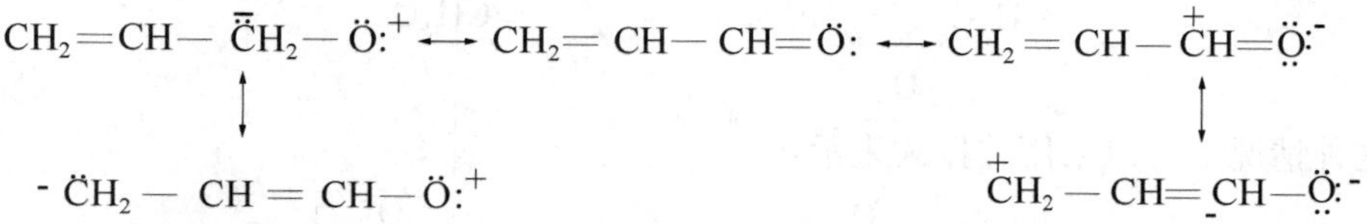

$$CH_2=CH-\overset{..}{\overset{-}{C}}H_2-\ddot{O}:^+ \longleftrightarrow CH_2=CH-CH=\ddot{O}: \longleftrightarrow CH_2=CH-\overset{+}{C}H=\ddot{O}:^-$$

$$\updownarrow \qquad\qquad\qquad\qquad\qquad\qquad \updownarrow$$

$${}^{-}\overset{..}{C}H_2-CH=CH-\ddot{O}:^+ \qquad\qquad \overset{+}{C}H_2-CH=CH-\ddot{O}:^-$$

贡献很小,可忽略不计　　　　贡献最大　　　　贡献较小

4）键角和键长变形较大的极限结构，对共振杂化体的贡献小。例如：

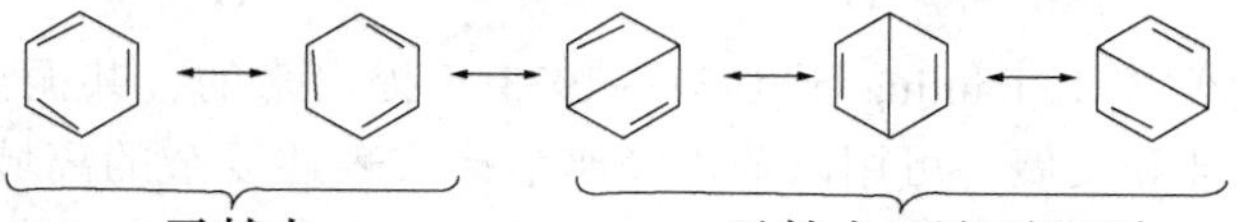

贡献大　　　　贡献小,可忽略不计

4.2.2 采用共振论注意的问题

共振式中的经典结构不能随意书写，对它们有一定的选择标准。

1）各经典结构式中原子在空间的位置应当相同或接近相同，它们之间的差别在于电子的排布不同。例如：

$$\underset{\displaystyle Cl}{\underset{|}{CH_2}}CH{=}CHCH_3 \quad 和 \quad CH_2{=}CH\underset{\displaystyle Cl}{\underset{|}{C}}HCH_3$$

上述结构不能作为两个经典结构式，因为氯原子在空间的位置不同。烯醇式和酮式也不能作为经典结构式，因为氢原子在空间的位置不同。

$$CH_2{=}\underset{\displaystyle OH}{\underset{|}{C}}CH_3 \;\not\longleftrightarrow\; CH_3\underset{\displaystyle O}{\underset{\|}{C}}CH_3$$

$$CH_2{=}\underset{\displaystyle OH}{\underset{|}{C}}CH_3 \;\rightleftharpoons\; CH_3\underset{\displaystyle O}{\underset{\|}{C}}CH_3$$

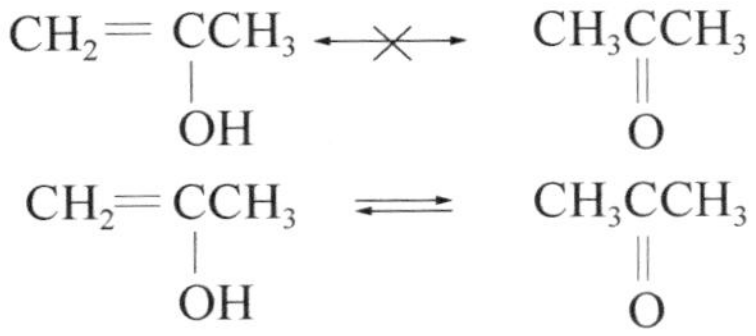

2）所有的经典结构式中，配对的或未配对的电子数目应当是一样的。例如：

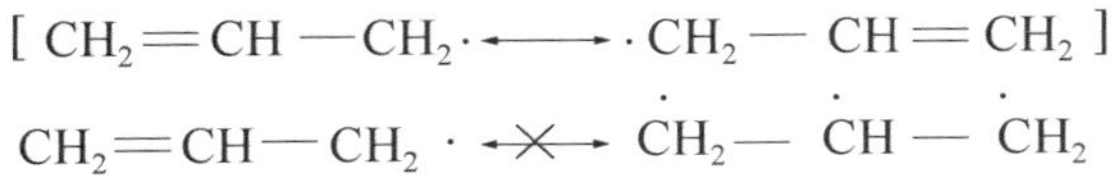

$$[\,CH_2{=}CH{-}CH_2\cdot \longleftrightarrow \cdot CH_2{-}CH{=}CH_2\,]$$

$$CH_2{=}CH{-}CH_2\cdot \;\not\longleftrightarrow\; \dot{C}H_2{-}\dot{C}H{-}\dot{C}H_2$$

用弯箭头表示电子移动的方向，但不能移动原子的位置和改变未配对电子的数目，可以从一个经典结构式推导出另一个。例如：

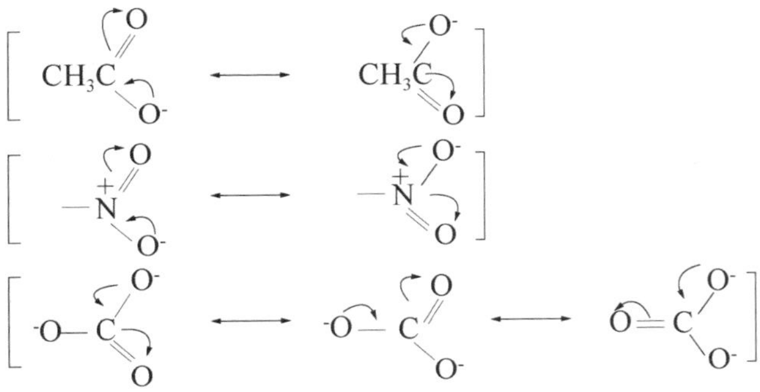

$$\left[CH_3C\begin{smallmatrix}\nearrow O\\ \searrow O^-\end{smallmatrix} \longleftrightarrow CH_3C\begin{smallmatrix}\nearrow O^-\\ \searrow O\end{smallmatrix}\right]$$

$$\left[-\overset{+}{N}\begin{smallmatrix}\nearrow O\\ \searrow O^-\end{smallmatrix} \longleftrightarrow -\overset{+}{N}\begin{smallmatrix}\nearrow O^-\\ \searrow O\end{smallmatrix}\right]$$

$$\left[{}^-O{-}C\begin{smallmatrix}\nearrow O^-\\ \searrow O\end{smallmatrix} \longleftrightarrow {}^-O{-}C\begin{smallmatrix}\nearrow O\\ \searrow O^-\end{smallmatrix} \longleftrightarrow O{=}C\begin{smallmatrix}\nearrow O^-\\ \searrow O^-\end{smallmatrix}\right]$$

在共振杂化体中，每一个经典结构式都有自己的贡献，如把它们都看作实际存在的化合物，可以估计出其贡献大小。一个经典结构式的能量越低，贡献越大。

3）等同的经典结构式贡献相等。

4）经典结构式中，如所有属于周期表中第一和第二周期的原子都满足惰性气体电子构型，其贡献较未满足惰性气体电子构型的原子要大。例如：

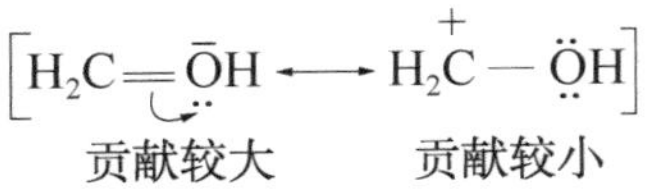

$$\left[\underset{贡献较大}{H_2C{=}\ddot{O}H} \longleftrightarrow \underset{贡献较小}{H_2\overset{+}{C}{-}\ddot{O}H}\right]$$

5）没有正负电荷分离的经典结构式贡献较大。例如：

$$\left[\underset{贡献较大}{CH_3\overset{\displaystyle O}{\overset{\|}{C}}{-}\ddot{O}H} \longleftrightarrow \underset{贡献较小}{CH_3\overset{\displaystyle O^-}{\overset{|}{C}}{=}\ddot{O}H}\right]$$

真实分子的能量比每一个经典结构式的能量都要低。如共振杂化体由几个等同的经典结构式组成，真实分子的能量往往特别低，如硝酸根。

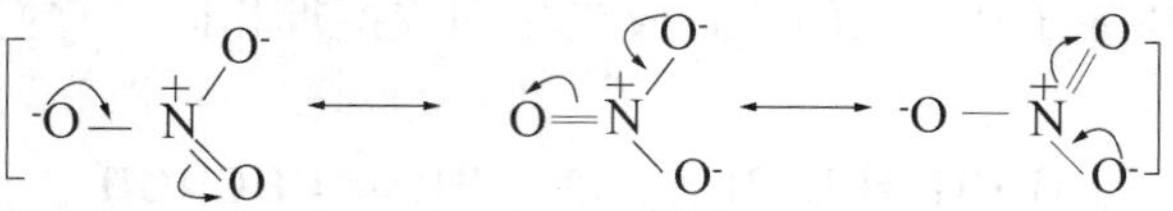

$$\left[{}^{-}O - \overset{+}{N}(=O)(O^{-}) \longleftrightarrow O = \overset{+}{N}(O^{-})(O^{-}) \longleftrightarrow {}^{-}O - \overset{+}{N}(=O)(O^{-}) \right]$$

真实分子在更大的程度上像贡献大的经典结构式，但贡献小的经典结构式并非毫无意义，在有的反应中真实分子更像贡献小的经典结构式。

4.2.3 共振论的应用

有机化学常常根据共振式来定性地比较化合物或反应的活性中间体的稳定性。例如：氯乙烯的结构可以用共振式表示：

$$[\ CH_2=CH-\ddot{\underset{..}{Cl}}: \longleftrightarrow :\bar{C}H_2CH=\overset{+}{\underset{..}{Cl}}:\ ]$$

相比较而言，第一个经典结构式的贡献较大。第二个经典结构式中正负电荷分离，并且正电荷在电负性大的氯原子上，能量较高，贡献较小。由于第二个经典结构式也有一定的贡献，因此，氯乙烯分子中 C—Cl 键具有部分双键的性质，不容易发生取代反应。

烯丙基自由基和烯丙基正离子的结构也可用共振式表示：

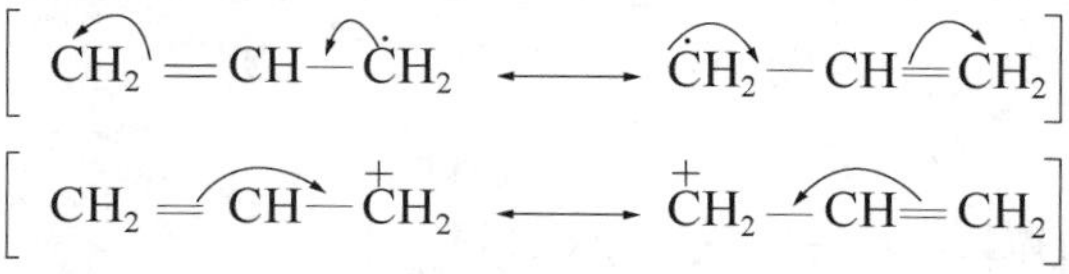

$$\left[CH_2=CH-\dot{C}H_2 \longleftrightarrow \dot{C}H_2-CH=CH_2 \right]$$

$$\left[CH_2=CH-\overset{+}{C}H_2 \longleftrightarrow \overset{+}{C}H_2-CH=CH_2 \right]$$

由于两个经典结构式是等同的，可以推测：这两种活性中间体比较稳定，丙烯容易在甲基上发生自由基氯化反应，烯丙基氯容易发生 S_N1 反应。

例 4 选择题

1. 下列共振式对芳香族亲电取代反应活性中间体真实结构贡献最大的(　　)。

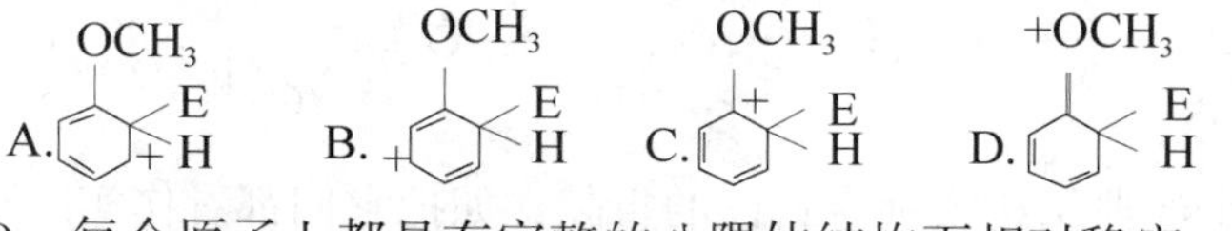

A. (OCH₃, E, H, +)　B. (OCH₃, E, H, +)　C. (OCH₃, E, H, +)　D. (+OCH₃, E, H)　（兰州大学，1996）

解答 D。每个原子上都具有完整的八隅体结构而相对稳定。

2. 下列共振结构中，错误的是(　　)。（华东理工大学，2008）

A ⟷ B ⟷ C ⟷ D

解答 B

3. 乙酰乙酸乙酯在 EtONa 作用下所生成的共轭碱，可以写成多种共振式，其中能量最低、“贡献”最大的是(　　)。（华东理工大学，2009）

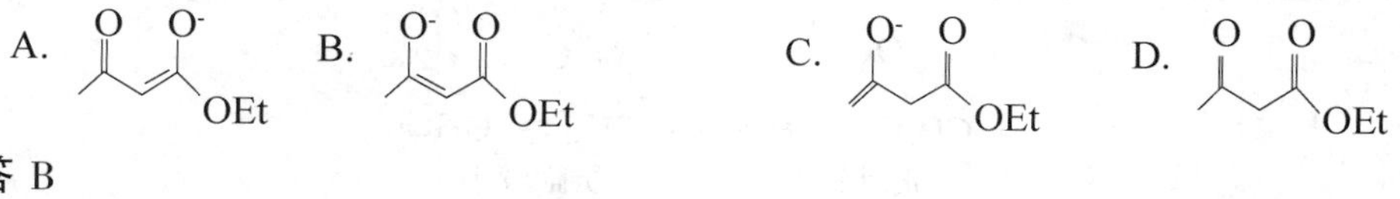

A. (O, O⁻, OEt)　B. (O⁻, O, OEt)　C. (O⁻, O, OEt)　D. (O, O, OEt)

解答 B

例 5 方酸从结构上看并不是一个羧酸，却有相当强的酸性($pKa_1=1.5$，$pKa_2=3.5$)，试用共振论的观点予以解释。（陕西师范大学，2004）

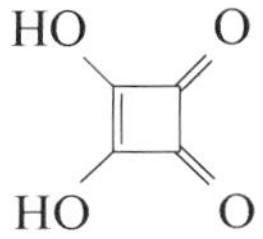

HO O

HO O

解答 方酸存在着如下所示的广泛的电离，中间体的稳定性反映了质子给出的容易程度：

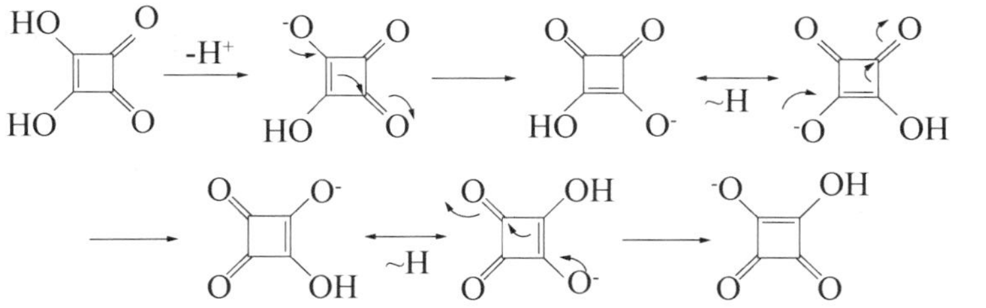

HO O HO O —$-H^+$→ $^-$O O HO O → O O HO O^- ←~H→ O O $^-$O OH

→ O O^- O OH ←~H→ O OH O O^- → $^-$O OH O O

例 6 给出下列两个分子的共振结构式。

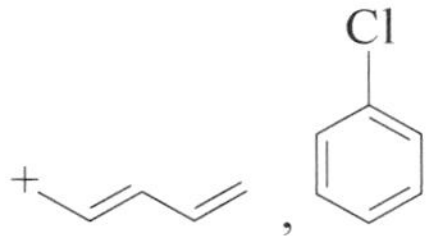

Cl

（华东理工大学，2002）

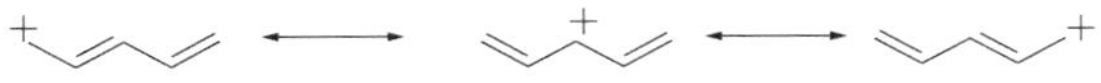

解答

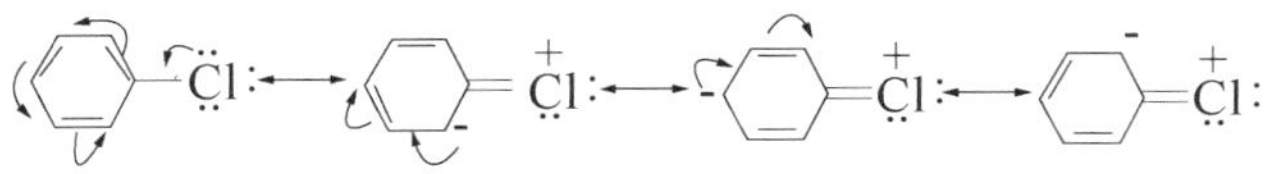

Cl: ←→ Cl: ←→ Cl: ←→ Cl:

例 7 用共振论来描述苯酚亲电取代反应的定位效应。（南京理工大学，2010）

解答 当亲电试剂分别进攻苯酚的邻、对位和间位时，各个中间体 σ 络合物的结构可用下列共振极限结构式表示：

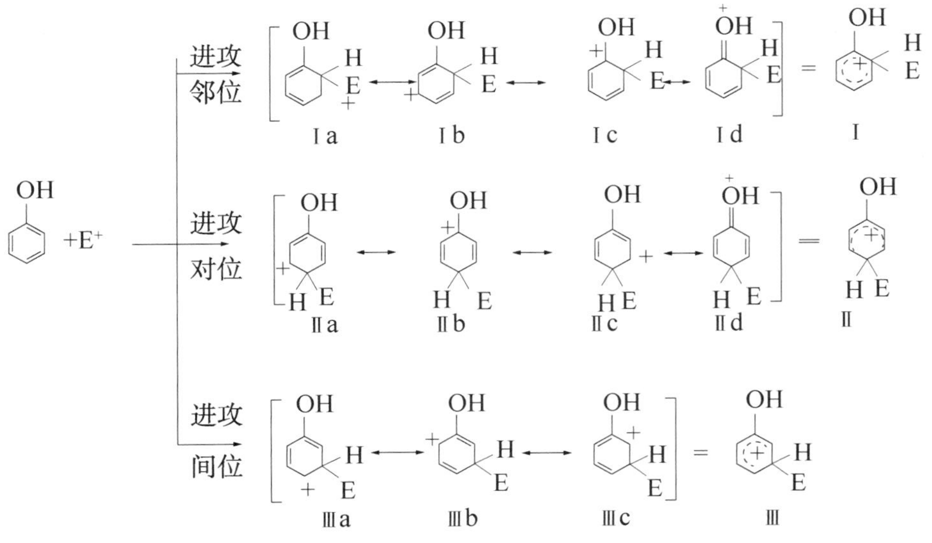

OH +E^+

进攻邻位 [OH H E ←→ OH H E ←→ OH H E ←→ OH H E] = OH H E

Ⅰa Ⅰb Ⅰc Ⅰd Ⅰ

进攻对位 [OH H E ←→ OH H E ←→ OH H E ←→ OH H E] = OH H E

Ⅱa Ⅱb Ⅱc Ⅱd Ⅱ

进攻间位 [OH H E ←→ OH H E ←→ OH H E] = OH H E

Ⅲa Ⅲb Ⅲc Ⅲ

其中，Ⅰd 和Ⅱd 的稳定性最好，对中间体的稳定性贡献大。主要原因是两个极限结构中，每个原子的外层电子结构都是完整的。而进攻间位或苯亲电取代的中间体，无法得到以上稳定的极限结构式。所以，苯酚的活性高于苯，亲电取代反应主要发生在邻位和对位。氨

基(胺基)或烷氧基等定位基的情况与此相似。

4.3 芳香性和非苯芳烃

含有苯环结构的芳烃，虽然具有高的不饱和度，但在化学性质上却与一般不饱和烃(如烯烃或炔烃)截然不同。它们具有较好的稳定性，难于加成和氧化，易发生取代反应，芳环上的氢质子与苯的氢质子有相近的化学位移，这些特性被称之为芳香性。分析芳烃的结构，它们的分子一般都是平面(或接近平面)型的。环上碳原子为 sp^2 杂化状态(个别情况下也可以是 sp 杂化)，同时具有高度离域的环状共轭体系(环状闭合 π 键)。由于苯可以看作是一个环状共轭多烯的结构，因而，Kekulé 在一百余年前预见应该存在不含有苯环结构，却具有芳香性的环状共轭多烯，即非苯芳烃。现在已经证明了该类芳烃的存在。

4.3.1 Hückel 规则和芳香性

对于具有环状共轭多烯结构的化合物或离子，如何确定其是否具有芳香性是一个重要的问题。Hückel 在用分子轨道法计算单环多烯 π 电子能级和稳定性的过程中发现，当这类化合物的离域 π 电子体系含有总数($4n+2$)个 π 电子时(n 为 0，1，2，3……)，化合物显现出特有的稳定性。利用这一方法，可以判断化合物是否具有芳香性，称之为 Hückel 规则。Hückel 规则已经得到许多事实的有力支持。

(1) Hückel 规则

1931 年，Hückel 根据分子轨道理论计算提出了“$4n+2$”规则——单环平面共轭多烯烃分子含有“$4n+2$”个离域的 π 电子时，化合物具有芳香性(其中 $n=0$，1，2，3，4……等整数)，这就是 Hückel 规则。

当一个单环共轭多烯分子中所有的碳原子都处于(或接近)一个平面时，由于每个碳原子都具有一个与平面垂直的 p 原子轨道，它们可以组成 n 个分子轨道。单环多烯(C_nH_n)的 π 分子轨道能级和基态电子构型如图 4-5 所示。

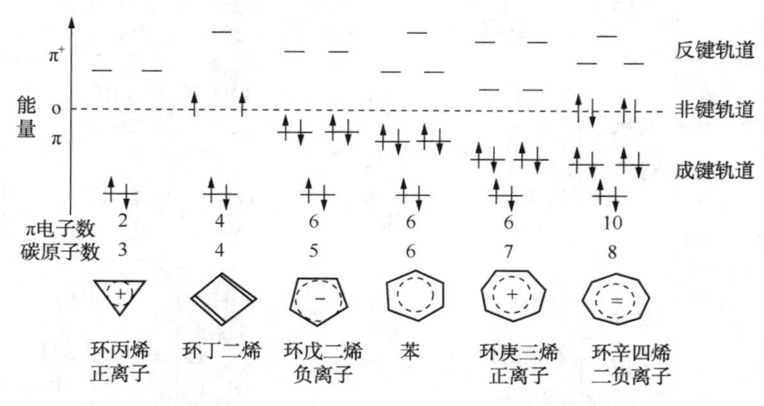

图 4-5 单环多烯(C_nH_n)的 π 分子轨道能级和基态电子构型

平面单环共轭体系的分子轨道能级图的特征是：具有一个最低能级的成键轨道，另外就是能级较高的一对简并轨道，直至最高能级的反键轨道。如果参加 π 体系的轨道数是偶数，则有单一的最高能级轨道；如果是奇数，则有一对简并的最高能级轨道。在基态时，它们的

π 电子占据并充满了能量低的成键轨道(有的还充满非键轨道)。

这种能级关系也可用图 4-6 所示顶角朝下的各种正多边形来表示。图中正多边形的每一个顶角的位置相当于一个分子轨道的能级，其中处在最下边的一个顶角位置，代表一个能量最低的成键轨道；正多边形中心的位置相当于未成键的原子轨道，即非键轨道的能级；中心水平线下面的顶角位置相当于成键轨道的能级，中心水平线上面的顶角位置相当于反键轨道的能级。

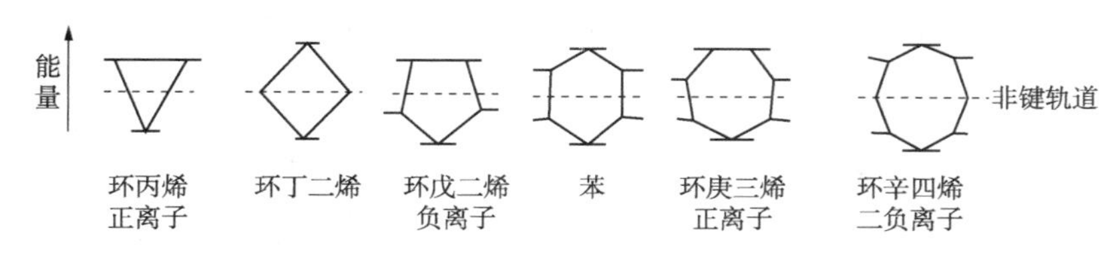

图 4-6　单环多烯的 π 分子轨道能级图

充满简并的成键轨道和非键轨道的电子数正好是 4 的倍数，而充满能量最低的成键轨道需要两个电子，这就是 $4n+2$ 这一数字的合理性所在。

(2) 芳香性化合物的特点、标志

具有芳香性的化合物在结构上通常具备以下四个特点：

1) 它们是包括若干数目 π 键的环状体系；

2) 环上的 π 电子高度离域；

3) 环上的每一个原子必须是 sp^2 杂化(个别情况是 sp 杂化)；

4) 它们具有平面结构，或至少非常接近于平面(平面扭转不大于 0.01nm)。

分子具有芳香特性的标志是：

1) 该类化合物具有环状结构，稳定性比相应的链状化合物高，环不易被破坏；

2) 该类化合物虽高度不饱和，但不易进行加成反应，而容易进行亲电取代反应；

3) 环状结构为平面的(或接近平面)，其闭合的共轭体系能够形成抗磁环流，导致环外质子的核磁共振信号向低场移动。在核磁共振谱中，这类化合物的质子与苯及其衍生物的质子一样，显示类似的化学位移($\delta \approx 7$)，这是芳香性的重要标志。

对于芳香性的认识随着科学技术的进步也在不断深入。20 世纪末，人们从芳香性物质具有反磁环流这一物理现象出发，认为具有反磁环流现象的物质具有芳香性。以苯为例，把苯分子中运动的 π 电子云视为环状电流，当外加磁场 H_0 作用于这个闭合环流时，便产生一个方向与 H_0 相反的感应磁场，从而表现出苯分子有一定的反磁磁化率数值。对于不同的大环闭合共轭体系，可以测定其反磁磁化率大小，用这个方法来确定分子是否具有芳香性。环辛四烯这类非芳香性体系，碳环为非平面结构，无法形成闭合环流。它在外加磁场作用下不会产生感应磁场，也就测不出反磁磁化率。

4.3.2　非苯芳烃

凡符合 Hückel 规则，具有芳香性，分子(或离子)中不含苯环结构的环状烃类，统称为非苯芳烃。它们通常是一些环状多烯和具有芳香性的离子。

(1) 芳香离子

某些烃虽然没有芳香性，但转变成离子后，则有可能显示芳香性。例如，环辛四烯是淡黄色液体，没有像苯那样的特殊稳定性，易发生加成反应，无芳香性。分析其 π 电子数目为 8，不符合 Hückel 规则。通过实验也证实了其分子为非平面的澡盆型结构。环辛四烯和金属钾在四氢呋喃溶液中转变成两价负离子，分子形状变为平面八边形，共有 10 个 π 电子，符合 Hückel 规则，具有芳香性(见图 4-7)。

$$\xrightarrow[\text{THF}]{\text{K}}$$

另外，下列离子也都具有平面结构，且 π 电子数符合 Hückel 规则，具有芳香性。

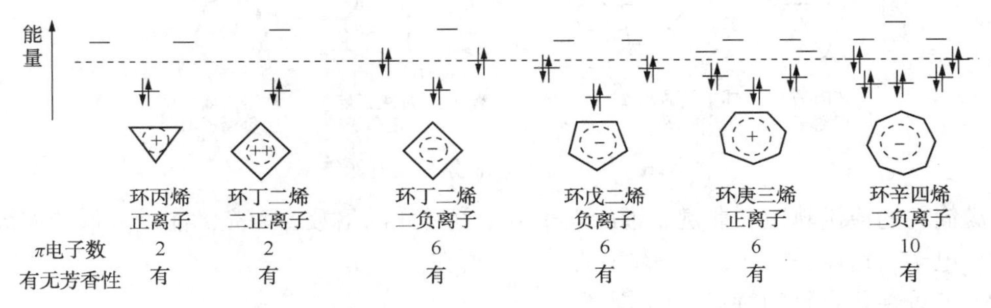

图 4-7　芳香性的 π 分子轨道能级图

如环戊二烯没有芳香性，但当用强碱(如叔丁醇钾)作用时，亚甲基上的一个氢原子被取代，形成环戊二烯金属化合物，原来的环戊二烯转变为环戊二烯负离子。

$$+(CH_3)_3COK \xrightarrow{-H^+} K^+$$

sp^3　H　H

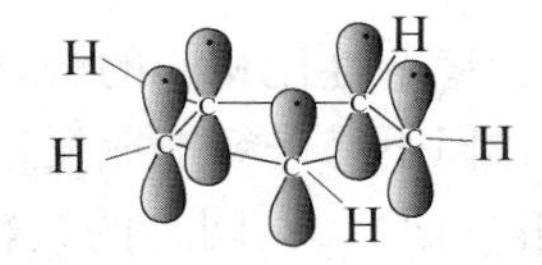

环戊二烯负离子

环戊二烯负离子的 π 电子数为 6，它们在五个碳原子上离域分布。基态下三个成键轨道刚好被 6 个 π 电子填满，符合 Hückel 规则，因此具有芳香性，可以发生亲电取代反应。

（2）薁

与萘、蒽等稠环芳烃相似，对于非苯系的稠环化合物，也可通过计算其外围 π 电子数目，依据 Hückel 规则来判断其芳香性。例如，薁(音 yu，Azulene)是由一个五元环和一个七元环稠合而成，其成环原子的外围有 10 个 π 电子，符合 Hückel 规则($n=2$)，也具有芳香性，是典型的非苯芳烃。

3　4　5　2　6　1　8　7

薁　　　　1.08D

薁具有明显的极性，其中五元环是电负性的，七元环是电正性的，可以看成是由环庚三烯正离子和环戊二烯负离子稠合而成。薁为极性分子，偶极矩 1.08D。薁可以发生某些典型的芳烃亲电取代反应，如硝化、乙酰化等。

$$\xrightarrow[AlCl_3]{CH_3COCl}$$ ($COCH_3$)

但其稳定性弱于同样含有 10 个 π 电子的萘，在隔绝空气的条件下将薁加热至 350℃，会异构化成萘。

$$\xrightarrow{350℃}$$

（3）轮烯

通常将 $n \geqslant 10$ 的这类单环共轭多烯烃称为轮烯(annulene)。命名时把成环的碳原子数放在方括号中，叫作某轮烯。例如：

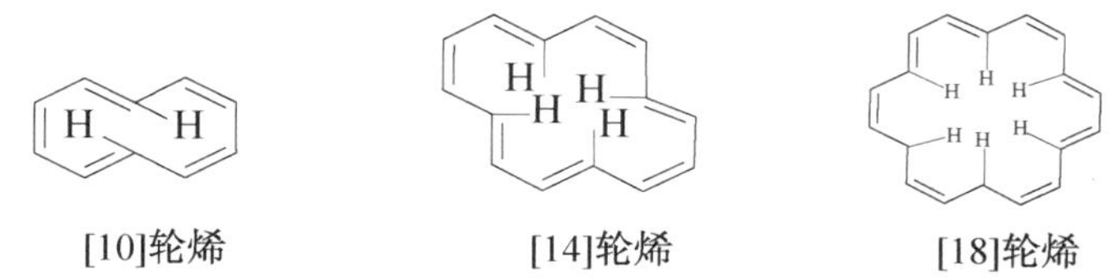

[10]轮烯　　[14]轮烯　　[18]轮烯

[10]轮烯和[14]轮烯，它们的 π 电子数虽然符合 Hückel 规则(前者 $n=2$，后者 $n=3$)，但其环内氢原子存在较强的空间位阻，这致使环上的碳原子不能处于同一平面内，故无芳香性。[18]轮烯环上碳原子基本在一个平面内，这是由于环内空间相对增大，减少了环内氢原子间的斥力，其 π 电子数为 18($n=4$ 时，$4n+2=18$)，因此具有芳香性。[22]轮烯与[18]轮烯一样也具有芳香性。而[16]轮烯环除外，其 π 电子数为 16，不满足 Hückel 规则 $4n+2$ 的要求，故不具有芳香性。

（4）杂环化合物

环状化合物中，构成环的原子除碳原子外还有杂原子(如 N、O、S 等)，并且具有芳香结构，这种环状化合物称为杂环化合物(见第 14 章)。例如：

吡咯　　呋喃　　噻吩　　吡啶

应用 Hückel 规则判断杂环化合物的芳香性，要注意的是杂原子是否有孤电子对。一般情况下，当杂原子上只形成了单键时，有一对电子参与共轭，如吡咯(噻吩、呋喃)的氮原子。因而它的闭合共轭体系有 6 个 π 电子，具有芳香性。当杂原子上连有双键时，则只有一个电子参与共轭，如吡啶，也形成 6 个 π 电子的环状、平面、闭合的共轭体系，也具有芳香性。吡啶分子中氮原子上的孤电子对不参与共轭，这是因为氮原子为不等性 sp^2 杂化，氮原子的孤电子对在 sp^2 杂化轨道上。

例 8　选择题

1. 下列化合物中，不符合 Hückel 规则的是(　　)。(暨南大学，2015)

A. 环戊二烯负离子　　B. 吡喃　　C. 环丙烯正离子　　D. 吡啶

2. 下列离子或化合物中，没有芳香性的是(　　)。(中南大学，2014)

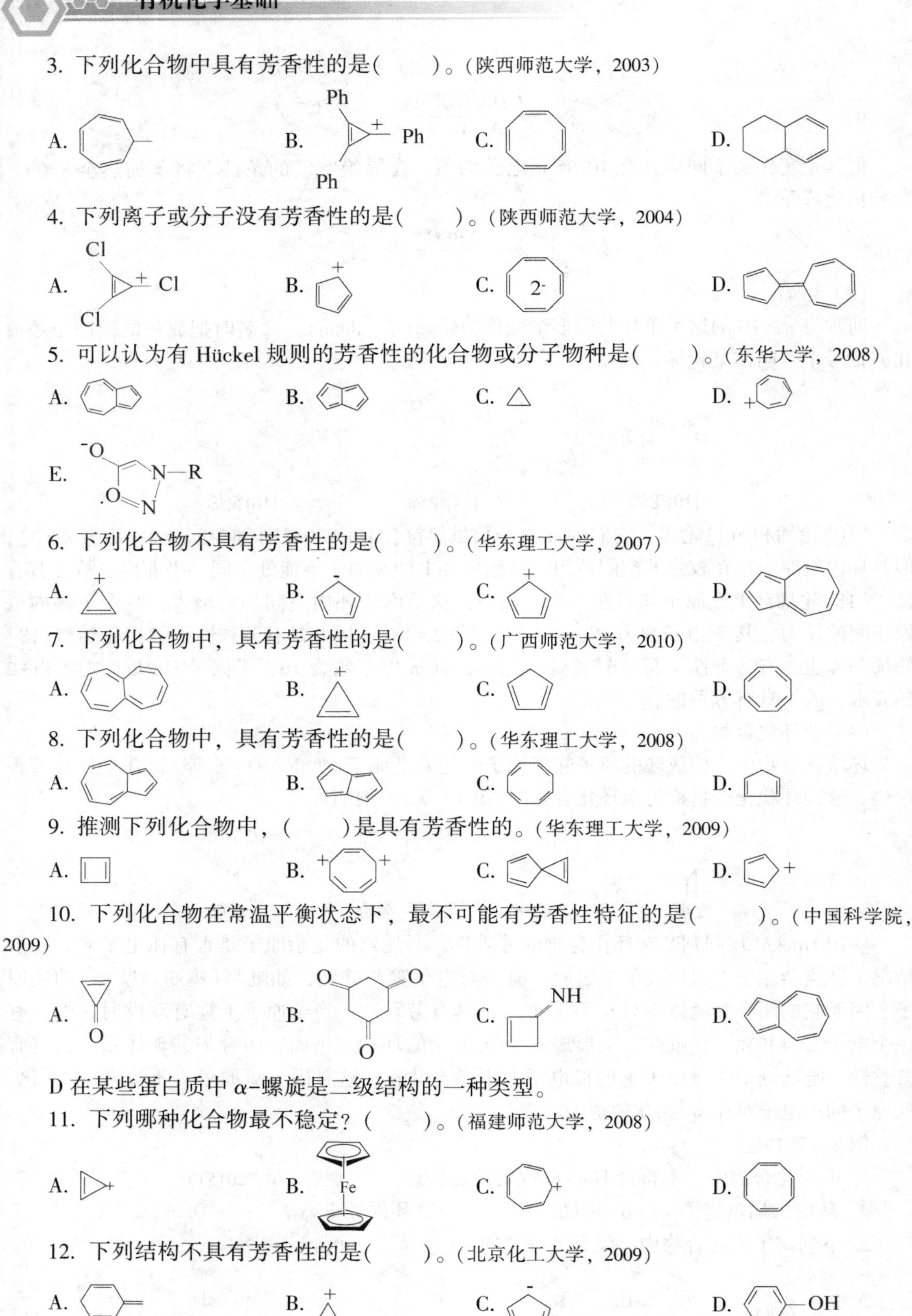

3. 下列化合物中具有芳香性的是(　　)。(陕西师范大学，2003)

A. B. C. D.

4. 下列离子或分子没有芳香性的是(　　)。(陕西师范大学，2004)

A. B. C. D.

5. 可以认为有 Hückel 规则的芳香性的化合物或分子物种是(　　)。(东华大学，2008)

A. B. C. D.

E.

6. 下列化合物不具有芳香性的是(　　)。(华东理工大学，2007)

A. B. C. D.

7. 下列化合物中，具有芳香性的是(　　)。(广西师范大学，2010)

A. B. C. D.

8. 下列化合物中，具有芳香性的是(　　)。(华东理工大学，2008)

A. B. C. D.

9. 推测下列化合物中，(　　)是具有芳香性的。(华东理工大学，2009)

A. B. C. D.

10. 下列化合物在常温平衡状态下，最不可能有芳香性特征的是(　　)。(中国科学院，2009)

A. B. C. D.

D 在某些蛋白质中 α-螺旋是二级结构的一种类型。

11. 下列哪种化合物最不稳定？(　　)。(福建师范大学，2008)

A. B. C. D.

12. 下列结构不具有芳香性的是(　　)。(北京化工大学，2009)

A. B. C. D.

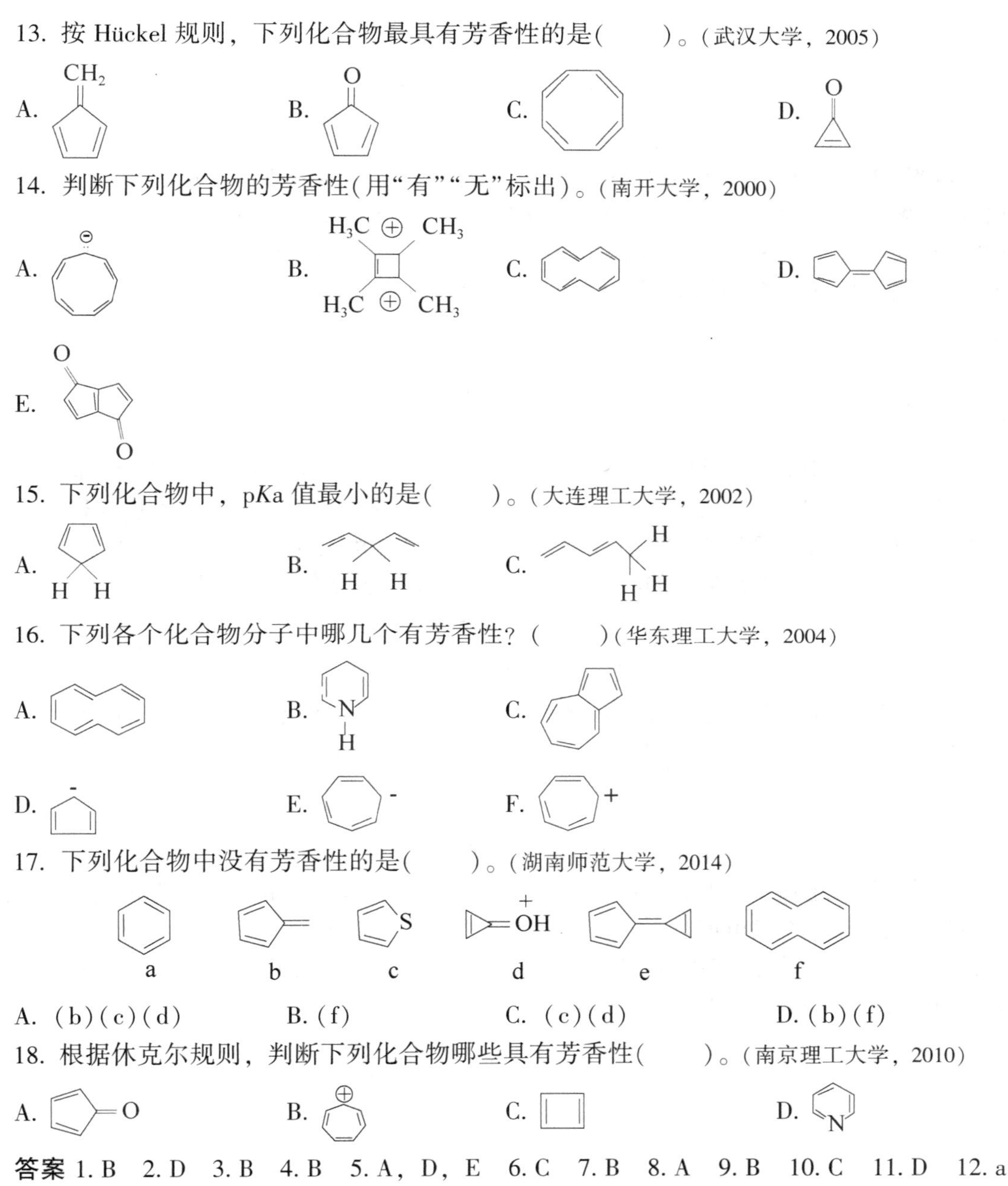

13. 按 Hückel 规则，下列化合物最具有芳香性的是(　　)。(武汉大学，2005)

A. CH_2　　B.　　C.　　D.

14. 判断下列化合物的芳香性(用“有”“无”标出)。(南开大学，2000)

A.　　B. H_3C ⊕ CH_3 H_3C ⊕ CH_3　　C.　　D.

E.

15. 下列化合物中，p*K*a 值最小的是(　　)。(大连理工大学，2002)

A.　　B.　　C.

16. 下列各个化合物分子中哪几个有芳香性？(　　)(华东理工大学，2004)

A.　　B.　　C.

D.　　E.　　F.

17. 下列化合物中没有芳香性的是(　　)。(湖南师范大学，2014)

a　　b　　c　　d　　e　　f

A. (b)(c)(d)　　B. (f)　　C. (c)(d)　　D. (b)(f)

18. 根据休克尔规则，判断下列化合物哪些具有芳香性(　　)。(南京理工大学，2010)

A.　　B.　　C.　　D.

答案 1. B　2. D　3. B　4. B　5. A，D，E　6. C　7. B　8. A　9. B　10. C　11. D　12. a　13. D

14. ABE 有，CD 无。15. A。环戊二烯有较强的酸性(p*K*a≈15)，环戊二烯负离子较稳定，具有芳香性。16. CDF。A 中由于中间对称的 2 个氢靠得太近，位阻大，使分子失去平面性。B 中由于饱和碳的存在而无环状共轭体系。E 中 π 电子不符合 Hückel 规则。17. B　18. BD

例 9　简要回答问题：(1)为何咪唑是芳香性杂环？(2)解释咪唑既是一个质子接受体，又是质子供体，因而在生物体内可以发挥质子传递作用。(3)组胺是一种造成许多过敏反应的物质，请预测其中三个氮原子的碱性顺序。(复旦大学，2007)

b a NH$_2$ 组胺 c H

解答 (1) 咪唑环有两种类型的氮原子。其中，I 为“吡啶”型氮，sp^{2}杂化，孤电子对占据 sp^{2}杂化轨道，提供一个电子(p 轨道中的电子) 给 π 体系。Ⅱ为“吡咯”型氮，sp^{2}杂化，故电子对占据 p 轨道并作为 π 体系的一部分。两个氮原子与环上另外三个 C 原子(各提供一个 π 电子) 构成 6π 共轭体系，符合 Hückel 规则，具有一定的芳香性。

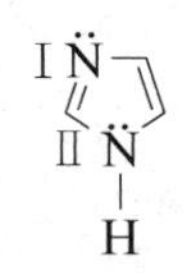

(2) 咪唑环中既有酸性的“吡咯”型氮，可以提供质子，又有碱性的“吡啶”型氮，可作为质子接受体。因此，它既是一个弱酸，又是一个弱碱，是 p*K*a 值接近生理 pH 值(7.35)的唯一氨基酸，在生理环境中，它既能接受质子，又能解离质子。具有在环的一端接受质子，而在环的另一端给出质子的功能，从而起到质子传递的作用。

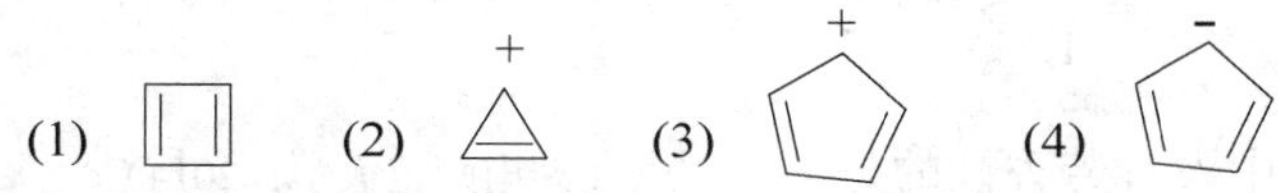

(3) 脂肪族的伯胺氮原子(a) >“吡啶”型氮原子(b) >“吡咯”型氨原子(c)

例 10 下列结构哪些具有芳香性。(华东师范大学，2017)

(1) (2) (3) (4)

解答 带有电荷或单电子的碳原子均为 sp^{2}杂化，都有一个 p 轨道。带正电荷时，p 轨道内是空的。带一个负电荷时，p 轨道内有一对电子，带单电子时，p 轨道内有一个电子。计算闭合共轭 π 键电子数时应注意这一点。(2) 和(4) 均有闭合共轭体系，共平面 71 电子数为 2、6，符合 Hückel 规则，具有芳香性。

第5章　取代基效应

5.1　极性

- 取代基效应
  - 电子效应
    - 诱导效应(σ，π)
    - 共轭效应(π-π，p-π)
    - 超共轭效应(σ-π，σ-p)
  - 场效应　空间传递
  - 空间效应(位阻效应)　物理的相互作用

5.1.1　键的极性

键的极性是由于成键原子的电负性不同而引起的，电负性即吸引电子的能力。两个原子结合成共价键，电负性相同时，核间的电子云密集区域在两核的中间位置，两个原子核所形成的正电荷重心和成键电子对的负电荷重心恰好重合，这样的共价键称为非极性共价键。如H_2、Br_2分子中的共价键就是非极性共价键。当电负性不同的两个原子形成共价键时，它们的共用电子对偏向电负性大的一方，使电负性大的原子带部分负电荷，电负性小的原子带部分正电荷，键的正电荷重心与负电荷重心不重合，这样的共价键称为极性共价键。可用箭头表示这种极性共价键，也可以用δ^+、δ^-标出极性共价键的带电情况，如HI分子中的氢碘键是极性共价键，因为I的电负性(2.5)大于H(2.1)，所以氢碘键的共用电子对偏向于I的一端，或者说HI分子中，I端显负性用δ^-表示，而H端为正性用δ^+表示。

成键原子的电负性差值(Δx)越大，键的极性就越大。当$0<\Delta x<1.7$时，为极性共价键；当$\Delta x>1.7$时，电子对将完全偏于电负性大的原子一边，这就和离子键一样了。例如Cl的电负性为3.1、Na为0.9、Mg为1.2，Na和Cl、Mg和Cl之间Δx值都大于1.7，因而都形成离子键。C的电负性为2.6，C和Cl之间Δx值小于1.7，因此形成共价键，由此可见离子键和共价键虽然是两种不同的化学键，但它们之间有联系，从离子键到共价键有递变关系(见表5-1)。

表5-1　一些常见元素的电负性

H 2.2						
Li 1.0	Be 1.5	B 2.0	C 2.5	N 3.0	O 3.5	F 4.0
Na 0.9	Mg 1.2	Al 1.5	Si 1.9	P 2.1	S 2.5	Cl 3.0

续表

K 0.8	Ca 1.0					Br 2.9
						I 2.6

键的极性是一种"矢量"，不但有大小，还有方向，它的方向用从正极到负极的方向表示，它的大小用偶极矩来度量，用符号μ表示。

$\mu=q\times d$　　[μ的单位：C·m(库仑·米)]

q为正、负电中心的电荷，d为电荷中心之间的距离

例：

$\overset{\delta^+}{H}\longrightarrow\overset{\delta^-}{Cl}$　　$\overset{\delta^+}{CH_3}\longrightarrow\overset{\delta^-}{Cl}$

5.1.2 分子的极性

分子的偶极矩等于键的偶极矩的矢量和，并且与键的极性和分子的对称性有关。在双原子分子中，键有极性，分子就有极性，如HI、HCl等。但以极性键结合的多原子分子是否有极性，还要看分子的空间构型，因为它决定键的方向。如果分子结构的对称性使键的极性互相抵消，那么分子就没有极性。一个共价分子是极性的，是说这个分子内电荷分布不均匀，或者说，正负电荷中心没有重合。在大多数情况下，极性分子中含有极性键，非极性分子中含有非极性键。然而，非极性分子也可以全部由极性键构成。只要分子高度对称，各个极性键的正、负电荷中心就都集中在了分子的几何中心上，这样便消去了分子的极性。这样的分子一般是直线形、三角形或四面体形。如CH_4分子中，碳氢键虽是极性键，其中碳用四个sp^3杂化轨道，以正四面体方向与氢成键，所以CH_4是非极性分子。而H_2O则是极性分子，因为氧原子用2个sp^3杂化轨道分别和2个氢原子形成σ键，另外两个sp^3杂化轨道上各有一对未成键的电子，它们的互斥作用使H_2O分子中两个H—O键间的夹角为104.5°，使整个H_2O分子呈V形，O带部分负电荷，H带部分正电荷。分子的极性影响化合物的沸点、熔点和溶解度等性质。

O═C═O　　CH_4　　CH_3Cl　　H_2O

非极性分子　非极性分子　极性分子　极性分子

例1　选择题

1. 下列化合物中偶极矩最大的是(　　)。(北京化工大学，2009)

A. 环丁砜（四氢噻吩-1,1-二氧化物）　B. O═S（环）S═O　C. $(CH_3)_2S$═O

解答 C。单从S=O(亚砜)和O=S=O(砜)来看因为砜是对称的，极性比亚砜要小。

2. 下列溶剂最有利于 S_N2 反应的是(　　)。(中山大学，2003)

A. H_2O　　B. DMSO　　C. EtOH

解答 B。二甲基亚砜为非质子极性溶剂。分子结构中偶极正端位于分子内部而受屏蔽。亲核试剂的负端周围无溶剂分子，活性大，反应容易进行。

3. 下列化合物中酸性最强的是(　　)。(陕西师范大学，2003)

A. HOAc　　B. HC≡CH　　C. PhOH　　D. $PhSO_3H$

解答 D。

例 2　指出下列化合物的偶极矩方向，并给予简要解释。(陕西师范大学，2004)

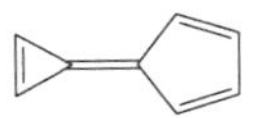　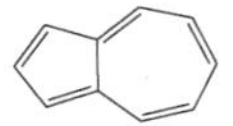

解答 偶极矩方向如下所示。前者小环带有正电荷，大环带有负电荷，有芳香性；后者的电荷分离式是小环带负电、大环带正电，有芳香性。

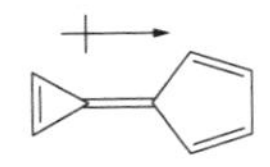　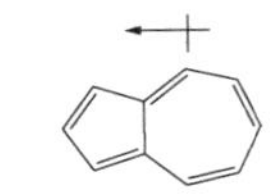

例 3　用 δ^+/δ^- 符号对下列化合物的极性作出判断。(华东师范大学，2017)

(1) $H_3C—Br$　　(2) $H_3C—NH_2$　　(3) $H_3C—Li$

(4) $H_2N—H$　　(5) $H_3C—OH$　　(6) $H_3C—MgBr$

解答

(1) $H_3\overset{\delta^+}{C}—\overset{\delta^-}{Br}$　　(2) $H_3\overset{\delta^+}{C}—\overset{\delta^-}{NH_2}$　　(3) $H_3\overset{\delta^-}{C}—\overset{\delta^+}{Li}$

(4) 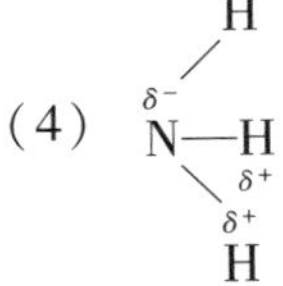

(5) $H_3\overset{\delta^+}{C}—\overset{\delta^-}{OH}$　　(6) $H_3\overset{\delta^-}{C}:\overset{\delta^+}{MgBr}$

例 4　下列各组化合物中，按相关理化性质高低排序错误的是(　　)。(湖南师范大学，2014)

A. 相对密度：O > O　　B. 稳定性：吡咯>咪唑

C. 芳香性：苯>噻吩≫呋喃　　D. 偶极矩：NH > NH

解答 B

5.2 电子效应

5.2.1 电子效应的含义

电子效应包括诱导效应、共轭效应和超共轭效应，是三种效应的综合结果。

5.2.2 诱导效应

诱导效应是指由于分子中成键原子的电负性不同，使整个分子中的成键电子云密度向某一方向偏移，使分子发生极化的效应，又叫Ⅰ效应。

诱导效应沿键链的传递是以静电诱导的方式进行的，只涉及电子云分布状态改变和键的极性的变化，一般不引起整个电荷的转移、价态的变化。

$$Cl \leftarrow CH_2 \leftarrow \overset{\overset{O}{\|}}{C} \leftarrow O \leftarrow H$$

在键链中通过静电诱导传递的诱导效应受屏蔽效应的影响是明显的，诱导效应随着距离的增加，变化非常迅速。一般隔三个化学键影响就很小了。

常以碳氢化合物中的氢原子为标准。

$R_3C \leftarrow Y$	$R_3C—H$	$R_3C \rightarrow X$
+Ⅰ效应	比较标准	-Ⅰ效应

吸电子的能力(电负性较大)比氢原子强的原子或原子团(如—X、—OH、$—NO_2$、—CN等)有吸电子的诱导效应(负的诱导效应)，用-Ⅰ表示，整个分子的电子云偏向取代基。

吸电子的能力比氢原子弱的原子或原子团(如烷基)有给电子的诱导效应(正的诱导效应)，用+*I*表示，整个分子的电子云偏离取代基。

1）同一族的元素随着原子层的增加而吸电子诱导效应降低。如：

$$-F>-Cl>-Br>-I$$

$$-OR>-SR$$

$$-NR_2>-PR_2$$

2）同周期的元素从左到右吸电子诱导效应增加。如：

$$-F>-OR>-NR_2>-CR_3$$

3）不同杂化状态的碳原子以s轨道成分多者吸电子能力强。如：

$$—C\equiv CR>—RC=CR_2>—R_2C—CR_3$$

4）带正电荷的基团具有吸电子诱导效应，带负电荷的基团具有给电子诱导效应。

$$-I:\quad -N^+R_3>-NO_2>-NR_2$$

5）有机化合物中各基团的诱导效应顺序：

吸电子基团：$NO_2>CN>F>Cl>Br>I>C\equiv C>OCH_3>OH>C_6H_5>C=C>H$

给电子基团：$(CH_3)_3C>(CH_3)_2CH>CH_3CH_2>CH_3>H$

诱导效应对酸性的影响：

$$RCOOH+H_2O \rightleftharpoons RCOO^-+H_3^+O$$

$$Ka=\frac{[RCOO^-][H_3^+O]}{[RCOOH]}$$

$$pKa=\lg Ka$$

*K*a为羧酸在水溶液中解离平衡常数，较大的*K*a值(或较少的p*K*a值)代表较强的酸。

从表5-2可看出诱导效应对酸性变化的规律：酸中的氢被卤原子取代，酸性增强，被烷基取代，酸性变弱。在烃基的同一位置引入的卤原子数多，酸性增加的多，引入烷基多，酸性变弱的多。引进的卤原子离羧基近，酸性大。引进卤原子形成的碳卤键极性大，酸性增加。

表 5-2　一些脂肪羧酸和取代羧酸的 p*K*a 值(25℃)

羧酸	CH_3COOH	$ClCH_2COOH$	$Cl_2CHCOOH$	Cl_3COOH	C—Cl 数	↑
p*K*a	4.76	2.86	1.36	0.63	酸性	↑
羧酸	$CH_3(CH_2)_2COOH$	$ClCH_2(CH_2)_2COOH$	$CH_3CHClCH_2COOH$	$CH_3CH_2CHClCOOH$	C—Cl 近	↑
p*K*a	4.82	4.52	4.06	2.80	酸性	↑
羧酸	ICH_2COOH	$BrCH_3COOH$	$ClCH_2COOH$	FCH_2COOH	C—X 极性	↑
p*K*a	3.18	2.90	2.86	2.59	酸性	↑
羧酸	$(CH_3)_3CCOOH$	CH_3CH_2COOH	CH_3COOH	HCOOH	CH_3—C 数	↑
p*K*a	5.50	4.84	4.76	3.77	酸性	↓

由于分子内成键原子的电负性不同所引起的电子云沿键链按一定方向移动的效应，或者说键的极性通过键链依次传递的效应，称为静态诱导效应，用 I_S 表示。I_S 是分子本身固有的性质，与键的极性(永久极性)有关。例如，在丙烯分子中，α-碳原子是 sp^3 杂化，而与之直接相连的双键碳原子是 sp^2 杂化，C_{SP2} 杂化电负性大于 C_{SP3} 杂化，α- H 由于受碳碳双键吸电子诱导效应($-I_S$)的影响，α-C—H 键离解能减弱，故 α- H 比其他类型的氢易起反应，具有一定的活泼性；另外，碳碳双键与 α-C—H σ 键存在 σ，π-超共轭效应(供电子效应，详见本章 5.1.3)，电子离域的结果，也使 α- H 具有一定的活泼性。诱导效应和超共轭效应共同作用的结果，导致 α- H 比烯烃中其他的饱和氢原子更活泼，容易发生卤化反应和氧化反应。

$CH_2{=}CH{-}CH_3$　→ α-H；→ α-C (与双键相连的碳)

在化学反应时当进攻的试剂接近反应物分子时，因外界电场的影响使共价键的电子云分布发生改变的效应叫作动态诱导效应 I_d。它是一种暂时性极化效应，但对反应方向影响极大。这种作用决定于分子中价键的极化率和外界极化电场的强度。I_d 对反应起致活作用。例如，在 CH_3NO_2 中，NO_2 的 $-I_S$ 使 C—H 极化具有一定的酸性，但却不能电离出质子。当 OH^- 接近时，产生效应 I_d 才能使其离解。

$O{=}N^+(-O^-){-}CH_2{-}H$　$(-I_S, +C')$

$O{=}N^+(-O^-){-}CH_2^-{\cdots}H{\cdots}OH^- \longrightarrow O{=}N^+(-O^-){-}CH_2^- + H_2O$　(I_d)

动态诱导效应 I_d 规律：

1) 同一主族的元素由上而下，I_d 增加。如：-I>-Br>-Cl>-F；

2) 同一周期的元素从左到右，I_d 减弱。如：$-CR_2>-NR_2>-OR>-F$；

3) 同一元素的原子或基团，带负电荷越多，I_d 越强，如：$-O^->-OR$。

I_d 和 I_S 作用方向一致时，将有助于化学反应的进行，I_d 和 I_S 的作用方向不一致时，I_d 往往起主导作用。

例 5　选择题

1. 下列化合物酸性最强的是(　　)。(华东理工大学，2009)

A. 氟乙酸　　B. 乙酸　　C. 溴乙酸　　D. 碘乙酸

解答 A

2. 下列物质的酸性由强到弱的的顺序是(　　)。(陕西师范大学，2004)

① 水　② 乙醇　③ 苯酚　④ 乙炔

A. ①②③④　　B. ③①②④　　C. ①③④②　　D. ②③①④

解答 B

3. 下列化合物中画线 H 原子的酸性最大的是(　　)。(华东理工大学，2007)

A. 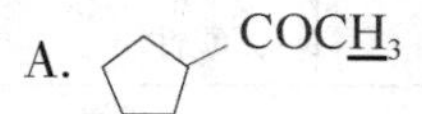

B. 

C. CH_2CH_3

解答 A

4. 下列化合物中，pH 值最小的是(　　)。(华东理工大学，2007)

A. CH_3CH_2OH　　B. CH_3OCH_3　　C. 苯酚　　D. H_2O

解答 C

5. 下列化合物酸性最强的是(　　)。(北京化工大学，2009)

A. 乙醇　　B. 对硝基苯甲酸　　C. 苯甲酸

解答 B

6. 下列化合物碱性最强的是(　　)。(北京化工大学，2009)

A. 苯胺　　B. 乙酰苯胺　　C. 对硝基苯胺

解答 A

7. 下列化合物发生亲电取代反应活性最大的是(　　)。(武汉大学，2005)

A. 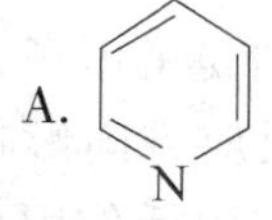

B. 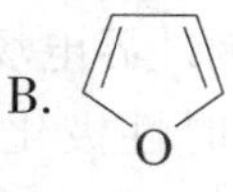

C. 

D. 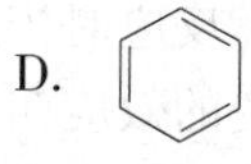

解答 B。反应活性：吡咯>呋喃>噻吩>苯。三种杂环化合物的亲电取代活性由于杂原子的不同而不同，因为从吸电子的诱导效应看，O(3.5)>N(3.0)>S(2.6)，从共轭效应看，它们均有给电子的共轭效应，其给电子能力为 N>O>S(因为硫的 3p 轨道与碳的 2p 轨道共轭相对较差)，两种电子效应共同作用的结果是 N 对环的给电子能力最大，硫最小。

例 6　2,4-二硝基氟苯(A)及 2,4-二硝基溴苯(B)分别用 $C_2H_5NH_2$ 处理，都获得 *N*-乙基-2,4-二硝基苯胺，为什么 A 比 B 的反应速率快。(湖南师范大学，2014)

解答 这是 S_N2Ar 反应，邻对位的硝基活化反应，亲核试剂 $C_2H_5NH_2$ 进攻苯环正性的 1 位碳原子，发生加成，形成带负电荷的 σ 络合物(邻对位的硝基对此负离子稳定化)，接着卤素负离子离去，恢复芳香体系，由于加成一步是速控步骤，F 比 Br 电负性强，相应 1 位碳正性强。

5.2.3　共轭效应

一般将分子中含有三个或三个以上相邻且共平面的原子，以相互平行的 p 轨道相互交叠形成离域键的这种作用称为共轭作用。在共轭体系内 π 电子(或 p 电子)的分布发生变化，处于离域状态，这种电子效应称为共轭效应，用 C 表示)。+C 表示供电子(推电子)的效应，-C 表示吸电子的效应。共轭效应是区别于诱导效应的另一种电子效应。共轭有平均分担之意。

（1）π，π-共轭效应

在1，3-丁二烯分子中，四个π电子不是两两分别固定在两个双键碳原子之间，而是扩展到四个碳原子之间，这种现象称为电子的离域，电子的离域体现了分子内原子间相互影响的电子效应。这种单双键交替排列的体系属于共轭体系，称为π，π-共轭体系。在共轭分子中，任何一个原子受到外界的影响，由于π电子在整个体系中的离域，均会影响到分子的其余部分，这种电子通过共轭体系传递的现象，称为共轭效应。由π电子离域所体现的共轭效应，称为π，π-共轭效应。π，π-共轭体系的结构特征是单键、重键（双键或三键）交替。

$CH_2{=}CH{-}CH{=}CH_2$　　$CH_2{=}CH{-}CH{=}O$

1，3-丁二烯　　丙烯醛

$CH_2{=}CH{-}C{\equiv}N$　　$CH_2{=}CH{-}C{\equiv}CH$

丙烯腈　　乙烯基乙炔

电子离域使化合物能量明显降低，稳定性明显增加。这可以从氢化热的数据分析中看出。例如同碳数的二烯烃中，1,3-戊二烯（共轭体系）和1,4-戊二烯（非共轭体系）分别催化加氢时，它们所放出的氢化热如下：

$CH_3CH{=}CHCH{=}CH_2+2H_2 \longrightarrow CH_3CH_2CH_2CH_2CH_3$　　氢化热 226kJ/mol

$CH_2{=}CHCH_2CH{=}CH_2+2H_2 \longrightarrow CH_3CH_2CH_2CH_2CH_3$　　氢化热 254kJ/mol

两个反应的产物相同，且均加两分子氢，但氢化热却不同，这只能归因于反应物的能量不同。其中共轭二烯烃1,3-戊二烯的能量比非共轭二烯烃1,4-戊二烯的能量低28kJ/mol。这个能量差值是由于π电子离域引起的，是共轭效应的具体表现，通称离域能或共轭能。电子的离域越明显，离域程度越大，则体系的能量越低，化合物也越稳定。因此，对于其他二烯烃，同样是共轭二烯烃比非共轭二烯烃稳定。

在共轭体系中，π电子的离域可用弯箭头表示，弯箭头是从双键到与该双键直接相连的原子上和/或单键上，π电子离域的方向为箭头所示方向。例如：

$\overset{\delta+}{CH_2}=\overset{\delta-}{CH}-\overset{\delta+}{CH}=\overset{\delta-}{CH_2}+H^+$　和/或　$\overset{\delta+}{CH_2}=CH-CH=\overset{\delta-}{CH_2}+H^+$

$\overset{\delta+}{CH_2}=\overset{\delta-}{CH}-\overset{\delta+}{CH}=\overset{\delta-}{O}$　和/或　$\overset{\delta+}{CH_2}=CH-CH=\overset{\delta-}{O}$

电负性强的原子吸引π电子，使共轭体系的电子云偏向该原子，呈现出吸电子共轭效应（—C），“—C”的强度：

1）同周期的元素，电负性愈强，—C效应愈大。如：$=O > =NR > =CR_2$

2）同族元素来说，随着原子序数的增加，π键叠合程度变小，—C效应变小。如：$=O > =S$

值得注意的是，共轭效应的发生是有先决条件的，即构成共轭体系的原子必须在同一平面内，且其p轨道的对称轴垂直于该平面，这样p轨道才能彼此相互平行侧面交盖而发生电子离域，否则电子的离域将减弱或不能发生。另外，共轭效应只存在于共轭体系中；共轭效应在共轭链上产生电荷正负交替现象；共轭效应的传递不因共轭链的增长而明显减弱。这些均与诱导效应不同。

例 7 选择题

1. 下列卤代烃发生消去反应生成烯烃速率最快的是(　　)。(中山大学，2003)

A. $(H_3C)_2C(Cl)-CH(H)(CH_3)$　B. $(H_3C)_2C(Cl)-CH(H)(C_6H_5)$　C. $H_3C(H)C(Cl)-CH(H)(CH_3)$　D. $H_3C(H)C(Cl)-CH(H)(C_6H_5)$

解答 叔卤烷易消除，B 能形成共轭烯烃。

2. 化合物 $C_6H_5CH_2CH_2-N^+(CH_3)(C_2H_5)-CH(CH_3)CH_2CH_2OH$ 在加热条件下，发生消除反应的主要产物是(　　)。(武汉大学，2005)

A. $H_5C_6HC=CH_2$　　B. $H_2C=CH_2$

C. $H_3CHC=CHCH_3$　　D. $H_2C=CHCH_3$

解答 A

(2) p，π-共轭效应

共轭体系不仅限于 π，π-共轭，当 p 轨道与双键 π 轨道在侧面相互交盖也构成共轭体系，称为 p，π-共轭体系。例如：氯乙烯、烯丙基正离子、烯丙基负离子、烯丙基自由基等。

$CH_2=CH-\ddot{Cl}$ 氯乙烯　　$CH_2=CH-CH_2^+$ 烯丙基正离子

$CH_2=CH-CH_2^-$ 烯丙基负离子　　$CH_2=CH-CH_2\cdot$ 烯丙基自由基

上述物质都存在 p，π-共轭体系，但是 p 轨道的情况不完全相同，烯丙基负离子、氯乙烯的 p 轨道上有一对电子，烯丙基正离子的 p 轨道上没有电子，烯丙基自由基的 p 轨道上有未成对电子。

p，π-共轭电子离域的方向并不完全一样，如下所示：

$$CH_2=CH-\overset{+}{C}H_2 \quad CH_2=CH-\ddot{Cl} \quad CH_2=CH-\ddot{O}-R$$

1）通常情况下，p，π-共轭效应有两种情况：

① 富电子时，p 电子朝着双键方向转移，呈供电子共轭效应(+C)(见图 5-1)。

② 缺电子时，π 电子云向 p 轨道转移，呈吸电子共轭效应(−C)。其相对强度视体系结构而定(见图 5-2)。

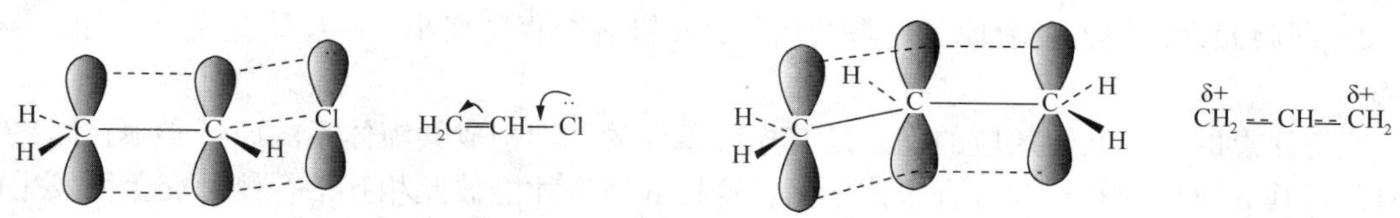

图 5-1　氯乙烯分子的 p，π-共轭　　图 5-2　烯丙基正离子的 p，π-共轭

2）通常情况下，p，π-共轭效应的强度有如下规律：

① 对同族元素来说，p电子轨道与碳原子p轨道体积越接近，重叠得越好，共轭能力越强，$\ddot{X}$ 的p电子轨道体积越大，与碳的p电子轨道重叠的越少，共轭能力越弱。

$$\ddot{X}:+C\text{ 顺序为：}-\ddot{F}>-\ddot{Cl}>-\ddot{Br}->-\ddot{I}$$

② 对同周期的元素来说，p轨道的大小相接近，元素的电负性越强，越不易给出电子，p，π-共轭就越弱。

$$+C:-\ddot{N}R_2>-\ddot{O}R>-\ddot{F}$$

烯丙基自由基，其未成对电子的p轨道与双键π轨道在侧面相互交盖，构成共轭体系（见图5-3）。

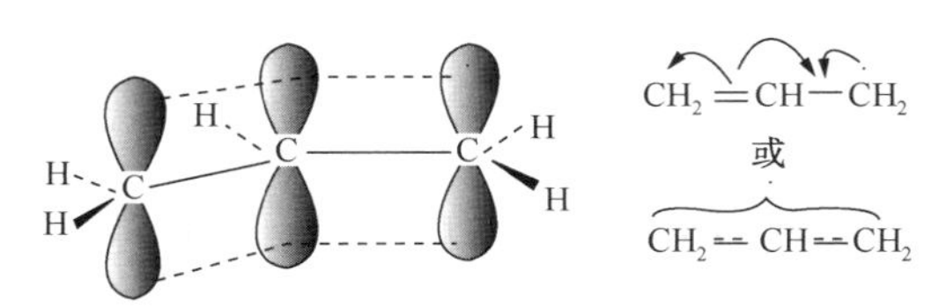

图5-3　烯丙基自由基的p，π-共轭

丙烯分子中的α-氢原子比较活泼，主要原因是在反应过程中生成的活性中间体是烯丙基自由基，因电子发生离域，使其能量降低，比较稳定而较易生成之故。

氯乙烯p，π-共轭的结果使氯原子上的未共用电子对向碳原子转移，使C-Cl键具有部分双键的特性，因此氯乙烯的偶极矩比氯乙烷的偶极矩要小些。

例8　选择题

1. 下列化合物进行亲电取代反应活性最大的是(　　)。(暨南大学，2015)

A. 吡啶　　B. 苯　　C. 硝基苯　　D. 吡咯

解答 A。

2. 下列碳正离子中最稳定的是(　　)。(苏州大学，2015)

A.

B. $Ph—\overset{+}{C}H—CH_2CH_3$

C. $Ph—CH_2—\overset{+}{C}H—CH_3$

D. $Ph—CH_2CH_2\overset{+}{C}H_2$

解答 B

3. 下列烯烃与HBr反应速度最慢的是(　　)。(暨南大学，2015)

A. $CF_3HC=CH_2$

B. $BrHC=CH_2$

C. $CH_3OHC=CHCH_3$

D. $CH_3HC=CHCH_3$

解答 A。

4. 下列化合物中酸性最小的是(　　)。(暨南大学，2015)

A. p-$O_2NC_6H_4OH$

B. p-$H_3CC_6H_4OH$

C. CH_3OH

D. CH_3CN

解答 D

5. 下列化合物无p-π共轭的是(　　)。(华东理工大学，2007)

A. 苄氯　　B. 氯苯　　C. 苯甲酸　　D. 苯酚

解答 C

6. 下列化合物按碱性由强到弱的排列顺序是(　　)。(广西师范大学，2010)

(1)苯胺　(2)对硝基苯胺　(3)吡咯　(4)对甲基苯胺　(5)氢氧化四乙基铵

A. (4)>(3)>(2)>(1)>(5)　　B. (5)>(4)>(1)>(2)>(3)

C. (5)>(3)>(4)>(1)>(2)　　D. (4)>(1)>(2)>(3)>(5)

解答 B

7. 下列化合物中碱性最弱的是(　　)。(华东理工大学，2007)

A. CH_3NH_2　　B. 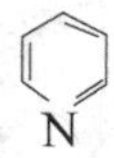 （吡啶）N　　C. 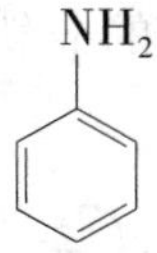 （苯胺）NH_2　　D.  （吡咯）N—H

解答 D

8. 下列混合物中，(　　)能溶于碱？(福建师范大学，2008)

A. $PhNH_2$　　B. PhNHMe　　C. Ph_2NSO_2Ph　　D. $PhNHSO_2Ph$

解答 D

9. 下列基团属于邻对位致活基团的是(　　)。(福建师范大学，2008)

A. $—NH_2$　　B. —OH　　C. —OEt　　D. $—NR_2$

E. —F　　F. —I

解答 ABCD

10. 下列化合物碱性最强的是(　　)。(华东理工大学，2008)

A. 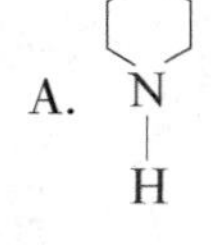

B. 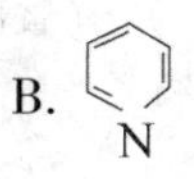

C. 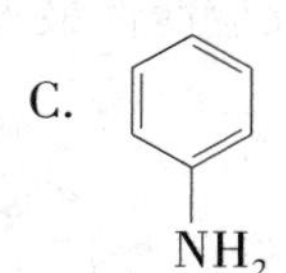

D.  N—H

解答 B

11. 下列化合物的酸性由强到弱的的顺序是(　　)。(福建师范大学，2008)

① COOH, NO_2　② COOH, NO_2　③ COOH, NO_2　④ COOH

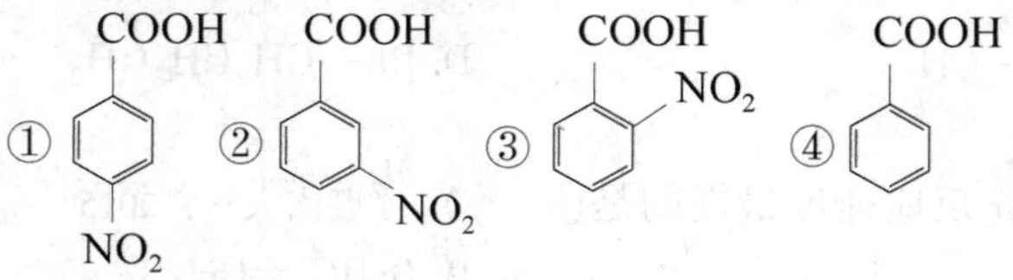

A. ①②③④　　B. ④③②①　　C. ③①②④　　D. ③②①④

解答 C

12. 下列碳正离子的稳定性最强的是(　　)。(北京化工大学，2009)

A. 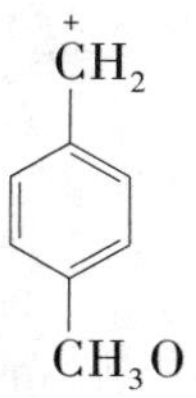 $\overset{+}{C}H_2$, CH_3O　　B. $\overset{+}{C}H_2$　　C. $\overset{+}{C}H_2$, CH_3O

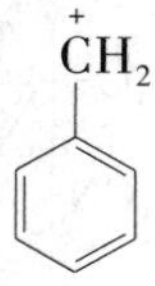

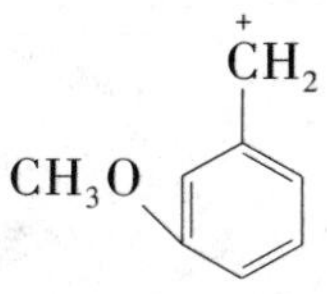

解答 A

13. 在2%$AgNO_3$乙醇溶液中，下列化合物与之反应的活性大小顺序为(　　)。(湖南师范大学，2014)

A. 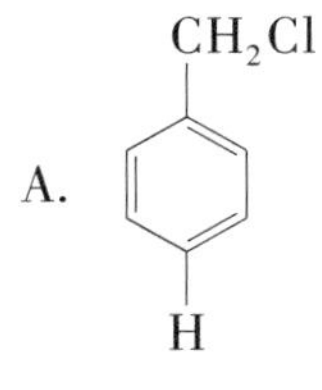

B. 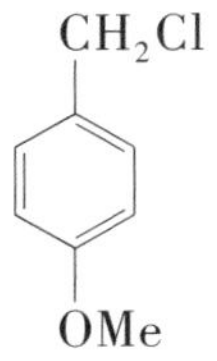 CH_2Cl / OMe

C. 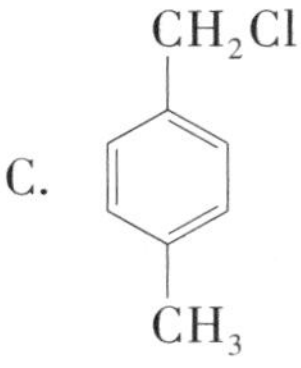

D. 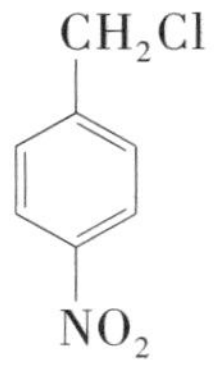 CH_2Cl / NO_2

A. a>b>c>d　　B. b>c>a>d　　C. d>a>c>b　　D. c>b>a>d

解答 B

14. 下列化合物，按碱性由强到弱排列的次序为(　　)。(湖南师范大学，2014)

①二甲胺　②吡啶　③苯胺　④吡咯

A. ①>④>③>②　　B. ④>①>③>②　　C. ①>③>②>④　　D. ①>②>③>④

解答 D.

例9　排序

1. 按亲核性强弱把下列化合物排列成序。(南开大学，2001)

A. 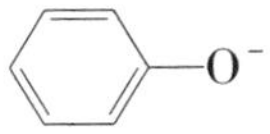 $C_6H_5-O^-$　　B. $O_2N-C_6H_4-O^-$

C. $H_3C-C_6H_4-O^-$　　D. 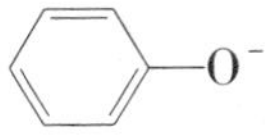 $C_6H_5-O^-$

解答 D>C>A>B。

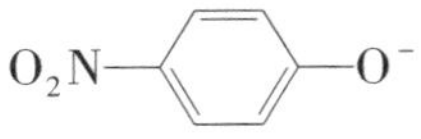

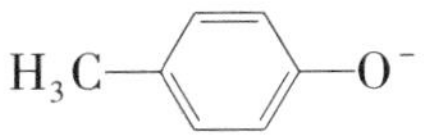

2. 将下列化合物按酸性大到小次序排列。(兰州大学，2003)

A. 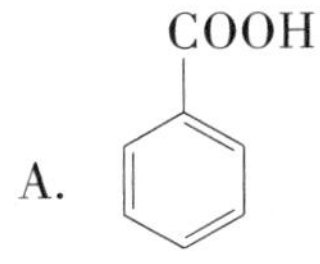

B. 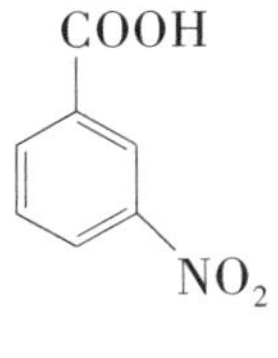 COOH / NO_2

C. 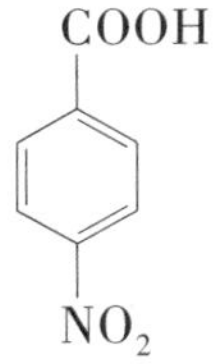 COOH / NO_2

D. 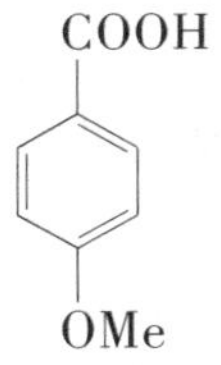 COOH / OMe

解答 C>B>A>D

3. 将下列化合物按碱性大到小次序排列。(兰州大学，2003)

A. $(CH_3CH_2)_2NH$　　B. 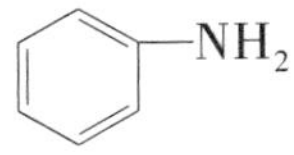 $C_6H_5-NH_2$　　C. $(CH_3CH_2)_4^+NH^-$　　D. 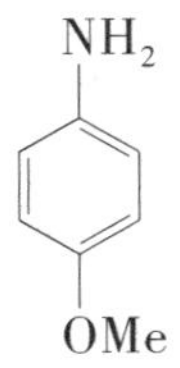 NH_2 / OMe

解答 C>A>D>B

4. 组胺具有三个N原子[(1)、(2)、(3)]，排出其碱性强弱顺序。

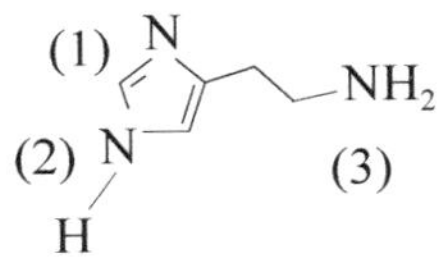

(1) N　(2) N–H　NH_2 (3)　组胺

(南开大学，2000；复旦大学，2007)

解答 (3)>(1)>(2)

例 10 比较如下结构的化合物中的两个羟基哪个酸性更强？解释为什么具有如上的酸性次序。（南开大学，2009）

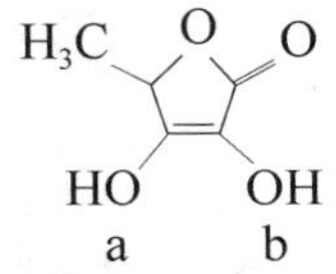

解答羟基 a 的酸性较强，因为羟基 a 电离产生的氧负离子可受到羰基氧的共轭稳定化作用。

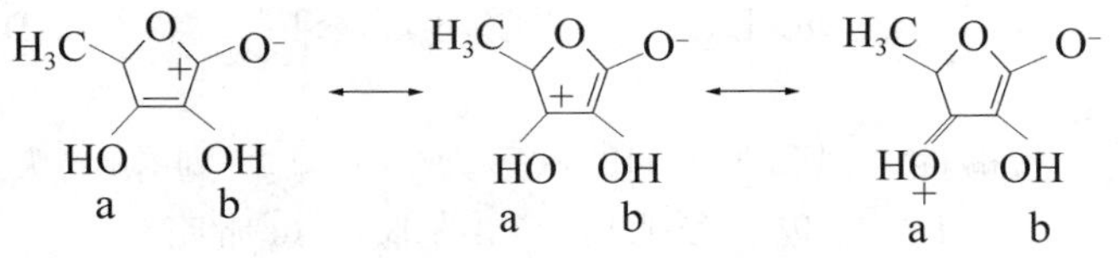

（3）共轭体系的特点

1）组成共轭体系的原子具有共平面性。

2）键长趋于平均化(因电子云离域而致)。

	正常	1,3-丁二烯	苯
C—C	0.154nm	0.147nm	0.1397nm
C═C	0.133nm	0.1337nm	0.1397nm

3）内能较低，分子趋于稳定(可从氢化热得知)。

4）共轭链中 π 电子云转移时，链上出现正负性交替现象。

（4）共轭效应的类型

1）静态共轭效应：如 1，3-丁二烯，由于共轭效应所引起的键长平均化，是分子的一种永久内在的性质，是在没有参加反应时就已在分子内存在的一种原子之间的相互影响。这种共轭效应叫作静态的共轭效应。

2）动态共轭效应：由于受到外界进攻试剂的影响，在发生反应的瞬息间，π 电子云被极化而发生转移，这种转移可沿着共轭链传递下去，其效应并不因距离的增加而减弱。但这是一种暂时的效应。只有在分子进行化学反应的瞬间才表现出来的，这种共轭效应叫作动态共轭效应。

例 11 选择题

1. 按下列化合物进行 S_N1 反应活性由大到小排序。（南开大学，2002）

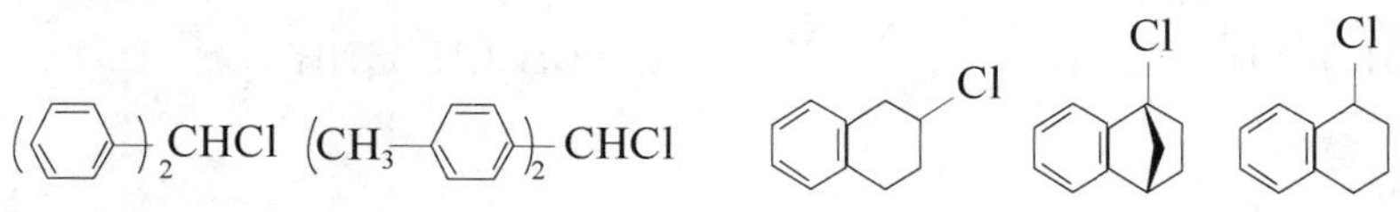

解答 B>A>E>C>D

2. 按下列化合物碱性由强到弱排序。（南开大学，2003）

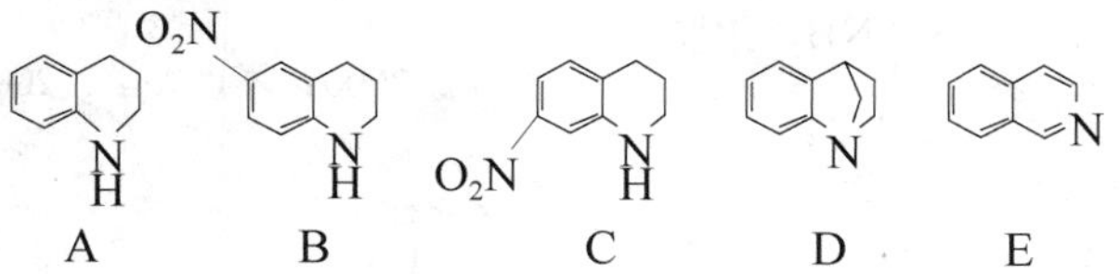

解答 D>E>A>C>B

3. 按下列负离子作为离去基团时活性由大到小排序。(南开大学，2004)

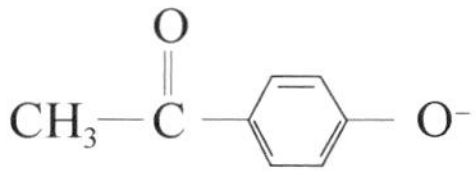

CH_3—C(=O)—C_6H_4—O^-　　CH_3—C(=O)—C_6H_3(Cl)—O^-　　Cl—C_6H_4—C(=O)—O^-

A 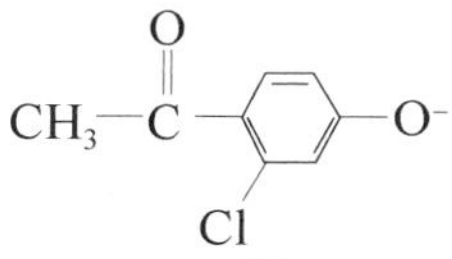　　B 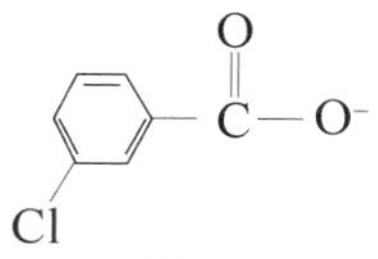　　C

CH_3—C(=O)—C_6H_4—CH_2O^-　　C_6H_5—CH_2O^-

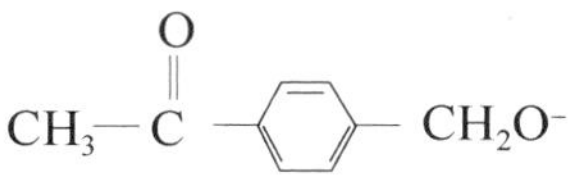

D 　　E

解答 C>B>A>D>E

4. 按下列化合物与 HCl 加成反应活性由大到小排序。(南开大学，2004)

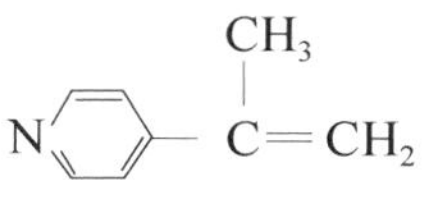

A 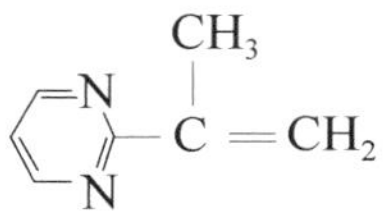　　B 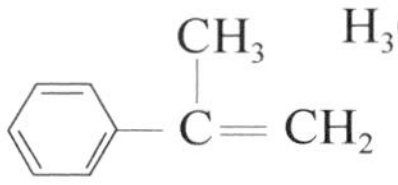　　C 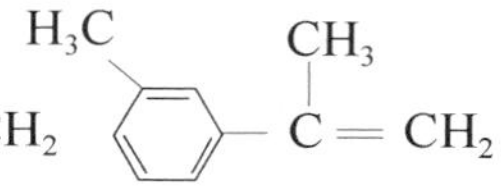　　D 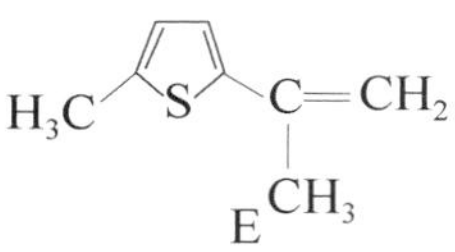　　E

解答 E>D>C>A>B

5. 下列化合物在 NaOH/H_2O 中反应，反应速率最快的是(　　)。(北京化工大学，2009)

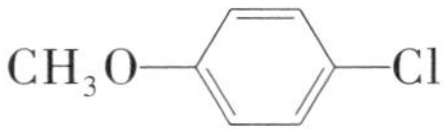

A. 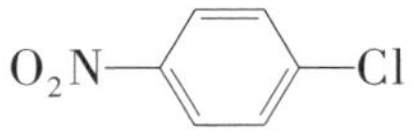 O_2N—C_6H_4—Cl　B. CH_3O—C_6H_4—Cl　C. C_6H_5—Cl

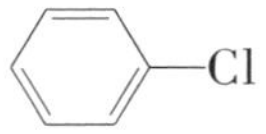

解答 A

6. 下列化合物发生硝化反应，反应最慢的是(　)。(北京化工大学，2009)

A. 苯　　B. 苯甲醚　　C. 苯甲酸

解答 C

7. 下列化合物发生水解反应，最不活泼的是(　)。(北京化工大学，2009)

A. 丙酸甲酯　　b. 丙酰胺　　C. 丙酸酐

解答 B

例 12　试比较下列化合物的酸性强弱。(华东师范大学，2017)

(1) 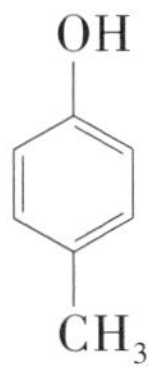　(2) 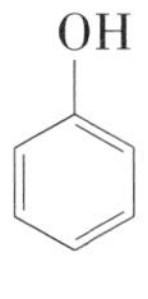　(3)

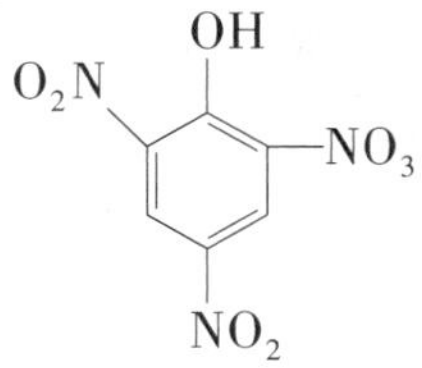

(4) 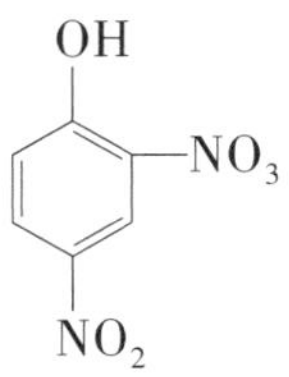　(5) 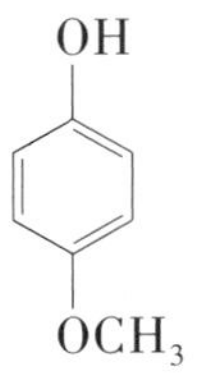　(6)

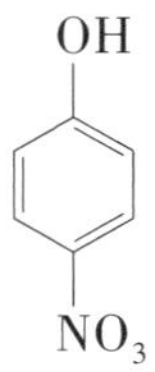

解答酚羟基具有酸性，当苯环上连有吸电子基团时，酸性增强，吸电子基团越多，酸性越强。给电子基团，使酸性减弱，给电子能力越强，酸性越弱。硝基是强的吸电子基团，甲

基是弱的给电子基团，甲氧基是强的给电子基团。酸性由大到小的顺序是：(3)>(4)>(6)>(2)>(1)>(5)。

5.2.4 超共轭效应

电子的离域不仅存在于π，π-共轭体系和p，π-共轭体系中，烷基上的C—H σ键也能与处于共轭位置的π键、p轨道发生侧面部分重叠，产生类似的电子离域现象，使体系变得稳定，这种σ键的共轭称为超共轭效应。超共轭效应与π，π-共轭效应、p，π-共轭效应相比较，作用要弱得多。超共轭效应一般是给电子的，其大小顺序如下：

$$—CH_3>—CH_2R>—CHR_2>—CR_3$$

(1) σ，π-超共轭效应

在丙烯分子中，虽然甲基中的C—Hσ键轨道与π键的两个p轨道并不平行，交盖概率较少，但它们仍然可以在侧面相互交盖，如图5-4所示。

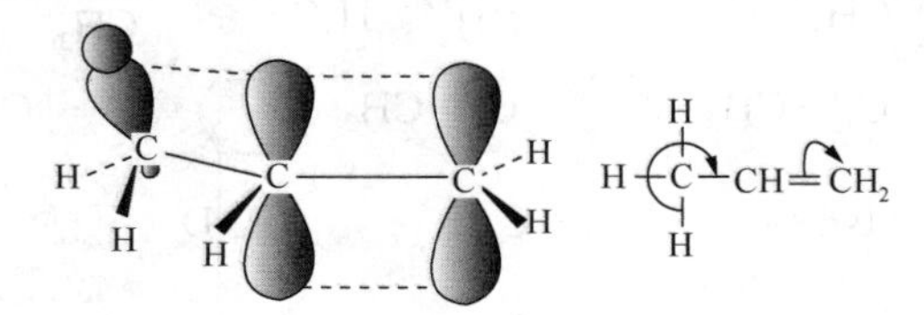

图5-4 丙烯分子的超共轭

由于这种交盖，σ电子偏离原来的轨道，而倾向于π轨道。这种涉及σ键轨道与π轨道参与的电子离域作用，称为超共轭效应，亦称σ，π-超共轭效应。这种体系称为超共轭体系。σ，π-共轭体系的形成使原来基本上定域在两个原子周围的π电子云和σ电子云发生离域而扩展到更多原子的周围，因而降低了分子的能量，增加了分子的稳定性。

在丙烯分子中，由于C—C单键的转动，甲基中的三个C—H σ键轨道都有可能与π轨道在侧面交盖，参与超共轭。由此可知，在超共轭体系中，参与超共轭的C—H σ键越多，超共轭效应越强。例如：

$R_2CH—\overset{\delta+}{CH}=\overset{\delta-}{CH_2}$　　$H_2CR—\overset{\delta+}{CH}=\overset{\delta-}{CH_2}$　　$H_3C—\overset{\delta+}{CH}=\overset{\delta-}{CH_2}$

1个C—Hσ键参与超共轭　　2个C—Hσ键参与超共轭　　3个C—Hσ键参与超共轭

(2) σ，p-超共轭效应

在碳正离子中，带正电荷的碳原子是sp^2杂化(见图5-5)，剩余的一个p轨道是空着的，存在着σ键轨道与p轨道在侧面相互交盖，称为σ，p-超共轭效应(见图5-6)。例如：

图5-5 碳正离子的结构　　图5-6 碳正离子的超共轭

参与超共轭的C—H σ键轨道越多，正电荷的分散程度越大，碳正离子越稳定。碳正离子稳定性由大到小的顺序是：$3°C^+>2°C^+>1°C^+>CH_3^+$

$$H-C-C^{+} > H-C-C^{+} > H-C-C^{+} > H-C^{+}$$

烷基自由基也倾向于平面结构，未成对的独电子处于 p 轨道中，许多自由基中也存在着超共轭(见图 5-7 和图 5-8)。

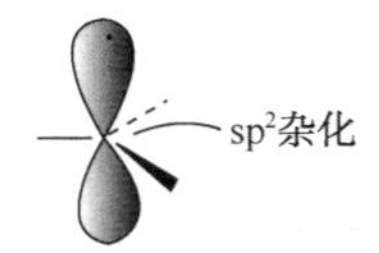

图 5-7　自由基的结构

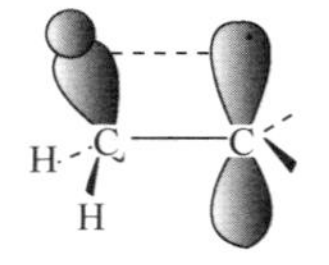

图 5-8　自由基的超共轭

由于超共轭效应得存在，自由基得到稳定。参与 C—H σ 键轨道越多，自由基越稳定，所以自由基的稳定顺序同样是：3°C • >2°C • >1°C • >CH_3 • 。

例 13　排列下列溴代烷烃与乙醇反应(醇解)活性顺序。

$$PhCH_2Br \qquad PhCH_2CH_2Br \qquad Ph-\underset{}{\overset{Br}{\overset{|}{C}}}H-CH_3 \qquad Ph_2CH_2-Br$$

解答 以上醇解反应为 S_N1 反应，其活性取决于溴离解后产生的碳正离子的稳定性。通过对碳正离子所连基团对其共轭、超共轭和诱导效应影响的分析，不难排出碳正离子的稳定性顺序，随即可排出相应溴代烃的反应活性顺序。

碳离子稳定性顺序：

$$C_6H_5-\overset{+}{C}H-C_6H_5 > C_6H_5-\overset{+}{C}H-CH_3 > C_6H_5-\overset{+}{C}H_2 > C_6H_5-CH_2\overset{+}{C}H_2$$

共轭　　共轭、超共轭　　共轭　　诱导

反应活性顺序：

$$Ph_2CH_2-Br > Ph-\overset{Br}{\overset{|}{C}}H-CH_3 > PhCH_2Br > PhCH_2CH_2Br$$

例 14　比较苯甲酸乙酯和对硝基苯甲酸乙酯碱性水解反应的活性。

解答 从对硝基苯甲酸乙酯和苯甲酸乙酯分子中两个酯生成的负离子从体积效应看差别不大，而电子效应对它们稳定性的影响是不同的。带有对硝基苯基的负离子由于硝基的拉电子作用使负电荷较稳定，因此反应活性对硝基苯甲酸乙酯>苯甲酸乙酯。

负离子稳定性顺序：

$$O_2N \leftarrow C_6H_4 \leftarrow \underset{OH}{\overset{O^-}{C}}-OC_2H_5 > C_6H_5 \leftarrow \underset{OH}{\overset{O^-}{C}}-OC_2H_5 \quad 电子效应$$

反应活性顺序：

$O_2N-C_6H_4-CO_2C_2H_5 > C_6H_5-CO_2C_2H_5$

例 15 选择题

1. 下列化合物中同时存在 π-π 共轭、p-π 共轭和 σ-π 超共轭的是(   )。(中南大学，2014)

A. 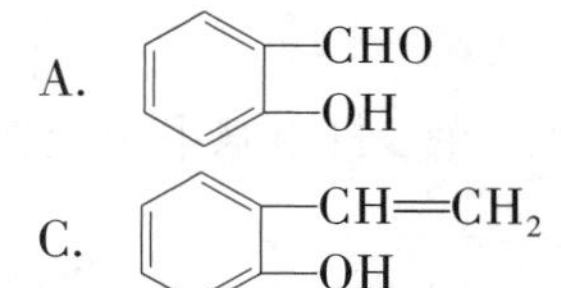

B. $-CH═CHCH_3$, $-OH$

C. $-CH═CH_2$, $-OH$

D. $-CH═CHCl$, $-OH$

解答 B

2. 分子 $CH_2═CH—Cl$ 中含有(   )体系。(陕西师范大学，2003)

A. π-π 共轭　　B. 多电子的 p-π 共轭

C. 缺电子的 p-π 共轭　　D. σ-π 共轭

解答 B

3. 下列化合物与硝酸银醇溶液反应的活性次序为( )。(陕西师范大学，2003)

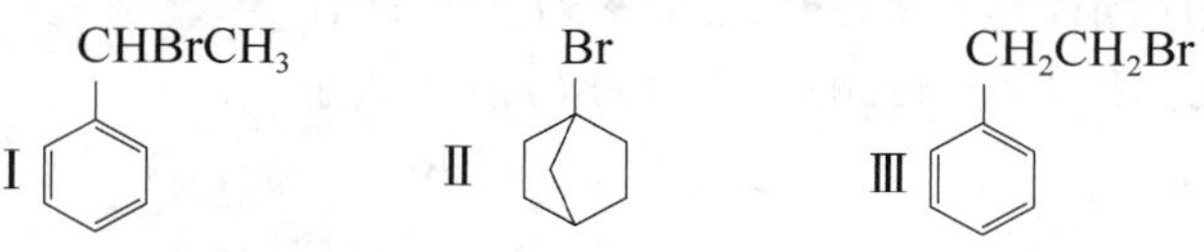

A. Ⅰ>Ⅱ>Ⅲ　　B. Ⅰ>Ⅲ>Ⅱ　　C. Ⅱ>Ⅲ>Ⅰ　　D. Ⅱ>Ⅰ>Ⅲ

解答 A

4. 下面各碳正离子中最不稳定的是(   )。(华东理工大学，2008)

A. $ClCH_2C^+HCH_2CH_3$　　B. $CH_3C^+HCH_2CH_3$

C. $CF_3C^+HCH_2CH_3$　　D. $CH_3OC^+HCH_2CH_3$

解答 C

5. 下列碳正离子中，最不稳定的是(   )。(华东理工大学，2009)

A. $CH_2═C^+HCHCH_3$　　B. $CH_3C^+HCH_2CH_3$

C.　　D. $C^+H_2CH_3$

解答 C

6. 下列碳正离子最稳定的是(   )。(福建师范大学，2008)

A. $CH_3C^+H_2$　　B. PhC^+HCH_3　　C. $CH_2═C^+CH_3$　　D. $CH_3C^+HCH_3$

解答 B

7. 光照条件下，将 2-甲基丁烷与 Br_2 混合，主产物是(   )。(北京化工大学，2009)

A. 2-甲基-1-溴丁烷　　B. 2-甲基-2-溴丁烷

C. 2-甲基-3-溴丁烷

解答 B

8. 下列烯烃与 Br_2/CCl_4 反应，活性最高的是(   )。(北京化工大学，2009)

A. 乙烯　　B. 丙烯　　C. 异丁烯

解答 C

9. 下列化合物与 $AgNO_3/C_2H_5OH$ 反应，活性最高的是(　　)。(北京化工大学，2009)

A. C_6H_5—$CHBrCH_3$　　　　B. CH_3O—C_6H_4—$CHBrCH_3$

C. CH_3O—C_6H_4—CH_2CH_2Br

解答 B

10. 下列碳正离子稳定性最大的是(　　)。(武汉大学，2005)

A. $CH_3C^+HCH_3$　　　　B. $(CH_3)_3C^+$

C. H C^+（环戊二烯基正离子）　　　　D. □—CH_2^+

解答 C

11. 下列自由基中最稳定的是(　　)。(中山大学，2003)

A. C_6H_5—$\dot{C}H_2$　　　　B. C_6H_5—$CH_2\dot{C}H_2$

C. C_6H_5—$CH_2\dot{C}HCH_3$

解答 A。A 中 p-π 共轭效应使其稳定。

12. HBr 与下列烯烃发生亲电加成反应的活性顺序是(　　)。(郑州大学，2006)

a. $H_2C=CH_2$　　　　b. $H_3CHC=CH_2$

c. $CHIC=CH_2$　　　　d. $O_2NHC=CH_2$

A. c>b>a>d　　B. a>b>c>d　　C. b>a>c>d　　D. b>c>a>d

解答 C

13. 化合物 A 与 HBr 加成的重排产物是(　　)。(中山大学，2003)

A.　　B. Br　　C. Br　　D. Br

解答 C。 + 扩环重排 +

14. 按下列化合物进行 S_N1 反应活性由大到小顺序(　　)。(南开大学，2002)

A. $(C_6H_5)_2CHCl$　　　　B. $(H_3C—C_6H_4)_2CHCl$

C. Cl　　D. Cl　　E. Cl

解答 C

15. 下列卤代烃发生消去反应生成烯烃速率最快的是(　　)。(中山大学，2003)

A. H_3C, H_3C, Cl; CH_3, H, H　　B. H_3C, H_3C, Cl; C_6H_5, H, H　　C. H, H_3C, Cl; CH_3, H, H　　D. H, H_3C, Cl; C_6H_5, H, H

解答 B。叔卤烷易消去，B 能形成共轭烯烃。

16. 下列化合物，苯环上起亲核取代反应速率最快的是(　　)。(南京大学，2003)

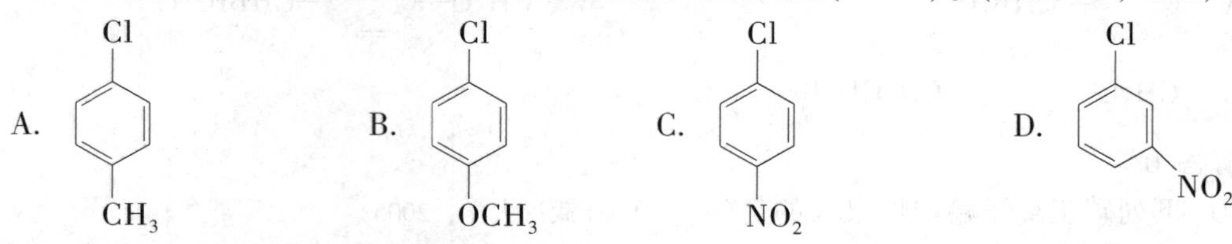

解答 C。芳环卤代烃上的卤原子难以进行亲核取代，但当卤原子邻、对位有硝基等吸电子基时，反应容易进行。

17. 下列碳正离子最不稳定的是(　　)，最稳定的是(　　)。(南京理工大学，2010)

A. CH_3　　B. CH_3　　C. $\overset{+}{C}H_2$　　D. CH_3

解答 BD

例 16　已知：

$$Me_2C(Cl)CH=CH_2 \xrightarrow[Na_2CO_3]{H_2O} \underset{A(85\%)}{Me_2C(OH)CH=CH_2} + \underset{B(15\%)}{Me_2C=CHCH_2OH}$$

$$Me_2C=CHCH_2Cl \xrightarrow[Na_2CO_3]{H_2O} \underset{A(85\%)}{Me_2C(OH)CH=CH_2} + \underset{B(15\%)}{Me_2C=CHCH_2OH}$$

简答：(1)为什么两个反应中原料不同却生成相同的产物？

(2)为什么都生成两种产物而不是一种？

(3)为什么 A 占 85%，而 B 仅占 15%？(陕西师范大学，2003)

解答(1)由于烯丙基重排所致；(2)两种中间体处于平衡状态；(3)因为 A 的中间体是叔碳型的烯丙基正离子，比较稳定。

例 17　试使用简单的化学实验方法区别下列各组化合物：

氯乙烯，氯乙烷，烯丙基氯，苄基氯。(青岛科技大学，2000)

解答　卤原子相同时，不同类型的卤代烃其卤原子的活性大小为：苄基型卤代烃、烯丙基型卤代烃>卤代烷>卤苯型卤代芳烃、乙烯型卤代烯烃。利用不同的卤代烃与 $AgNO_3$ 溶液的反应速率不同来区别。

氯乙烯、氯乙烷、烯丙基氯、苄基氯 $\xrightarrow{Br_2/CCl_4}$ 褪色、无变化、褪色、无变化

氯乙烯、烯丙基氯 $\xrightarrow{AgNO_3/C_2H_5OH}$ 无变化、白色沉淀

氯乙烷、苄基氯 $\xrightarrow{AgNO_3/C_2H_5OH}$ 加热后有白色沉淀、白色沉淀

例 18　判断苯酚，对甲基苯酚，对硝基苯酚，对氯苯酚，间氯苯酚的酸性强弱，并简要说明理由。(湖南师范大学，2014)

解答　对硝基苯酚>间氯苯酚>对氯苯酚>苯酚>对甲基苯酚。酸的共轭负离子越稳定，其酸性越强，由于硝基和氯是拉电子基团，增强酸性，甲氧基是推电子基团，其酸性减弱。当氯在对位时拉电子的诱导效应和推电子的共轭效应共存，而在间位时共轭效应受阻，只有拉电子的诱导效应，其酸性强于对氯苯酚。

5.3　场效应

诱导效应是通过原子链的静电作用。还有一种空间的静电作用称为场效应，是一种分子中原子或基团间相互作用，通过空间传递的电子效应，也就是取代基在空间可以产生一个电场，对另一头的反应中心有影响，例如丙二酸的羧酸负离子除对另一头的羧基有诱导效应外，还有场效应。

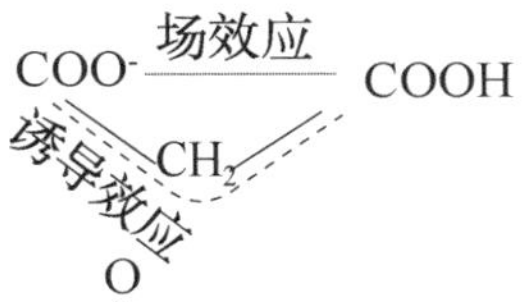

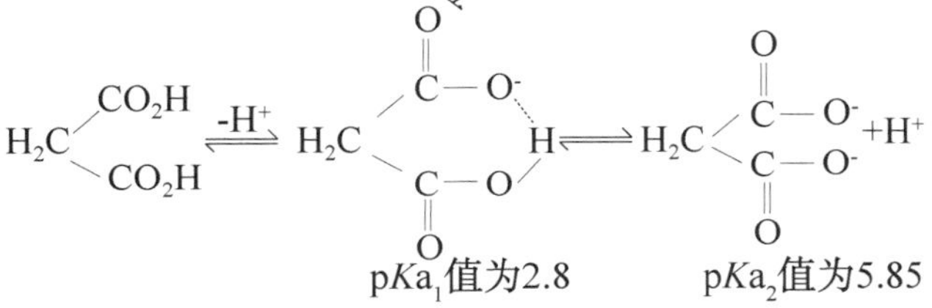

场效应　诱导效应

COO^-　CH_2　COOH

$H_2C(CO_2H)_2$ $\xrightleftharpoons{-H^+}$ $H_2C(COOH)(COO^-)$ $\rightleftharpoons$ $H_2C(COO^-)_2 + H^+$

pKa_1值为2.8　　pKa_2值为5.85

两个效应均使质子不易离去，因而使第二个羧基的离解度大大减小，酸性减弱。

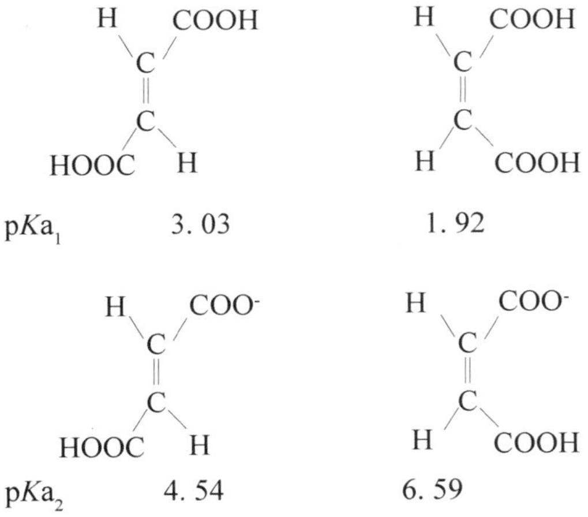

	反丁烯二酸	顺丁烯二酸
pKa_1	3.03	1.92
pKa_2	4.54	6.59

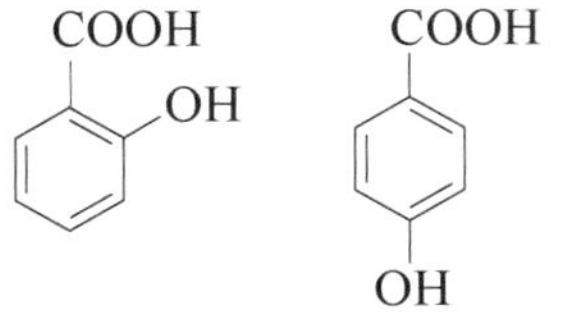

COOH　OH　COOH　OH

场效应的大小与距离平方成反比，距离越远，作用越小。通常要区别诱导效应和场效应是比较困难的，因为这两个效应往往同时存在，而且作用方向相同，但是当取代基在合适位置的时候，场效应与诱导效应方向相反，例如：

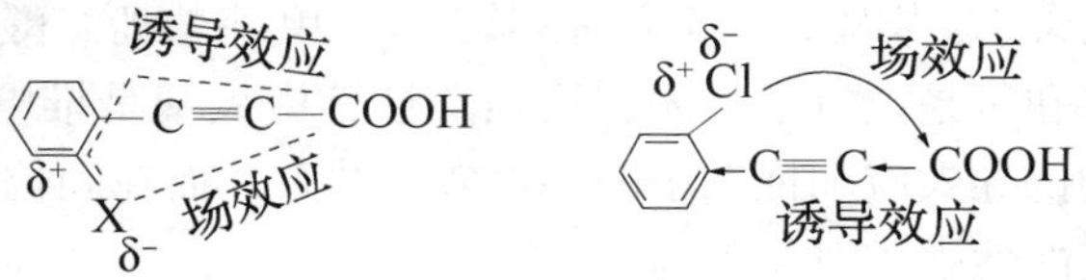

诱导效应　C≡C—COOH　δ⁺　X　δ⁻　场效应

δ⁻　δ⁺ Cl　场效应　C≡C←COOH　诱导效应

邻卤代苯炔酸(X 是卤素)中，卤原子的吸电子诱导效应使得酸性增强，而 C—X 偶极的场效应，将使酸性减弱，但间位和对位的卤素原子和羧基的质子相距较远，不存在场效应，所以邻卤代苯炔酸的酸性较相应的间位和对位的卤代苯炔酸酸性弱(见表 5-2)。

表 5-2　氯代苯炔酸的 p*K*a 值(25℃)

项　　目	*o*-Cl	*m*-Cl	*p*-Cl
p*K*a	3. 08	3. 00	3. 07

又如下列情况可以区分：

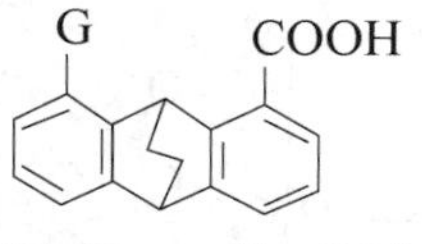

G　COOH

G=H　　p*K*a=6.04

G=Cl　　p*K*a=6.25

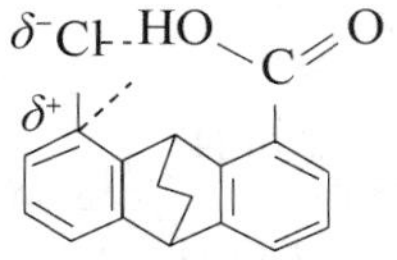

δ^-Cl…HO　C=O　δ^+

(Ⅰ)

当 G=H 时酸性比 G=Cl 时强，氯原子取代后酸性下降，可用场效应来说明，由于 C—Cl 键有极性，电负性较大的氯原子与羧基中的质子距离较近，如上所示，而正电性的碳原子与羧基中质子距离较远，负电性的氯原子通过空间对质子的静电作用而降低了酸性，如果只考虑氯原子的诱导效应，酸性应该增强(见表 5-3)。

表 5-3　G 取代酸的 p*K*a 值(25℃)

G	H	Cl	$COOCH_3$	COOH	COO^-
p*K*a	6. 08	6. 25	6. 20	5. 67	7. 19

再例如：

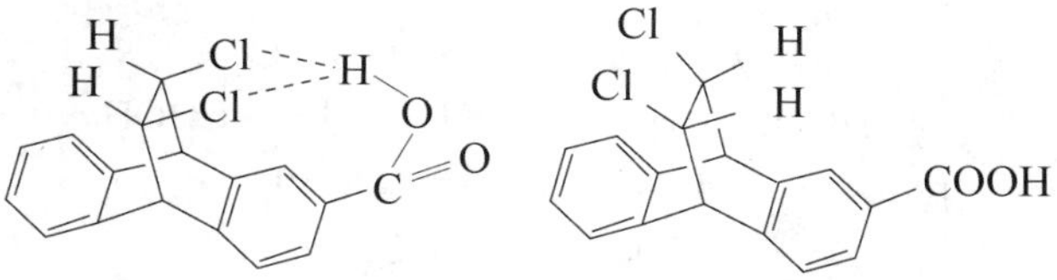

H　H　Cl　Cl　H　O　C=O

Cl　Cl　H　H　COOH

酸性较弱　　　　酸性较强

场效应不是通过碳链传递，而是直接通过空间和溶剂分子传递的电子效应。这是一种长距离的极性相互作用，是作用距离超过两个 C—C 键长时的极性效应。场效应实际上是一种空间的静电作用，即：取代基在空间可以产生一个电场，这个电场将影响到另一端的反应中心。

5.4　空间效应(位阻效应)

分子内或分子间不同取代基相互接近时，由于取代基的体积大小、形状不同，相互接触而引起的物理的相互作用即为空间效应，也称为位阻效应，即由取代基引起的一种空间张力或阻力的效应。

5.4.1　空间效应对化合物(构象)稳定性的影响

一元取代环己烷分子中，取代基可占据直立键 a 键，也可占据平伏键 e 键，但大多数取代基连在 e 键上，这时的体系能量最低，构象稳定。这是因为 a 键上取代基的非键原子间斥力比 e 键取代基的大。如图 5-9 所示，e 键取代时，取代基与所标 1 号 CH_2基团处于对位交叉位置，体系能量较低；a 键取代时，取代基与所标 1 号 CH_2基团处于邻位交叉位置，体系能量较高，高出 75.3kJ/mol，因此在 e 键上取代含量较多，为优势构象，并且取代基越大 e 键型构象为主的趋势越明显。随着烷基取代基体积的增大，e 键型构象增加，如室温时 e 键型叔丁基环己烷构象的含量已大于 99.99%。

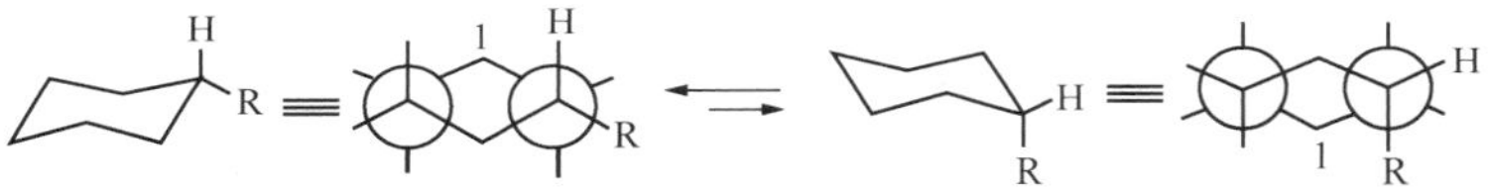

H R ≡ 1 H R ⇌ H R ≡ H 1 R

图 5-9　取代基在 a、e 键上

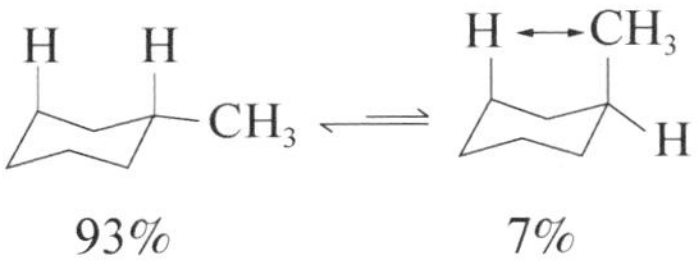

H H CH_3 ⇌ H ↔ CH_3 H

93%　　7%

3,5-位直立氢发生相互作用，例如：比较下列两组化合物构象的稳定性

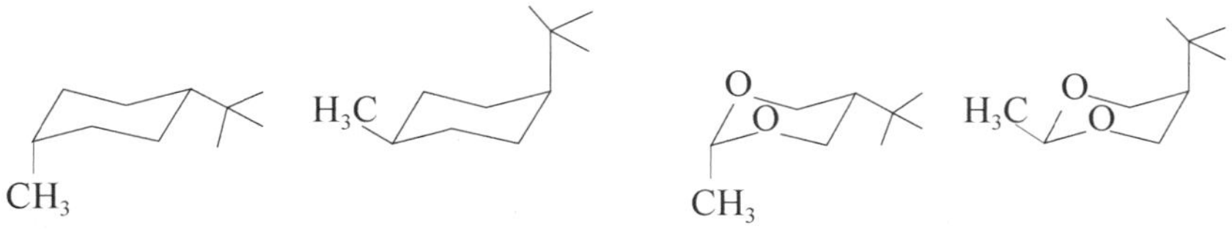

CH_3　H_3C　O O CH_3　H_3C O O

开链化合物的稳定构象：

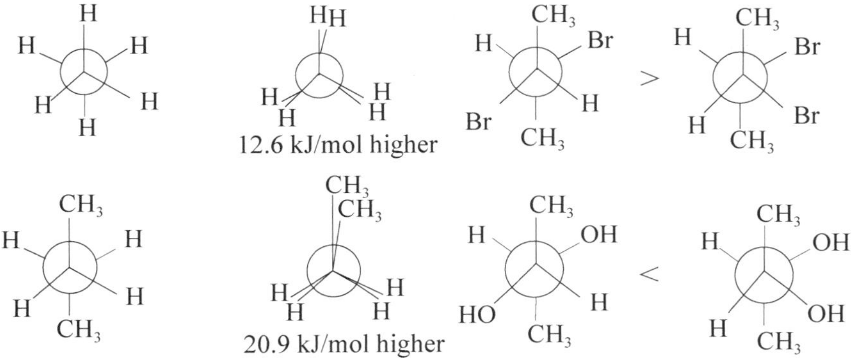

H H H H H H　HH H H H H　CH_3 H Br H Br CH_3 > CH_3 H Br H Br CH_3

12.6 kJ/mol higher

CH_3 H H H H CH_3　CH_3 CH_3 H H H H　CH_3 H OH HO H CH_3 < CH_3 H OH H OH CH_3

20.9 kJ/mol higher

例 19 下列化合物中发生消除反应的速率较快的是(　　)。(中南大学，2014)

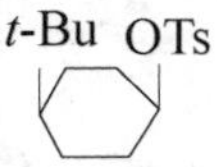

(A) 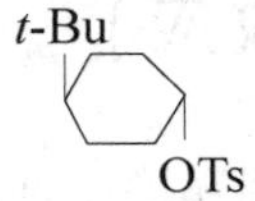　　(B)

解答 A。A 和 B 发生消除反应得烯烃，涉及环上碳原子，因反应活性 a 键大于 e 键，即 A>B 。同时对甲苯磺酰氧基被消除后可以解除与 4-位叔丁基的空间排斥。

例 20 以下化合物中的两个羧基，在加热条件下哪个更容易脱去？用反应历程给出合理解释。(南开大学，2009；湖南师范大学，2014)

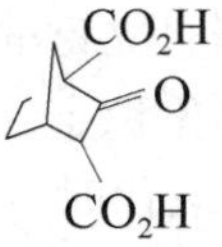

CO_2H (1)

CO_2H (2)

解答 (2)处的羧基易脱去。下式为脱羧的中间过程，因桥头碳环刚性存在难于形成平面结构中间体，因此桥头羧基不容易脱去。

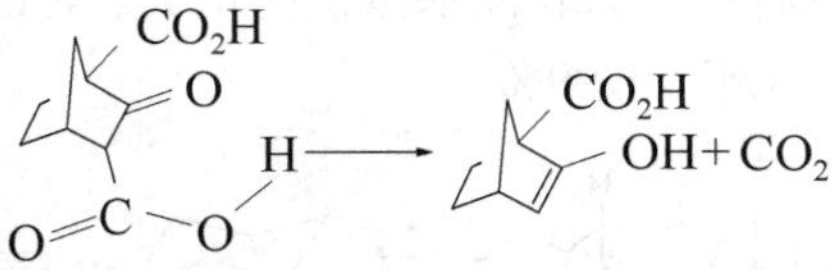

5.4.2 空间效应对 σ 键自由旋转的影响

在晶体中，联苯的两个苯环共平面，这样分子可排列得更紧密，具有较高的晶格能。但在溶液和气相中，不存在来自晶格能的稳定作用，由于 2,2′-位和 6,6′-上两对氢之间的相互排斥力，使两个苯环不处于同一平面，约成 45°角：

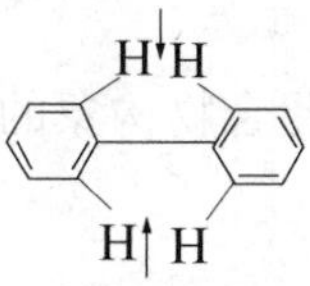

两对邻位氢间的空间作用 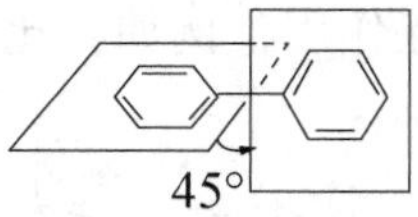　　联苯在溶液和气相中的优势构象

联苯本身两对邻位氢间的空间作用，仅约几个 kJ/mol，此能量尚不足以阻碍单键的自由旋转。但当这两对氢被大基团取代时，这种空间作用将增大。当基团足够大时，两个苯环的相对旋转完全受阻，被迫固定互相垂直(或成一定的角度)的构型中。此时，若这两对基团不相同(即每个环上的两个基团不同)时，如 6，6′-二硝基 2，2′-联苯二甲酸，分子就存在手性轴(chiral axis)，有一对对映体，可拆分为光学纯的两个异构体。

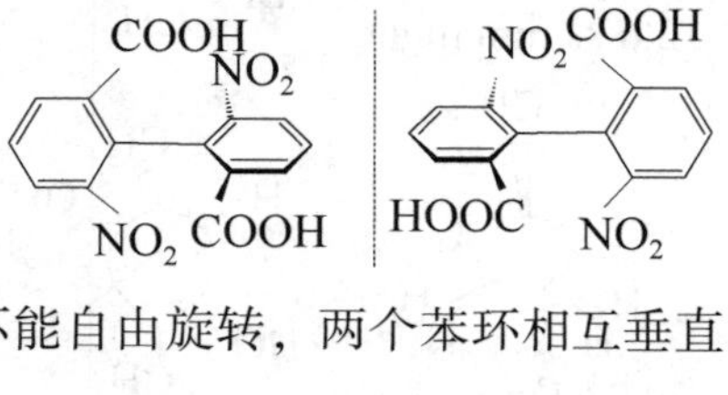

4 个$-NO_2$的存在使 σ 键不能自由旋转，两个苯环相互垂直，使共轭效应减弱。

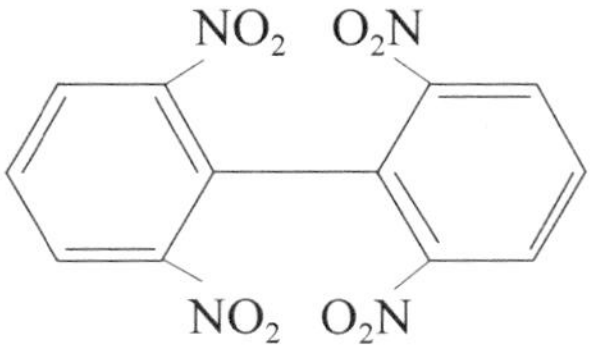

如果其中大的硝基被小的氟原子代替，虽然也可拆分，但所得的光学纯的异构体迅速发生外消旋化。2,2′-联苯二甲酸的拆分工作未获成功，因为对映体相互转化太快了。

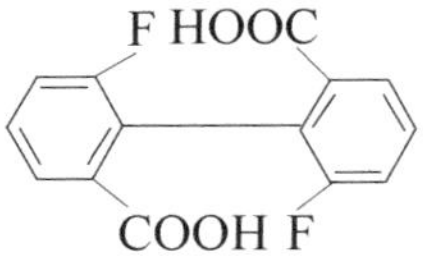

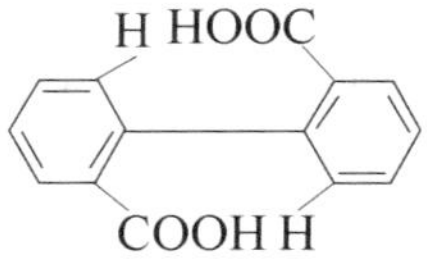

例 21 试对下面的现象给予合理的解释：乙酰苯胺进行硝化时，硝基主要进入乙酰胺基的4-位，而2，6-二甲基乙酰苯胺进行硝化时，硝基主要进入乙酰胺基的3-位。（浙江工业大学，2014）

解答 在化合物乙酰苯胺分子中，乙酰胺基是一个中等强度的第一类定位基团，进行硝化反应时，硝基主要进入乙酰胺基的4-位。在2，6-二甲基乙酰苯胺分子中，由于邻位的两个甲基取代基的空间阻碍，导致乙酰胺基氮原子的未共用电子对与苯环 π 轨道难以形成共轭体系，仅具有吸电子的诱导效应，成为第二类定位基团，因此硝化时，硝基进入第一类定位基的邻位，即乙酰胺基的3-位。

5.4.3 空间效应对化合物酸性的影响

酚的酸性强弱决定于相应的酚氧负离子的稳定性。硝基是强拉电子的基团，因此相应的酚氧负离子较稳定，酸性强于苯酚。如：

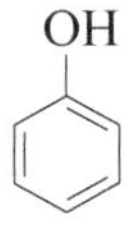

p*K*a=9.89 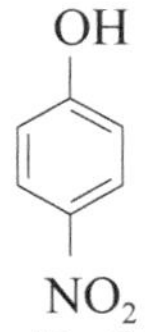　　p*K*a=7.15 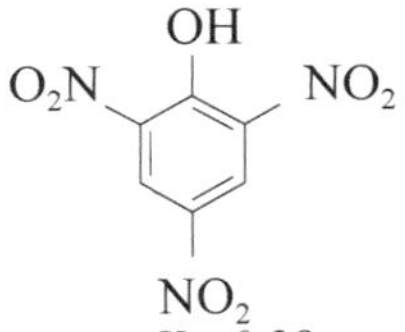　　p*K*a=0.38

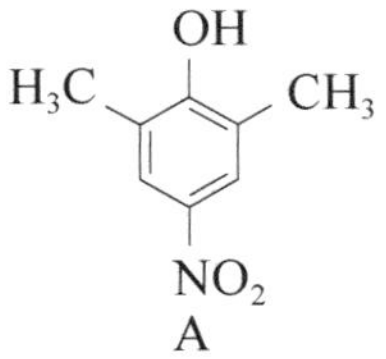

A　　B

p*K*a=7.22　　p*K*a=8.25

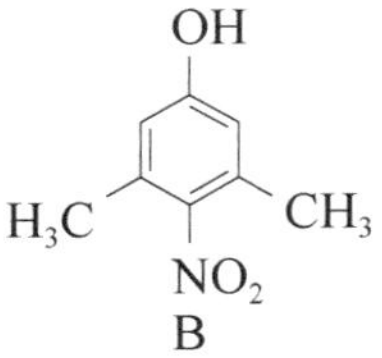

A 和 B 均有强拉电子的硝基，因此相应的酚氧负离子较稳定，酸性强于苯酚。B 中两个甲基都处在硝基邻位，空间效应(体积效应)使硝基不与苯环同处一个平面，不通过共轭稳定负离子，此时硝基的拉电子作用只表现在诱导效应上，而 A 中的硝基既可通过诱导，又可通过共轭效应稳定酚氧负离子，因此 A 的酸性强于 B。这是甲基空间效应作用的结果，这种现象叫作邻位效应。而在(A)两个甲基离硝基较远，没有明显影响，所以产生上述结果。

例 22 下列化合物中何者酸性较强？请说明原因。(陕西师范大学，2004)

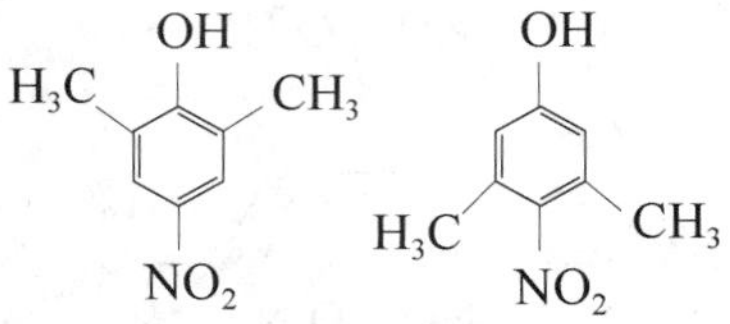

解答 前者比后者的酸性强。因为二者尽管都有两个甲基的空间位阻，但前者只是影响了 OH 电离后的溶剂化作用，而后者是阻碍了硝基与苯环的共平面，其结果是降低了硝基的吸电子作用。

例 23 下列几种酚的 p*K*a 值如下：

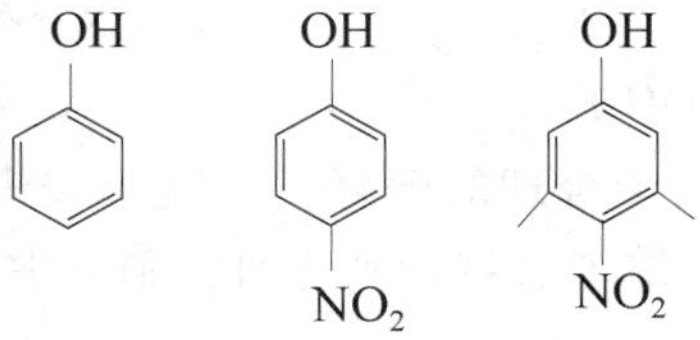

p*K*a: 9.95 7.16 8.25

试给出合理的解释。(华东师范大学，2006)

解答 硝基在羟基的对位时，由于吸电子的 p-π 共轭，使羟基上的电子云密度下降，导致酸性比苯酚强得多；两个邻位甲基的空间位阻阻碍了硝基与苯环的共平面，也就破坏了 p-π 共轭，无法发挥这种吸电子作用；但硝基还是电负性基团，仍然有诱导作用的-I 效应，所以，第三个酸性化合物的酸性还是比苯酚的强。

例 24 下列化合物中酸性最强的是(　　)。(华东理工大学，2007)

A. 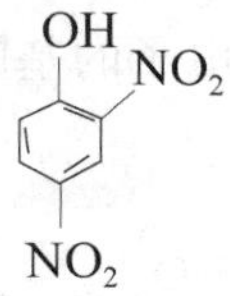 B. 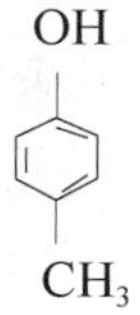 C. 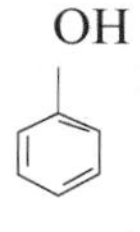 D. 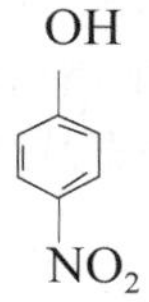 E.

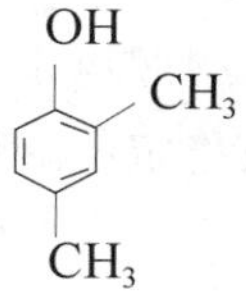

解答 A

例 25 简答题：比较下列化合物酸性大小。(南开大学，2015)

A. 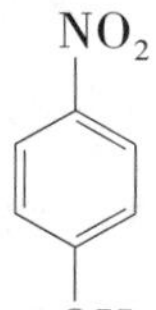 B. 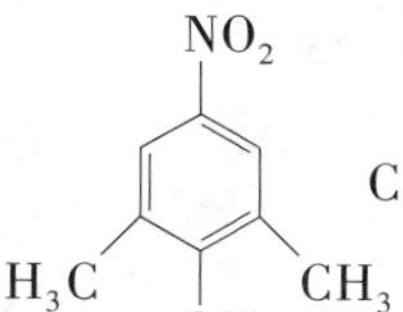 C. 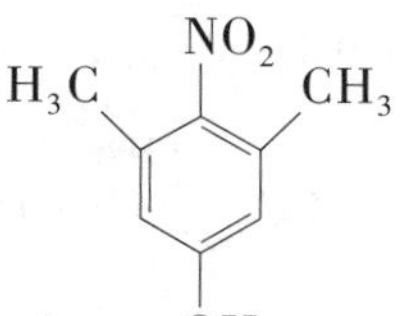 D.

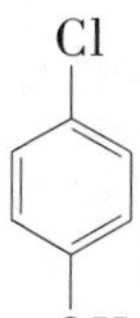

解答

酚	A	B	C	D
p*K*a(水中/25℃)	7. 15	7. 81	7. 6	9. 38

从上表可以看出，p*K*a（A）<p*K*a（C）<p*K*a（B）<p*K*a（D），所以化合物酸性大小顺序为：A>C>B>D。当苯酚的苯环上连有吸电子(如硝基)取代基时，取代苯酚的酸性比苯酚强。由于硝基具有吸电子诱导效应和吸电子共轭效应，并可使负电荷离域到硝基的氧上，从而使硝基苯酚盐负离子更加稳定。因此硝基位于羟基的邻位或对位时能显著增强苯酚酸性；

而当硝基位于间位时，不能通过共轭效应使负电荷离域到硝基的氧上，只有吸电子诱导效应产生影响。因此，间硝基苯酚的酸性虽也比苯酚的强，但对酚的酸性影响远不如硝基在邻或对位的大。当卤原子连在苯酚的苯环时，由于卤原子具有吸电子诱导效应，又具有弱的给电子共轭效应(2p-3p 共轭)，其净结果是吸电子效应，所以卤原子分别位于苯酚羟基的邻位、间位和对位都能增强其酸性。但由于吸电子诱导效应随着距离的增长而迅速减弱，所以氯原子分别位于苯酚羟基的邻位、间位和对位的酸性逐渐减弱，但都比苯酚酸性强。当苯环上有供电子取代基(如甲基)时，酚的酸性比苯酚弱，这主要是由于供电子基增加了苯环上的电子云密度，负电荷较难离域到苯环上，使得酚盐负离子不稳定，即酚羟基不易离解放出质子，所以酸性比苯酚的弱。当苯酚的苯环上的 2,6-位连有两个甲硝基取代基时，由于邻位的两个甲基取代基的空间阻碍，导致酚羟基氧原子的未共用电子对与苯环 π 轨道难以形成共轭体系，其酸性也相应减弱。

例 26 比较下列化合物酸性大小。

A. 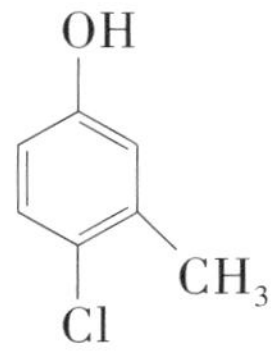 OH, CH_3, Cl　　B. 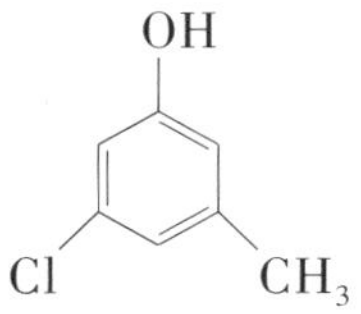 OH, Cl, CH_3　　C. 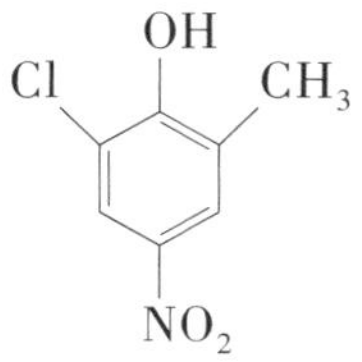 OH, Cl, CH_3, NO_2　　D. 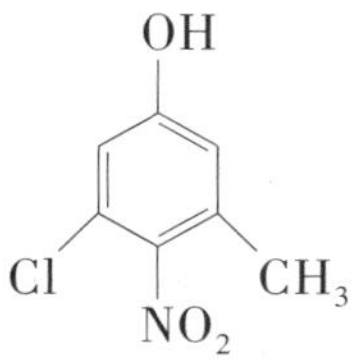 OH, Cl, CH_3, NO_2

解答 酚的酸性强弱决定了相应酚氧负离子的稳定性。C 和 D 均有强拉电子的硝基，因此相应酚氧负离子较稳定，酸性强于 A 和 B。D 中甲基和氯处在硝基邻位，体积效应使硝基不与苯同处一平面，不可通过共轭稳定负离子，此时硝基的拉电子作用只表现在诱导效应上；而 C 中的硝基既可通过诱导，又可通过共轭效应稳定酚氧负离子，因此 C 的酸性强于 D。再看 A 和 B。在这两个酚中，甲基都在酚羟基的间位，不同的是 A 中氯在对位，B 中氯在间位。这就使 A 和 B 的酸性表现出差异。一个通用的规律是：一般基团在对位，共轭效应和诱导效应同时起作用；基团在间位，起主要作用的是诱导效应。在 A 中处于对位的氯中孤对电子所处的 p 轨道与苯环共轭，这种共轭给电子效应削弱了它的诱导拉电子效应；在 B 中间位的氯只有拉电子诱导作用，无共轭效应因素存在，因此 B 的酚氧负离子较稳定，B 酸性强于 A。综合以上分析得出结论：酸性 C>D>B>A。

例 27 比较下列化合物酸性大小。

A. 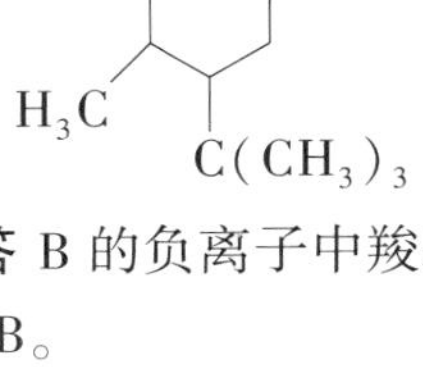 CO_2H, H_3C, $C(CH_3)_3$　　和　　B. 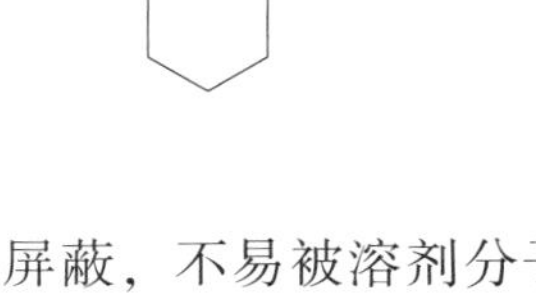 CO_2H, H_3C, $C(CH_3)_3$

解答 B 的负离子中羧基受到相邻甲基和叔丁基屏蔽，不易被溶剂分子稳定，因此酸性强度 A>B。

5.4.4 空间效应对化合物碱性的影响

1) 脂肪胺在非水溶液或气相中的碱性通常为：叔胺>仲胺>伯胺>氨。

脂肪胺的碱性一般大于氨，这是由于烷基的供电诱导效应，使氮上的电子云密度升高，

有利于与 H^+结合；另外，烷基也使生成的铵离子(RN^+H_3)中的正电荷得到分散，从而得以稳定。氮原子上连接的烷基越多，供电诱导效应越大，氮原子上的电子云密度越大，越有利于与质子结合，即胺的碱性增强。

而脂肪胺在水溶液中碱性强弱顺序：仲胺>伯胺>叔胺。它们的 p*K*b 值如表 5-4 所示。

表 5-4 氨及某些常见胺的 p*K*b 值

项　目	$(CH_3)_2NH$	CH_3NH_2	$(CH_3)_3N$	NH_3
p*K*b	3. 27	3. 38	4. 21	4. 76

这是因为在水溶液中胺碱性的强弱除电子效应外还受到溶剂化作用的影响。同时考虑氮的电负性和铵正离子的溶剂化程度，氮上连接的氢越多，空间位阻越小，与水形成氢键的机会就越多，溶剂化程度越大，铵正离子就越稳定，胺的碱性也越强，因此伯胺的碱性强于叔胺。仲胺的溶剂化作用介于二者之间，综合烃基的供电子效应，仲胺的碱性最强。

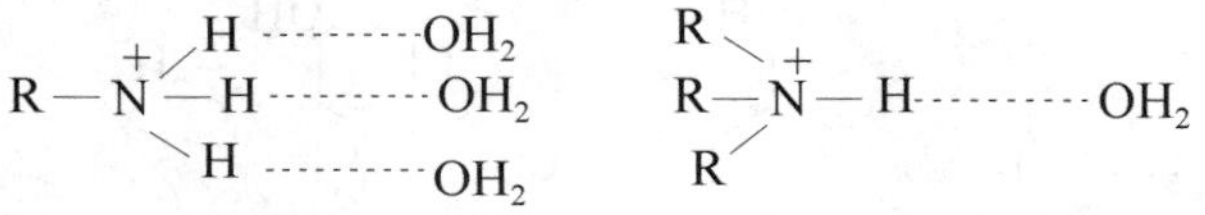

2）芳胺的碱性与脂肪胺相似，由于空间位阻对 C—N σ 键自由旋转的影响，致使 σ 键不能自由旋转，迫使氨基的未共用电子对难与苯环共轭，共轭效应减弱，这时芳胺的碱性与脂肪胺相似。例如，*N*,*N*-二甲基苯胺碱性比邻甲基-*N*,*N*-二甲基苯胺碱性弱得多，这是因为 *N*,*N*-二甲基苯胺氮上具有孤电子对的 p 轨道可与苯环发生共轭，使电荷分散，碱性减弱(D)。邻甲基-*N*,*N*-二甲基苯胺由于邻位甲基的存在使 *N*,*N*-二甲基氨基[$N(CH_3)_2$]不能与苯环处于同一平面(E)，这样具有孤电子对的 p 轨道不能与苯环发生共轭，表现出较强碱性。

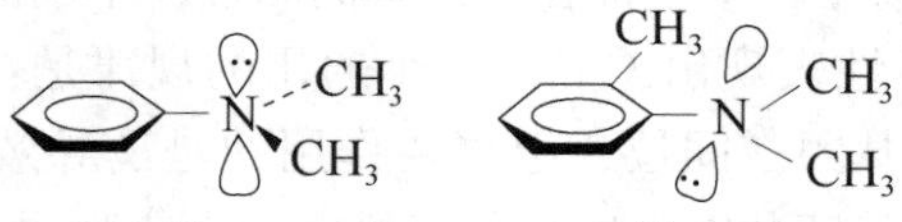

D　　E

2,6-二叔丁基-*N*, *N*-二甲基苯胺具有类似的情况 。

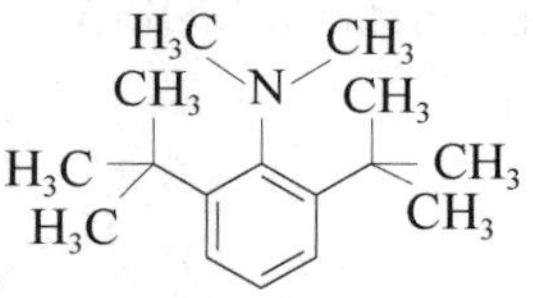

N,*N*-二甲基-2,4,6-三硝基苯胺由于邻位硝基的空间影响，破坏了氨基未共用电子对与苯环的共轭，使"N"上也有一定的碱性。

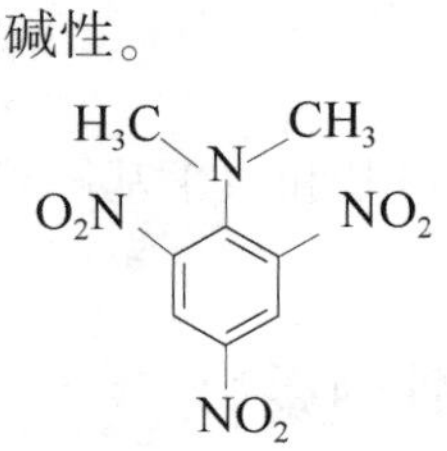

在 F 中 N 原子处于桥头，不能发生烯醇化，而 G 中 N 原子未处于桥头，能发生烯醇化，N 上的电子密度下降，所以 F 是碱，而 G 不是碱，是一个中性化合物。

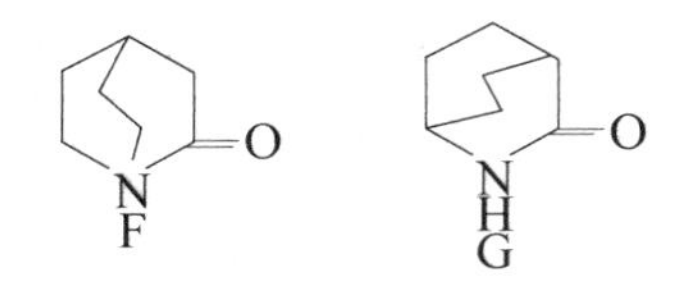

例 28　按下列化合物碱性由强到弱排序。（南开大学，2002）

A　　B　　C　　D

解答 B>D>C>A。

例 29　按下列含氮化合物碱性由强到弱排序。

（南开大学，2003）

A　　B　　C　　D　　E

解答 D>A>C>B>E。

例 30　比较以下两个化合物的碱性强弱，并给出合理解释。

（南开大学，2009）

A　　B

解答 化合物 B 由于硝基受到两个邻位甲基的位阻，使其不能与苯环同处一个平面，不再存在共轭拉电子效应，因此化合物 A 和 B 的硝基均具有诱导拉电子效应，而 A 中硝基距氨基更近，因此 A 中硝基拉电子能力更强，碱性 A<B。

例 31　化合物氯化铵（Ⅰ）、二甲胺（Ⅱ）、氨（Ⅲ）、甲胺（Ⅳ）碱性强弱的顺序是：

A. Ⅰ>Ⅱ>Ⅲ>Ⅳ　　B. Ⅱ>Ⅰ>Ⅲ>Ⅳ　　C. Ⅳ>Ⅱ>Ⅲ>Ⅰ　　D. Ⅱ>Ⅳ>Ⅲ>Ⅰ

（福建师范大学，2008）

解答 D

例 32　下列化合物碱性最强的是（　　）。（华东理工大学，2008）

A. CH_3CONH_2　　B. $CH_3CH_2NH_2$　　C. $(CH_3CH_2)_4N^+OH^-$

解答 C

5.4.5　空间效应对反应活性的影响

伯卤代烷按 S_N2 历程进行乙醇解的相对速度是与中心碳原子连接的烷基大小相关的：

$$\mathrm{EtOH} + \mathrm{RCH_2{-}Br} \longrightarrow \mathrm{EtO{-}CH_2R} + \mathrm{HBr}$$

反应时，乙氧基从背后进攻，R 越大，位阻越大。乙醇解的相对速率见表 5-5。

表 5-5　空间效应对 S_N2 反应活性的影响

R	$H_3C—$	$CH_3CH_2—$	$(CH_3)_2CH—$	$(CH_3)_3C—$
相对速率	1.0	0.28	0.03	4.2×10^{-5}

另一类空间效应是由于张力而引起的，空间效应也并不都是阻碍反应进行的，有的是促进反应进行的。例如卤代烷按 S_N1 历程进行的水解反应，由于反应物卤代烷是四面体结构，中心碳原子为 sp^3 杂化状态，键角接近 109.5°，而活性中间体碳正离子为平面结构，中心碳原子为 sp^2 杂化状态，键角为 120°，由四面体结构变为平面结构，原子或基团之间的空间张力变小，容易形成，而且原子或基团的体积越大时，sp^3 杂化状态下张力也越大，转变为 sp^2 杂化状态张力松弛得也越明显，形成碳正离子越容易，碳正离子也越稳定。这样的空间张力一般称为 B-张力（back strain，后张力），烷基越大时对离解速度的影响越大空间效应对 S_N1 反应活性的影响见表 5-6。

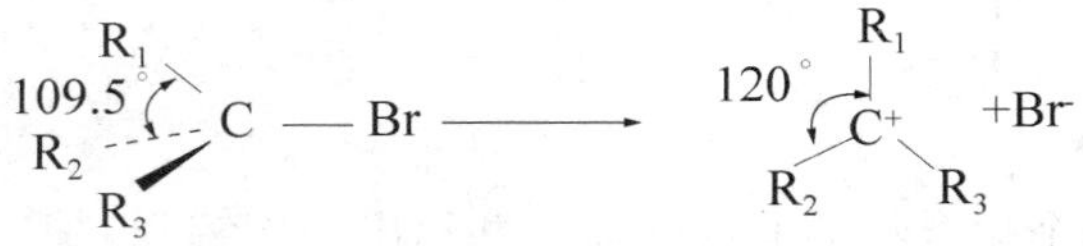

$R_1R_2R_3C—Br$ (109.5°) ⟶ $R_1R_2R_3C^+$ (120°) $+Br^-$

表 5-6　空间效应对 S_N1 反应活性的影响

$R_1—R_3$	$H_3C—$	$CH_3CH_2—$
相对速率	1.0	3.0

还有一种张力是面对面的空间张力，叫 F-张力（face strain，前张力）。如胺的碱性只从电子效应考虑，预期胺的碱性次序应为：

$$R_3N > R_2NH > RNH_2 > NH_3$$

当在非水溶剂中，对质子酸确实如此，因为质子体积小，空间因素的影响不大。当它与体积较大的 Lewis 酸作用时，碱性强度顺序为：

$$R_3N < R_2NH < RNH_2 < NH_3$$

R_3N:----BR'_3　　2,6-二甲基吡啶（CH_3，N:，CH_3）

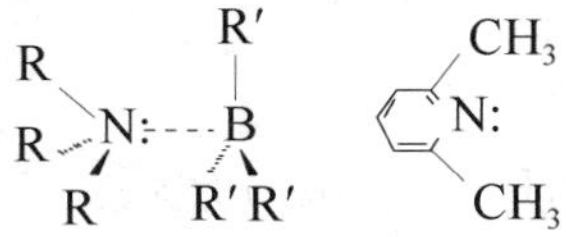

两者在相互接近过程中，基团位阻导致相互排斥作用——F-张力，例如，1-氮杂二环［2.2.2］辛烷和三乙胺同为叔胺，但对 Lewis 酸三甲基硼表现出不同的碱性和亲核性，前者可与三甲基硼生成稳定的加成物，而后者则不能。又如吡啶可与三甲基硼生成稳定的加成物，而 2，6-二甲基吡啶几乎不与 R_3B 作用。

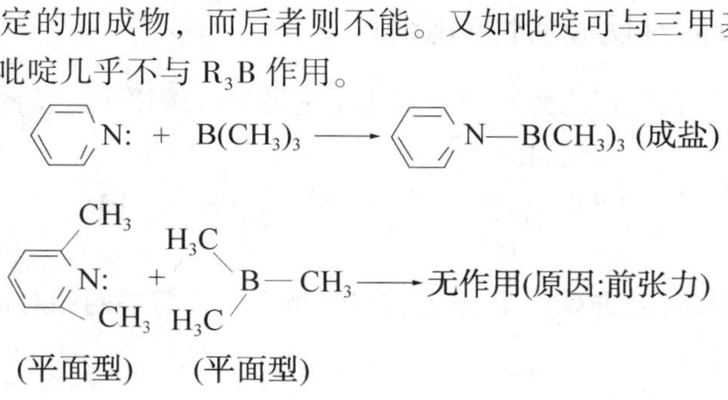

吡啶N: + $B(CH_3)_3$ ⟶ 吡啶N—$B(CH_3)_3$ (成盐)

2,6-二甲基吡啶 N: + $(H_3C)_2B—CH_3$ ⟶ 无作用(原因:前张力)
(平面型)　(平面型)

另一类体积效应影响酸碱性的类型表现在溶剂化上，如甲醇比叔丁醇酸性强是因为它们的相应共轭碱 CH_3O^-和$(CH_3)_3CO^-$在溶剂中稳定性不同。甲氧基负离子能较好地被溶剂分子所稳定，而叔丁氧基负离子由于大的叔丁基对溶剂分子的屏蔽作用使其不容易溶剂化，因此它们的酸性顺序为：$CH_3OH>(CH_3)_3COH$。

某些环状化合物还存在分子内所固有的 I-张力(internal strain，内张力)，主要表现为角张力(angle strain)，如小环烷烃不稳定，容易开环加成，CH_2单元燃烧热较高，这是 I-张力作用的结果。但某些小环化合物与类似较大环或链状化合物比较，I-张力还有另一种表现形式，如环丙烷衍生物 1-甲基-1-氯环丙烷离解为碳正离子比相应的开链化合物叔丁基氯要慢，虽然其中心碳原子都是由 sp^3杂化状态转变为 sp^2杂化状态，但由于角张力的存在对环丙烷衍生物是极其不利的。试比较：

$R_3C—X \longrightarrow R_3C^+ + X^-$

109°28′　　120

sp^3—四面体　　sp^2 — 平面三角型

来自离去基团背后的张力——B-张力

60° ⟶ 109°28′

来自小环化合物环键角变化 60°~120°的张力——角张力

后者随着反应的进行，环的键角与轨道夹角的矛盾加剧，产生内张力或角张力。

桥环化合物的桥头碳上很难形成碳正离子，例如：

Cl　　+ Cl⁻

例 33　选择题

1. 下列化合物发生亲核取代反应，速度最慢的是(　　)。(中南大学，2014)

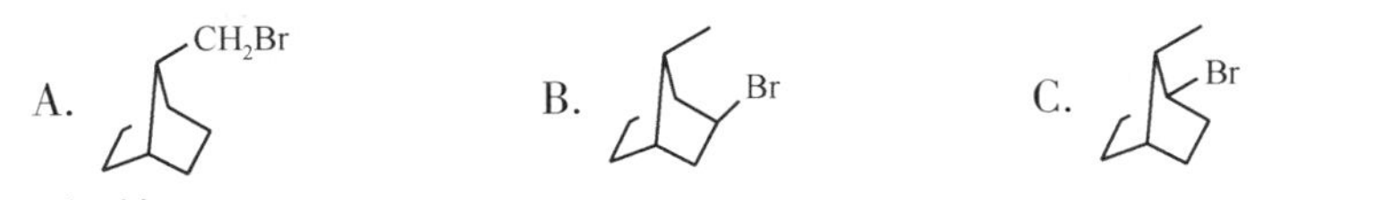

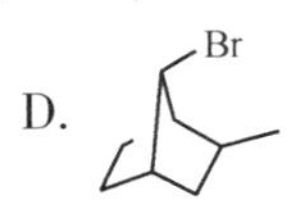

[解答]　C

2. 下列化合物进行 S_N2 反应，按反应速率由大到小排列，顺序正确的是(　　)。(华东理工大学，2008)

(1) 1-溴丁烷　(2) 2,2-二甲基-1-溴丁烷　(3) 2-甲基-1-溴丁烷

A. (1)>(2)>(3)　B. (1)>(3)>(2)　C. (3)>(1)>(2)　D. (2)>(3)>(1)

[解答]　B

3. 卤代烷与 NaOH 在水和乙醇混合物中反应，属于 S_N2 反应历程特征的是(　　)。(华东理工大学，2007)

A. 重排反应　　B. 产物构型发生瓦尔登反转

C. 增加 NaOH 浓度对反应速度无影响　　D. 叔卤烷反应速度快于伯卤烷

[解答]　B

4. 将下列化合物按 S_N2 反应速率快慢排列成序(　　)。(浙江工业大学，2004)

A. （1-氯-2,2-二甲基环己烷）　B. （1-氯-2-甲基环己烷）　C. （氯代环己烷）

[解答]　C>B>A。空间位阻的增加，不利于 S_N2 反应。

例 34　按下列醇在浓硫酸存在下脱水活性由大到小排序。（南开大学，2003）

A　B　C　D　E

[解答]　D>A>B>E>C

例 35　脂肪重氮盐一般很不稳定，但下面的重氮盐却很稳定，请说明原因。

N_2^+（陕西师范大学，2004）

[解答]　该重氮盐若分解，则将产生一个桥头的碳正离子，后者是极不稳定的，因此，它很不易分解。

例 36　写出下述反应历程（中国石油大学，2002）

$$(CH_3)_3CCH_2Br \xrightarrow{C_2H_5O^-} (CH_3)_3CCH_2OC_2H_5 \quad \text{慢(A)}$$

$$(CH_3)_3CCH_2Br \xrightarrow{C_2H_5OH} CH_3C(CH_3)_2CH_2CH_3 + CH_3C(CH_3)=CHCH_3 \quad \text{(B)}$$

[解答]　新戊基溴较难发生亲核取代反应。在 $C_2H_5O^-$ 作用下，反应有利于 S_N2，此时以取代为主，由于位阻较大，反应较慢。在 C_2H_5OH 作用下，反应有利于单分子反应，首先生成碳正离子，生成的伯碳正离子可重排成更稳定的叔碳正离子。然后可与亲核试剂结合发生 S_N1，也可以脱去一个 β-H 发生 E1。

A. $$(CH_3)_3CCH_2Br \xrightarrow{C_2H_5O^-} (CH_3)_3CCH_2OC_2H_5 \quad S_N2$$

B. $$(CH_3)_3CCH_2Br \xrightarrow{-Br^-} (CH_3)_3CCH_2^+ \xrightarrow{-CH_3\text{迁移}} CH_3C^+(CH_3)CH_2CH_3 \longrightarrow CH_3C(CH_3)=CHCH_3$$

$$CH_3C^+(CH_3)CH_2CH_3 \xrightarrow{C_2H_5OH} CH_3C(CH_3)(O^+HC_2H_5)CH_2CH_3 \xrightarrow{-H^+} S_N1\ CH_3C(CH_3)(OC_2H_5)CH_2CH_3$$

例 37　比较丙酸乙酯和 2-甲基丙酸乙酯碱性水解反应的活性。

［解答］　丙酸乙酯和 2-甲基丙酸乙酯分子中两个酯生成的负离子从电子效应看无大的区别，此时体积效应对稳定性的影响就显得突出了。连有较大体积的异丙基负离子，由于拥挤程度大，稳定性差。因此反应活性丙酸乙酯 > 2-甲基丙酸乙酯。

负离子稳定性顺序：

$$CH_3CH_2-\underset{OH}{\overset{O^-}{C}}-OC_2H_5 > (CH_3)_2CH-\underset{OH}{\overset{O^-}{C}}-OC_2H_5 \text{　体积效应}$$

反应活性顺序：

$$CH_3CH_2-\overset{O}{\overset{\|}{C}}-OC_2H_5 > (CH_3)_2CH-\overset{O}{\overset{\|}{C}}-OC_2H_5$$

例 38　想用对硝基苯酚和 2,6-二叔丁基苯酚钠盐合成下列醚 Ⅰ，但实际得到的却不是 Ⅰ，而是它的异构体，这个异构体仍含有酚羟基。(1)简要说明为什么得不到 Ⅰ；(2)写出反应实际生成物的构造式。

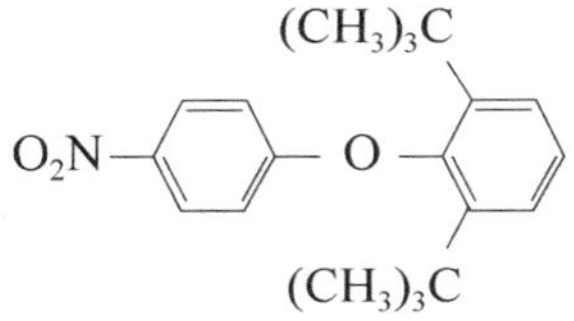

O_2N-C₆H₄-O-C₆H₃[$C(CH_3)_3$]₂ (2,6-)　Ⅰ（南开大学，2002）

［解答］　(1) 体积效应，Ⅰ分子中的 2,6-位的两个较大基团叔丁基的空间位阻。(2) 反应实际生成物的构造式为：

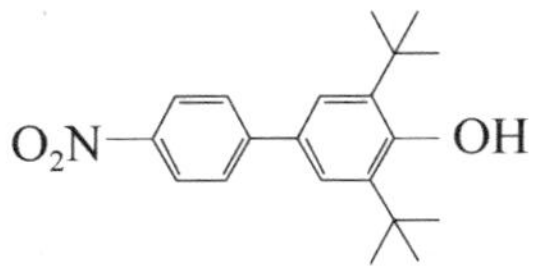

O_2N-C₆H₄-C₆H₂(t-Bu)₂-OH

例 39　比较化合物(A)、(B)、(C)进行 S_N2 反应的速度快慢，并简述理由。比较化合物（C）、（D）进行 S_N1 反应的速度快慢，并简述理由。（华东师范大学，2017 复试）

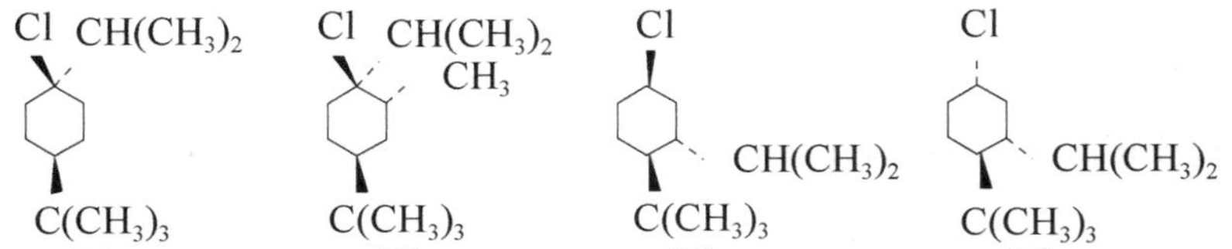

(A) Cl, $CH(CH_3)_2$, $C(CH_3)_3$　(B) Cl, $CH(CH_3)_2$, CH_3, $C(CH_3)_3$　(C) Cl, $CH(CH_3)_2$, $C(CH_3)_3$　(D) Cl, $CH(CH_3)_2$, $C(CH_3)_3$

［解答］　(A)、(B)、(C)进行 S_N2 反应时的速度快慢为(C)>(A)>(B)。因为(C)的空间位阻最小，(B) 的空间位阻最大。

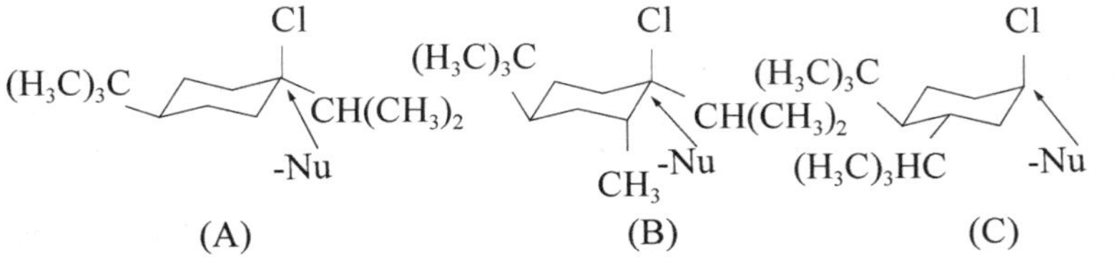

(A) Cl, $(H_3C)_3C$, $CH(CH_3)_2$, -Nu　(B) Cl, $(H_3C)_3C$, $CH(CH_3)_2$, CH_3, -Nu　(C) Cl, $(H_3C)_3C$, $(H_3C)_3HC$, -Nu

(C)和(D) 进行 S_N1 反应时的速度快慢为：(C)>(D)。因为(C)的能量高。

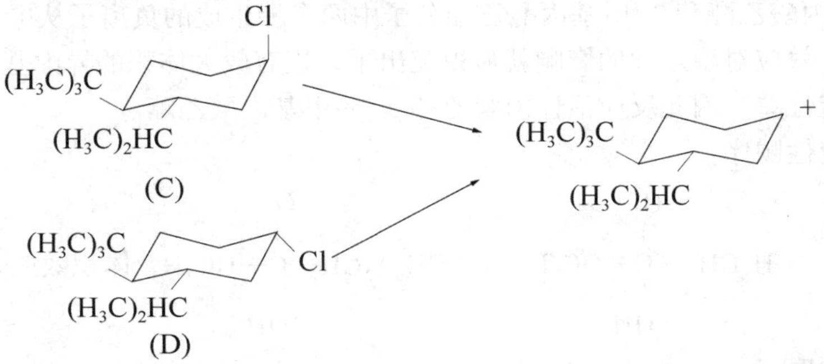

$$(C) \text{ 和 } (D) \xrightarrow{} \text{碳正离子} + \quad [(H_3C)_3C,\ (H_3C)_2HC \text{ 取代环己基}]$$

例 40　环己酮和苯甲醛的混合物加入少量氨基脲，几分钟后，反应产物多是环己酮缩氨脲，而过几个小时后产物多是苯甲醛缩氨脲。请解释这一实验现象。(湖南师范大学，2014)

[解答]　环己酮的亲核加成速度比苯甲醛快，但苯甲醛的加成产物比较稳定(共轭)。前者为速度控制，后者为平衡控制产物。

5.4.6　空间效应对区域选择性的影响

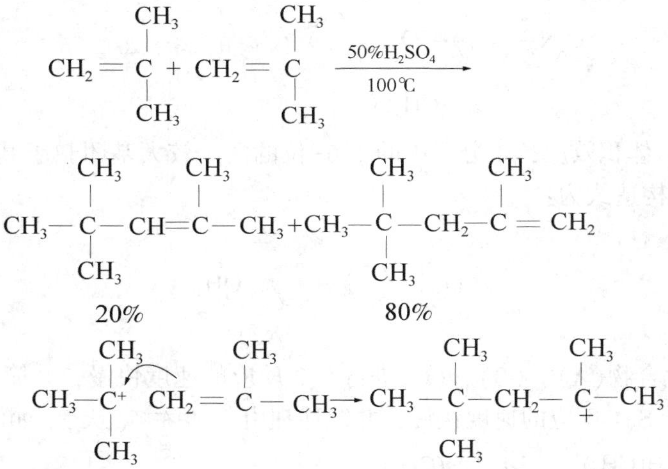

$$CH_2=C(CH_3)_2 + CH_2=C(CH_3)_2 \xrightarrow[100℃]{50\%H_2SO_4}$$

$$\underset{20\%}{CH_3-C(CH_3)_2-CH=C(CH_3)-CH_3} + \underset{80\%}{CH_3-C(CH_3)_2-CH_2-C(CH_3)=CH_2}$$

$$CH_3-\overset{+}{C}(CH_3)_2 \quad CH_2=C(CH_3)-CH_3 \longrightarrow CH_3-C(CH_3)_2-CH_2-\overset{+}{C}(CH_3)-CH_3$$

例 41　选择题

1. $CH_3CHClCHClCH_2CH_3$在叔丁醇钾的叔丁醇溶液中消除 HCl，主要产物是(　　)。(北京化工大学，2009)

A. 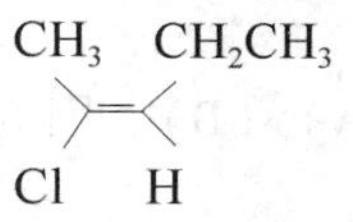 $(CH_3)(Cl)C=C(CH_2CH_3)(H)$　　B. 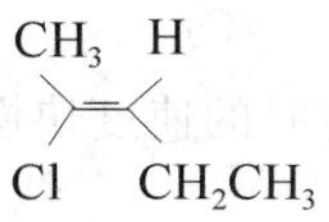 $(CH_3)(Cl)C=C(H)(CH_2CH_3)$　　C. $CH_2=CHCHClCH_2CH_3$

[解答]　B。甲基体积比氯原子大。

2. 下列化合物发生亲核加成反应，活性最高的是(　　)。(北京化工大学，2009)

A. 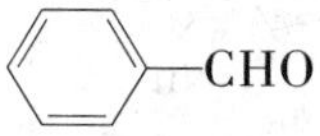 C_6H_5-CHO　　B. $C_6H_5-CH_2CHO$　　C. $C_6H_5-COCH_3$

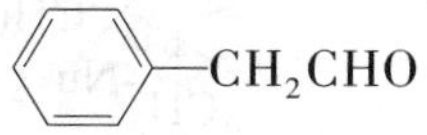

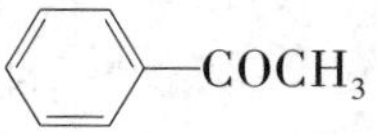

[解答]　B。根据电子效应和空间效应的综合作用，脂肪醛的亲核加成活性大于芳

香醛。

5.4.7　空间效应对立体选择性的影响

烯烃亲电加成反应，例如：硼烷从远离甲基的一侧进攻双键，发生亲电加成反应。

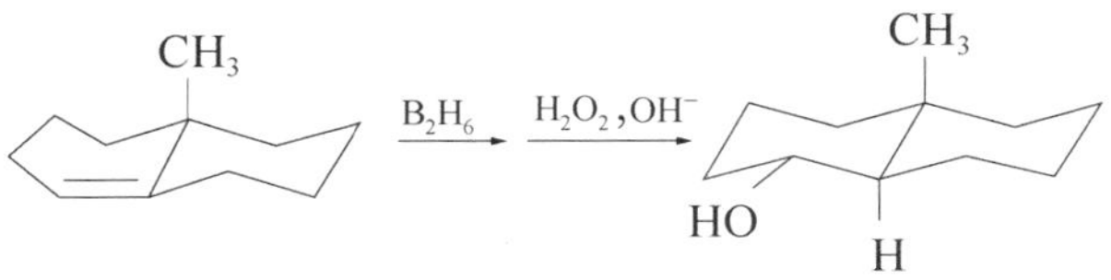

$$\xrightarrow{B_2H_6}\xrightarrow{H_2O_2,OH^-}$$

例 42　比较丙酸乙酯和 2-甲基丙酸乙酯碱性水解反应的活性。

[**解答**]　酯的水解为加成-消去历程。判定反应活性的关注点放在羟基加成后产生负离子的稳定性上，一般负离子稳定者反应活性高。丙酸乙酯和 2-甲基丙酸乙酯中两个酯生成的负离子从电子效应看无大的区别，此时体积效应对稳定性的影响就显得突出了。连有较大体积的异丙基负离子，由于拥挤程度大，稳定性差。因此反应活性丙酸乙酯>2-甲基丙酸乙酯。

负离子稳定性顺序：

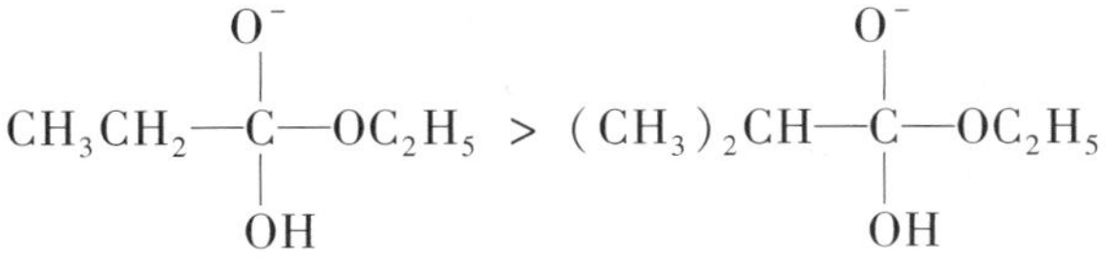

$$CH_3CH_2—C(O^-)(OH)—OC_2H_5 > (CH_3)_2CH—C(O^-)(OH)—OC_2H_5 \text{ 体积效应}$$

反应活性次序：

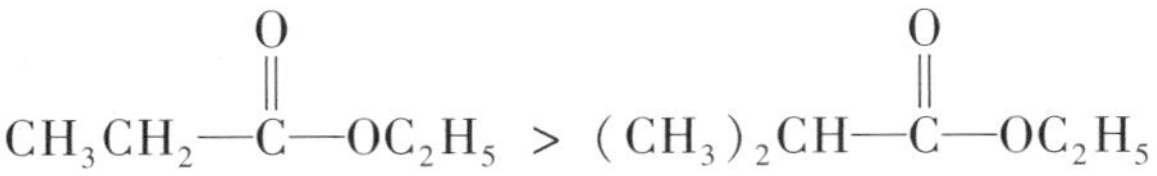

$$CH_3CH_2—C(=O)—OC_2H_5 > (CH_3)_2CH—C(=O)—OC_2H_5$$

5.4.8　空间效应对共轭的影响

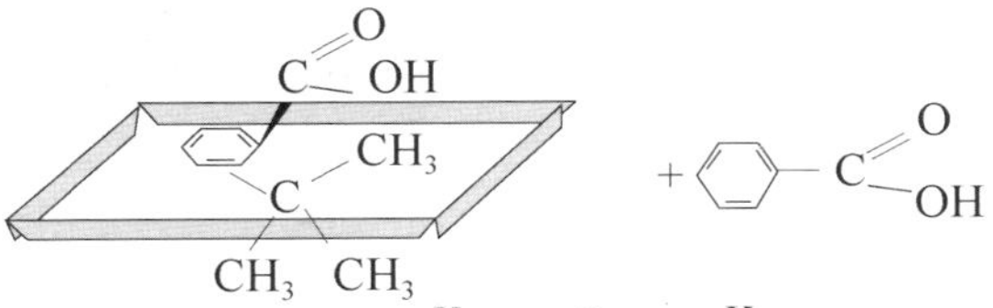

$$pKa_1 < pKa_2$$

叔丁基取代的苯甲酸异构体中，当叔丁基在邻位时，由于空间效应，羧基被挤出了与苯环所在的平面，阻碍了羧基与苯环的共平面，羧基的+C 效应消失，所以前者的酸性大于后者。

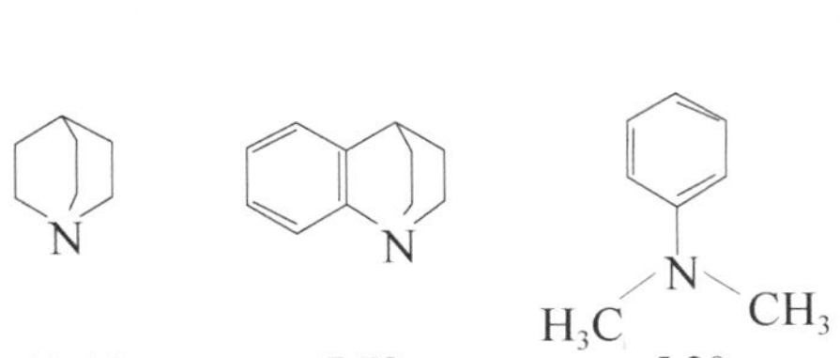

	A	B	C
pKa	10.65	7.79	5.20

A 为脂肪族叔胺，在 B 中 N 原子处于桥头，由于空间影响，破坏了 N 原子未共用电子

对与苯环的共轭，使“N”上具有一定的碱性。在 C 中，氨基 N 原子未共用电子对与苯环的共轭，使 *N*,*N*-二甲基苯胺的碱性减弱。所以碱性顺序为 A>B>C。

例 43 （1）下列化合物 A 在强碱作用下可发生顺反异构的转化，转化过程的中间体是什么？（2）下列化合物 B 是否在相同条件下发生顺反异构化？

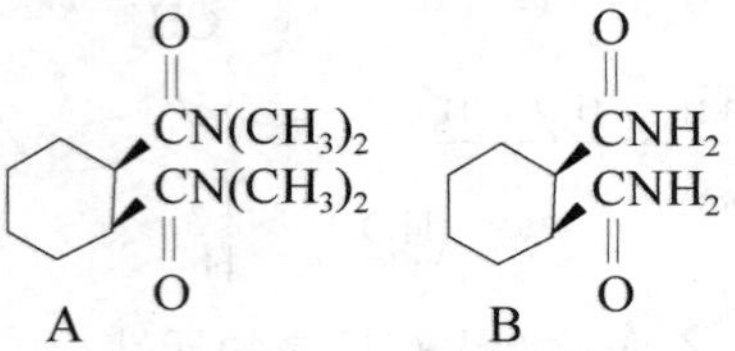

A：$CON(CH_3)_2$ / $CON(CH_3)_2$ 取代环己烷；B：$CONH_2$ / $CONH_2$ 取代环己烷 （南开大学，2003）

［解答］ （1）α-碳负离子；（2）不能。

5.5 氢键

5.5.1 氢键的生成

氢键的生成主要是由偶极子与偶极之间的静电吸引作用。当氢原子与电负性甚强的原子（如 A）结合时，因极化效应，其键间的电荷分布不均，氢原子变成近乎氢正离子状态。此时再与另一电负性甚强的原子（如 B）相遇时，即发生静电吸引。因此结合可视为以 H 离子为桥梁而形成的，故称为氢键。如下式中虚线所示。

A—H---B

其中 A、B 是氧、氮或氟等电负性大且原子半径比较小的原子。生成氢键时，给出氢原子的 A—H 基叫作氢给予基，与氢原子配位的电负性较大的原子 B 或基叫氢接受基，具有氢给予基的分子叫氢给予体。把氢键看作是由 B 给出电子向 H 配对，电子给予体 B 是氢接受体，电子接受体 A—H 是氢给予体。

氢键的形成，既可以是一个分子在其分子内形成，也可以是两个或多个分子在其分子间形成。例如：水杨醛和 2-甲基-2-芳氧基丙酸分别在其分子内形成了氢键，而氟化氢和甲醇则是在其分子之间形成氢键。

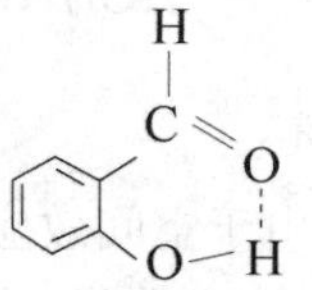

水杨醛 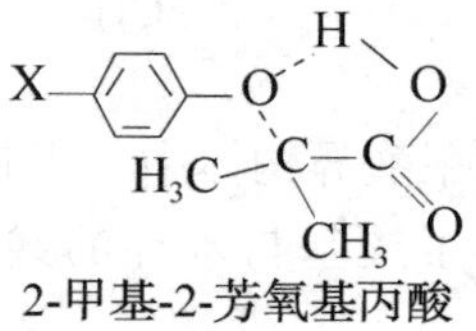　　2-甲基-2-芳氧基丙酸

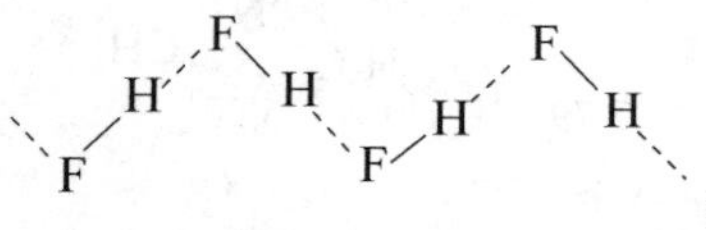

固体氟化氢$(HF)_n$ 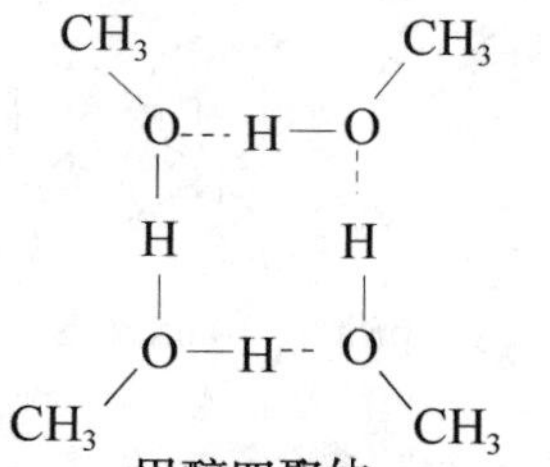　　甲醇四聚体

氢键并不限于在同类分子之间形成，不同类分子之间亦可形成氢键，如醇、醚、酮、胺等相混时，都能生成类似 O—H---O 状的氢键。一般认为，在氢键 A—H---B 中，A—H 键基本上是共价键，而 H---B 键则是一种较弱的有方向性的范德华引力。因为原子 A 的电负性较大，所以 A—H 的偶极距比较大，使氢原子带有部分正电荷，而氢原于又没有内层电子，同时原子半径(约 30pm)又很小，因而可以允许另一个带有部分负电荷的原子 B 来充分接近它，从而产生强烈的静电吸引作用，形成氢键。

5.5.2 氢键的饱和性和方向性

氢键不同于范德华引力，它具有饱和性和方向性。由于氢原子特别小而原子 A 和 B 比较大，所以 A—H 中的氢原子只能和一个 B 原子结合形成氢键。同时由于负离子之间的相互排斥，另一个电负性大的原子 B′就难于再接近氢原子，如图 5-10 所示，这就是氢键的饱和性。

氢键具有方向性则是由于电偶极矩 A—H 与原于 B 的相互作用，只有当 A—H---B 在同一条直线上时最强，同时原子 B 一般含有未共用电子对，在可能范围内氢键的方向和未共用电子对的对称轴一致，这样可使原于 B 中负电荷分布最多的部分最接近氢原子，这样形成的氢键最稳定。

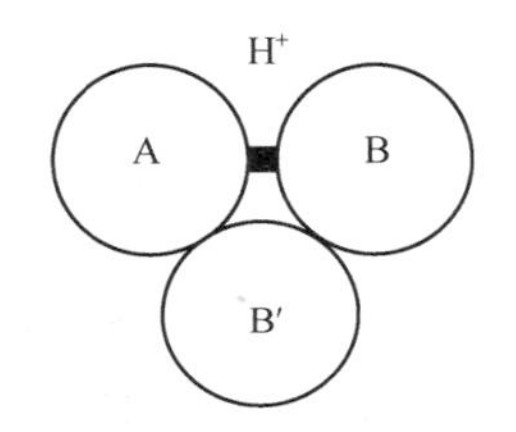

图 5-10 氢键的饱和性

综上所述，不难看出，氢键的强弱与原子 A 与 B 的电负性大小有关，A、B 的电负性越大，则氢键越强；另外也与原子 B 的半径大小有关，即原子 B 的半径越小便越容易接近 H—A 中的氢原子，因此氢键越强，例如，氟原子的电负性最大而半径很小，所以氢键中的 F—H---F 是最强的氢键。在 F—H、O—H、N—H、C—H 系列中，形成氢键的能力随着与氢原子相结合的原子的电负性的降低而递降。碳原子的电负性很小，C—H 一般不能形成氢键，但在 H—C≡N 或 $HCCl_3$ 等中，由于氮原子和氯原子的影响，使碳原子的电负性增大，这时也可以形成氢链。例如 HCN 的分子之间可以生成氢键，三氯甲烷和丙酮之间也能生成氢键：

$$H—C\equiv N---H—C\equiv N---H—C\equiv N \qquad (CH_3)_2C=O---HCCl_3$$

5.5.3 分子间氢键和分子内氢键

氢键可以分为分子间氢键和分子内氢键两大类。

1. 分子间氢键

一个分子的 A—H 基与另一个分子的原子 B 结合而成的氢键称为分子间氢键。分子间氢键按形成氢键的分子是否相同，又分为相同分子间氢键和不同分子间氢键两类。

(1) 相同分子间的氢键

相同分子间氢键又可分为二聚分子中的氢键和多聚分子中的氢键两类。这里所说的二聚分子间的氢键，是指两个相同分子通过氢键形成二聚体分子中的氢键；而多聚分子中的氢键，是指多个相同分子通过氢键结合而成的分子中的氢键。

二聚分子中的氢键以二聚甲酸$(HCOOH)_2$中的氢键最典型。它是由一分子甲酸中的羟基氢原子和另一分子羧基中羰基氧原子彼此结合而成的环状结构。

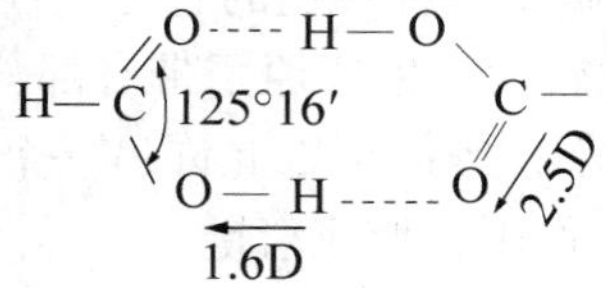

由于二聚体没有可供再缔合的氢原子，所以不能形成三聚体分子。一般羧酸如 CH_3COOH、C_6H_5COOH 等都能借氢键结合成二聚分子$(RCOOH)_2$。

相同分子通过氢键形成的多聚分子，其结构又有链状结构、环状结构、层状结构和立体结构之分。其中链状结构以固体氟化氢比较典型。其结构式为：

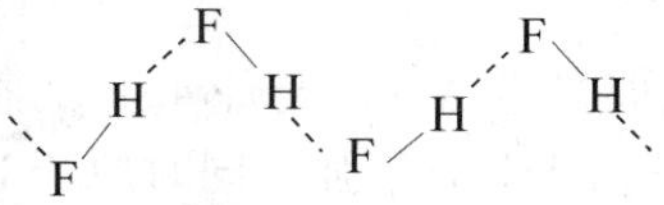

固体氟化氢$(HF)_n$

无水草酸有两种不同晶形：α-草酸和β-草酸，α-草酸是层状结构，β-草酸是链状结构。如图 5-11 所示。

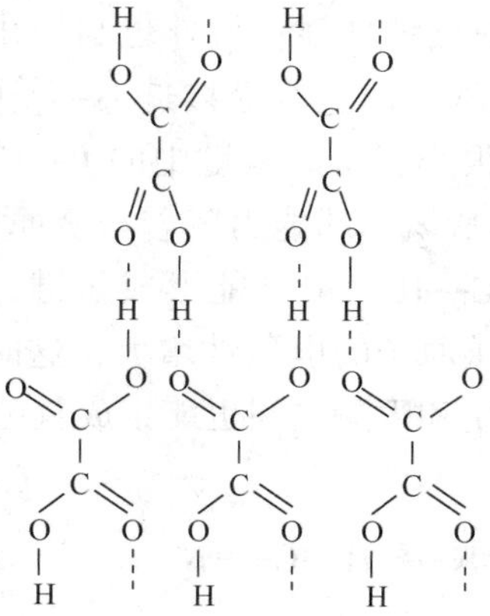

α-草酸

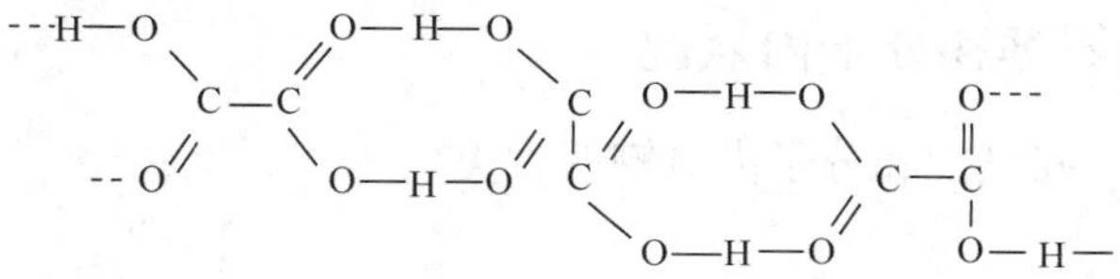

β-草酸

图 5-11　草酸的结构

多聚分子中氢键的立体结构的典型例子是冰。在冰中，H_2O 分子间相互作用能为 51.04kJ/mol，其中四分之一可归结于范德华引力，余下的 37.64kJ 是破坏氢键所需要的能量，所以冰中氢键(—H---O)的键能是 18.8kJ/mol。

(2) 不同分子间的氢键

在许多化合物中，不同分子之间也能形成氢键。例如，苯甲酸和丙酮可以形成分子间氢键。草酸二水合物是草酸两个羟基中的氢原子分别与两个水分子的氧原子之间通过氢键形成的晶体。不同分子之间的氢键在溶液中广泛存在，例如：乙醇水溶液中，乙醇和水分子通过氢键缔合在一起。氢键在生物分子中也广泛存在，这些氢键的存在对生物体的生存起着重要作用。蛋白质是由许多氨基酸通过肽键相连而成的高分子物质。这些肽键都是很强的共价键，键能较大，但是蛋白质的主链和侧链连有许多的亚氨基（ ＞NH ）、羰基（ ＞C═O ）和羟基，这些极性基团可形成次级键（主要是氢键），使蛋白质形成一定的构象。氢键键能虽小，但在蛋白质中它们为数很多，对蛋白质的空间结构起着重要作用。1951 年 Pauling 提出著名的 α-螺旋体。他认为蛋白质肽链像螺旋一样盘曲，位于主链和侧链的亚氨基、羰基、羧基等在螺旋体内形成许多氢键。另外，在 DNA 分子中，根据 DNA 钠盐结晶的 X 射线衍射研究和碱基摩尔比例规律，1953 年 Waston-Crick 提出 DNA 的双螺旋结构学说。DNA 的双螺旋结构，是由两条多聚脱氧核糖核苷酸链组成，其中两条链中的碱基通过氢键结合在一起。

2. 分子内氢键

一个分子的 A—H 键与其分子内部的原子 B 相结合而成的氢键称为分子内氢键。即分子内含有氢供基 A—H 和氢受基 B 的化合物，在两个基的相对位置合适时，能生成分于内氢键。例如，邻硝基苯酚中羟基上的氢原子能与邻位上硝基中的一个氧原子生成强的氢键。由于官能团与苯环的共轭作用，使下列平面构型变得稳定。由于受环状结构中其他原子键角的限制，所以分子内氢键 A—H---B 不能在同一直线上，一般键角约为 150°。一个化合物生成分子内氢键时，虽然生成能不大，但就此而言是有利的，因此容易生成。在芳烃的二取代或多取代衍生物中，除了一个必须是氢供基而另一个必须是氢受基外，这两个基还必须处于邻位，才能形成分子内氢键。例如，在苯酚的邻位上有—COOH、—NO_2、—NO、—$CONH_2$、—$COCH_3$和 Cl 等取代基的化合物都能形成分子内氢键。如下式所示：

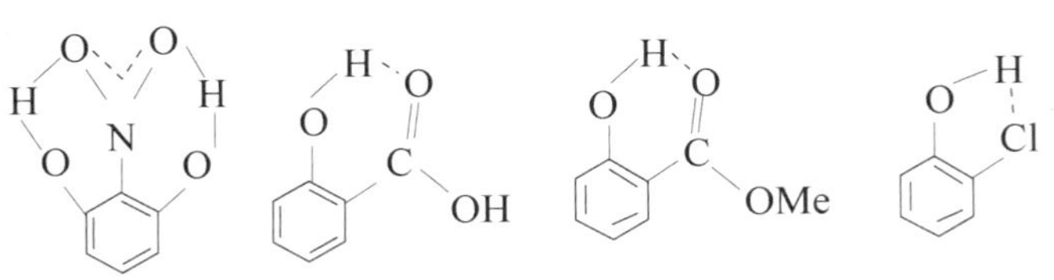

分子内氢键也存在于含氮的化合物中，例如：

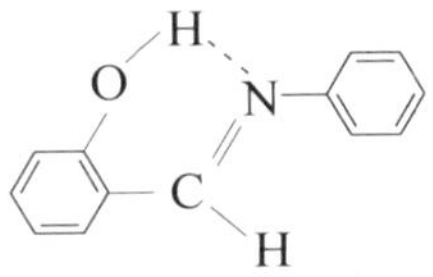

另外，能够形成分子内氢键的化合物并不限于芳香族化合物脂肪族化合物亦可。例如：

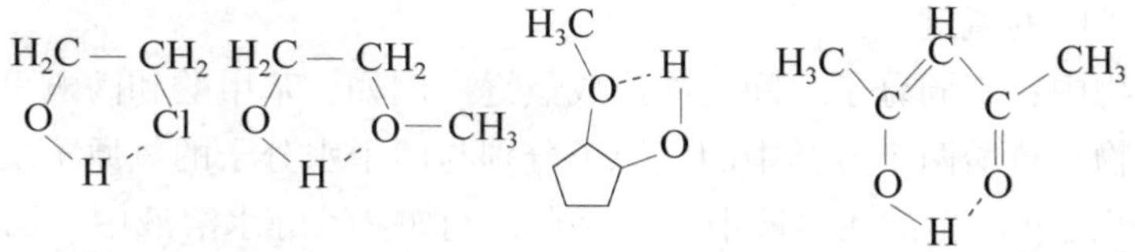

$$\begin{array}{c}H_2C-CH_2\\ | \quad\quad |\\ O \quad\; Cl\\ \diagdown\; H \cdots\end{array}\qquad \begin{array}{c}H_2C-CH_2\\ | \quad\quad |\\ O \quad O-CH_3\\ \diagdown\; H \cdots\end{array}$$

总之，化合物形成分子内氢键后，通常具有环状结构。一般来说，通过氢键形成的螯形环内不含有双键或只含一个双键的，以五元环最稳定；当环内含有两个双键时，以六元环最稳定。另外，供氢基和受氢基相隔较远时不能形成氢键。对于苯的衍生物，氢供基和氢受基处于邻位时，有利于生成分子内氢键，而间位和对位异构体则不能。成环的分子内氢键的键角可以稍偏离 180°，但偏离太多则不稳定。因此，一般通过分子内氢键形成六元环比五元环稳定。

除上述形成环状结构的分子内氢键外，还有一种分子内氢，它是非环状结构，但这种分子内氢键与前者相比为数极少。例如在 NH_4OH 分子中，NH_4^+和 OH^-基团是以氢键连接起来的。在氢氧化铵的水溶液中，存在着下式所示的复杂平衡关系：

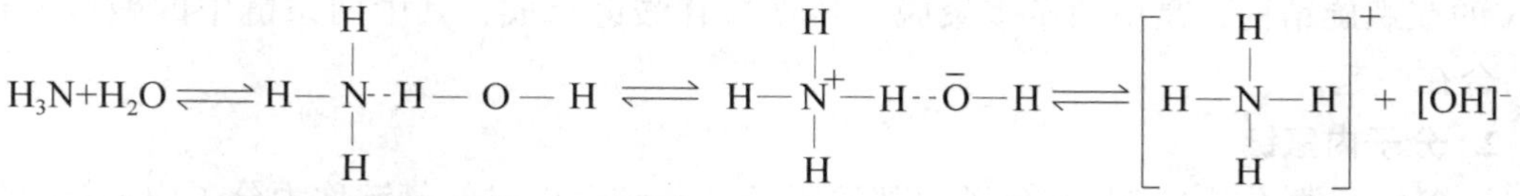

$$H_3N+H_2O \rightleftharpoons H-\underset{H}{\overset{H}{N}}\cdots H-O-H \rightleftharpoons H-\underset{H}{\overset{H}{N^+}}-H\cdots\bar{O}-H \rightleftharpoons \left[H-\underset{H}{\overset{H}{N}}-H\right]^+ + [OH]^-$$

3. 分子间和分子内氢键对物质性质的不同影响

分子间氢键和分子内氢键虽然生成本质相同，但前者是两个或多个分子的缔合体，后者是一个分子的缔合体，因此，两者在相同条件下生成的难易程度不一定相同。一般来说，分子内氢键在非极性溶剂的稀溶液里也能存在，而分子间氢键几乎不能存在。因为在很稀的溶液里，两个或两个以上分子靠近是比较困难的，溶液越稀越困难，所以很难形成分子间氢键。另外，对于不同的化合物，甚至互为同分异构体的两个化合物，由于形成不同的氢键，在性质上亦有很大差别。现就一般情况简述如下：

氢键作为把分子彼此连接起来的力，是一种很强的力，若在晶体内分子之间形成氢键，则晶体变硬，同时熔点有升高的倾向。分子内以氢键相连的化合物，其晶体的硬度和熔点介于离子晶体和由色散力形成的晶体之间。对于液体，分子间氢键也能将构成液体的分子连接起来，使液体的黏度和表面张力增加，沸点升高。当分子能与水(溶剂)形成分子间氢键时，则该分子易溶于水(溶剂)。若分子能形成分子内氢键时，则与水(溶剂)难于形成分子间氢键，因而这种分子难溶于水(溶剂)。同样由于分子形成分子内氢键，分子之间不再缔合而凝聚力较小，因此这种化合物容易汽化，沸点偏低。例如，硝基苯酚的三个异构体，其中邻硝基苯酚生成分子内氢键，不能再与其他邻硝基苯酚分子和水分子生成分子间氢键，因此邻硝基苯酚容易挥发且不溶于水，间和对硝基苯酚不仅分子之间能生成氢键，且与水分子之间也能生成氢键。由于分子间氢键能够降低物质的蒸气压，利用它们的这种差别，可用水蒸气蒸馏方法将邻位异构体与间、对位异构体分开。同时，邻硝基苯酚酸性(p*K*a 7.22)比对硝基苯酚酸性(p*K*a 7.15)要弱些，也是由于它生成了分子内氢键，从而加大了氢质子离去的难度(C)。邻羟基苯甲酸由于它的羧酸盐氧负离子可与邻位羟基生成氢键(A)，使负离子稳定性大大提高，因而酸性(p*K*a 2.98)比对羟基苯甲酸的酸性(p*K*a 4.57)强很多。

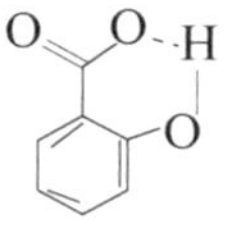

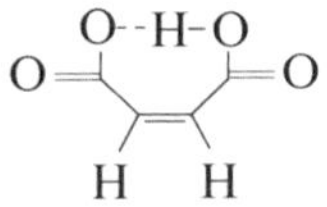

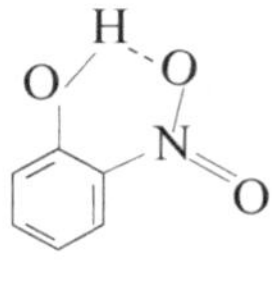

A　　B　　C

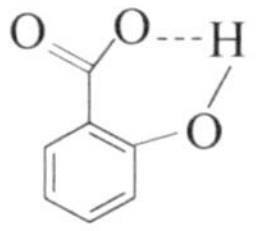

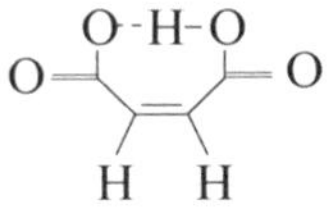

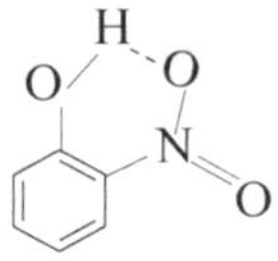

A　　B　　C

分子间和分子内氢键的不同不仅影响物质的物理性质，也对它们的化学性质和化学反应等产生影响。另外，分子能否生成氢键，对其性质的影响更大。例如：

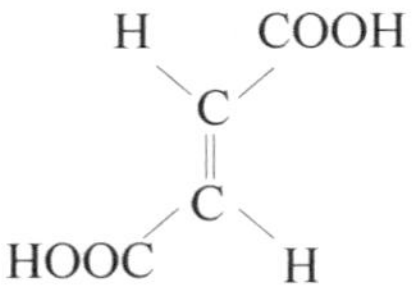

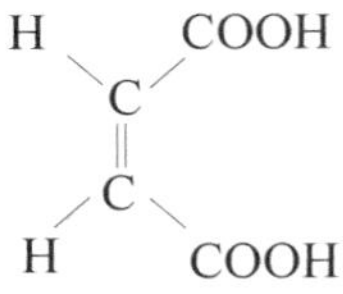

pKa_1　　3.03　　1.92

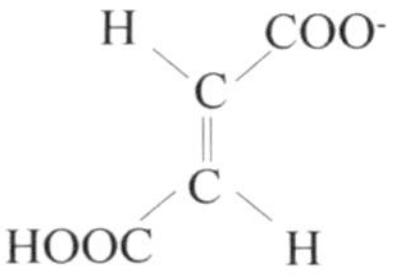

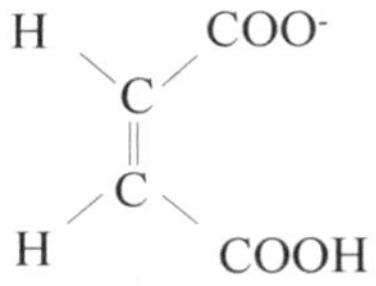

pKa_2　　4. 54　　6. 59

顺丁烯二酸的 pKa_1 值比反式异构体要小，而 pKa_2 值比它大。这也是因为顺丁烯二酸第一个质子离解后生成的负离子可与同侧另一个羧基生成氢键（B），从而稳定了负离子，因此 pKa_1 值较小；由于该氢键的生成使第二个质子离解难度加大，pKa_2 值增大。比较 A 和 B 的酸性：因 B 的羧基负离子可与羟基形成分子内氢键，而 A 不能，因此酸性强度 B>A。

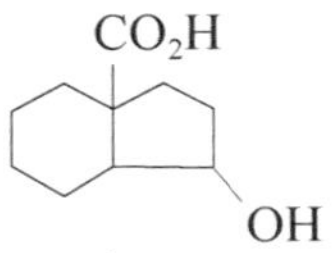

A　　和　　B

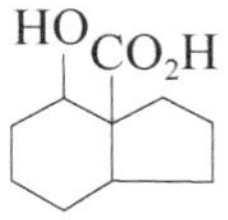

4. 芳香环化合物

最简单最重要的五元杂环化合物呋喃、吡咯和噻吩，相对分子质量分别为 68. 08、67. 09、84. 14；沸点分别为 31. 36℃、130℃、84. 16℃。可以看出，呋喃和吡咯虽然相对分子质量相近，但吡咯的沸点却比呋喃约高 99℃，比相对分子质量大的噻吩约高 46℃。原因是由于吡咯分子通过氢键缔合，而呋喃和噻吩自身分子间不能形成氢键。

在吡咯分子中，由于氮原子上连接一个氢原子，氮原子上还具有未共用电子对，因此吡咯分子间通过 N—H---N 形成分子间氢键是可以想象的。根据冰点降低和偶极矩测定结果推测，核磁共振谱和红外光谱证实吡咯分子的缔合。

例 44 选择题

1. 比较下列化合物的沸点，其中沸点最高的是(　　)。(福建师范大学，2008；中国科学院，2009)

A. CH_3CH_2OH　　B. CH_3OH　　C. (邻硝基苯酚：OH、NO_2)　　D. (对硝基苯酚：OH、NO_2)

[解答] D

2. 下列各化合物的沸点从高到低排列，顺序正确的是(　　)。(华东理工大学，2007)

(1) 正丙基氯　(2) 乙醚　(3) 正丁醇　(4) 仲丁醇　(5) 异丁醇

A. (1)>(2)>(3)>(4)>(5)　　B. (3)>(4)>(5)>(1)>(2)

C. (2)>(3)>(1)>(4)>(5)　　D. (2)>(4)>(5)>(1)>(3)

[解答] B

3. 下列化合物中沸点最高的是(　　)。(北京化工大学，2009)

A. 对甲苯酚　　B. 苯甲醚　　C. 对苯二酚

[解答] C

4. 下列化合物在水中溶解度最小的是(　　)。(北京化工大学，2009)

A. (1,4-二氧六环：O、O)　　B. $CH_3(CH_2)_3CH_3$　　C. $C_2H_5OC_2H_5$

[解答] B

5. 比较苯酚(Ⅰ)、环己醇(Ⅱ)、碳酸(Ⅲ)的酸性大小(　　)。(中国科学院，2009)

A. Ⅱ>Ⅰ>Ⅲ　　B. Ⅲ>Ⅰ>Ⅱ　　C. Ⅰ>Ⅱ>Ⅲ　　D. Ⅱ>Ⅲ>Ⅰ

[答案] B

6. 下列化合物能形成分子内氢键的是(　　)。(南京理工大学，2010)

A. 对硝基苯酚　　B. 邻硝基苯酚　　C. 邻甲苯酚　　D. 苯酚

[答案] B

5.6 邻基参与作用

当一个进行亲核取代反应的底物分子上还带有一个能作为亲核体的基团，并位于分子的适当位置时，能够和反应中心部分地或完全地成键形成过渡态或中间体，从而影响反应的进行，这种现象称为邻基参与作用。通常把由于邻基参与作用而使反应加速的现象称为邻基协助或邻基促进。若邻基参与作用发生在决速步骤之后，只有邻基参与作用而无邻基促进。

能发生邻基参与作用的原子团：具有未共用电子对的原子或原子团、含有碳-碳双键等的不饱和基团、具有 π 键的芳基以及 C—C 和 C—Hσ 键。分别称为 n 电子参与、π 电子参与和 σ 电子参与。

1. n 参与作用

化合物的分子中具有未共用电子对的基团位于离去基团的 β 位置或更远时，此化合物在取代反应过程中构型保持。这些基团是：COO^-(但不是 COOH)、OCOR、COOR、COAr、

OR、OH、O-、NH_2、NHR、NR_2、NHCOR、SH、SR、S-、Br、I及Cl（I>Br>Cl）。

经过两次SN_2反应，总结果是构型保持。

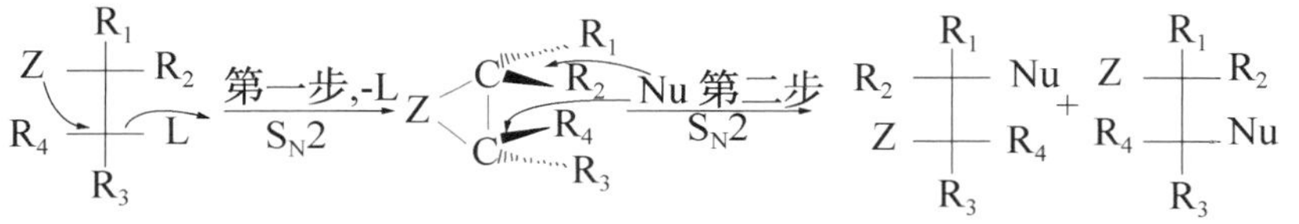

邻基原子更易，更近，外加的Nu必须和作用物碰撞才能发生反应，而邻基Z由于所处的位置有利，即刻就能进攻中心碳原子。

例如：当3-溴-2-丁醇的苏型(Threo)外消旋体(±)用HBr处理时，得到外消旋体(±)-2,3-二溴丁烷。

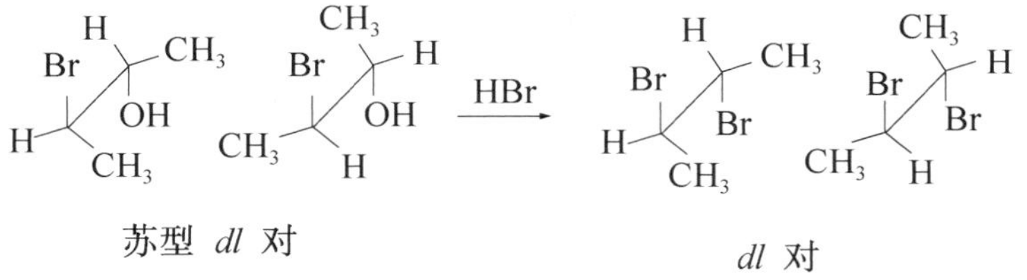

苏型 *dl* 对

dl 对

卤素作为邻基参与的能力大小次序一般为I>Br>Cl，这与原子的亲核性和可极化性大小顺序是一致的。F电负性太强，不易给出电子，亲核性和可极化性太小，一般不发生邻基参与作用。若邻基参与作用形成的中间体是稳定的或由于其他方式而稳定，亲核试剂Nu亲核进攻能力不足，只能形成环状产物。这是简单的分子内S_N2反应。

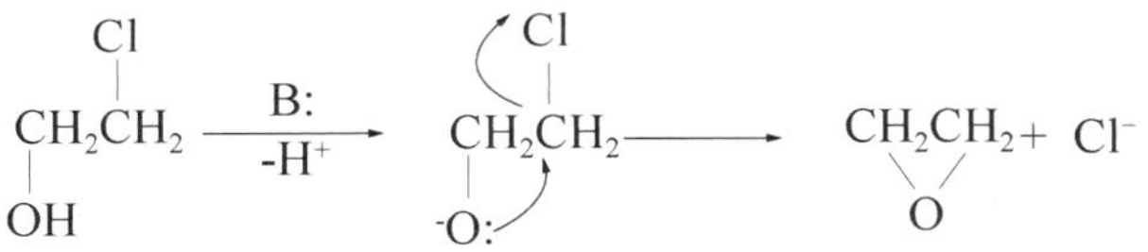

氮原子也起邻基参与作用。例如，氨与1,4-二氯丁烷作用形成氢化吡咯：

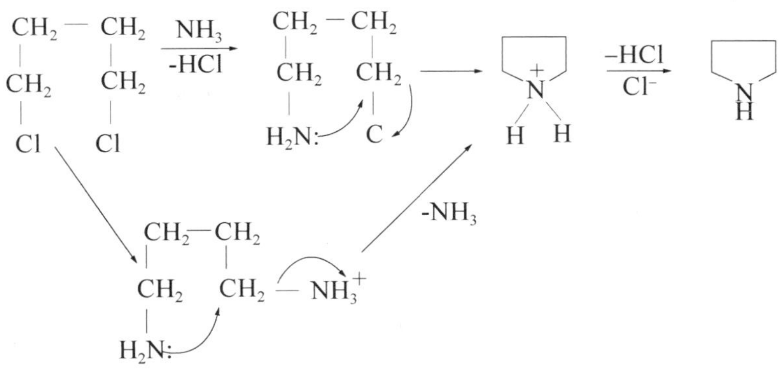

2. π参与作用

(1) C═C双键作为邻近基团

C═C π键、C═O π键也有邻基参与作用，如反-7-降冰片烯基对甲苯磺酸酯的乙酸解，由于π参与，反应速率比相应的饱和酯快10^{11}倍，且产物构型保持。

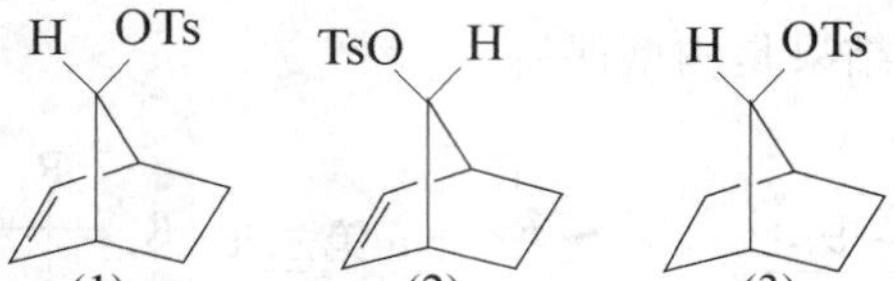

H OTs　　TsO H　　H OTs

(1)　　(2)　　(3)

相对 k(HOAc)　10^{11}　$10^{2.7}$　1

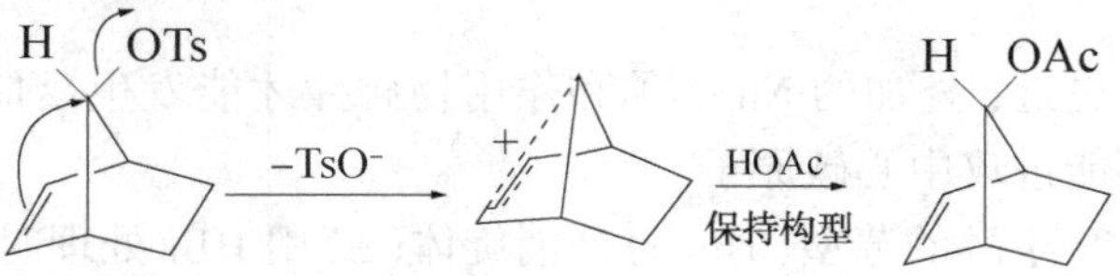

H OTs　$\xrightarrow{-TsO^-}$　+　$\xrightarrow[\text{保持构型}]{HOAc}$　H OAc

（2）环丙基的参与作用

环丙烷环的某些性质与双键类似，因此处于适当位置时也可能发生邻基参与作用。

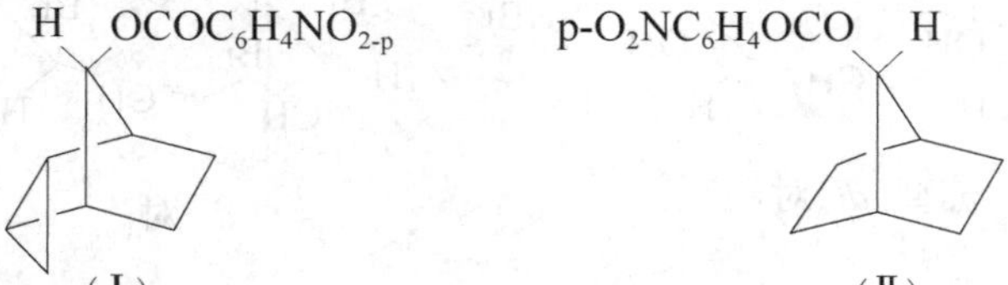

H $OCOC_6H_4NO_{2\text{-}p}$　　p-$O_2NC_6H_4OCO$ H

（Ⅰ）　　（Ⅱ）

（Ⅰ）的溶剂解速率比化合物（Ⅱ）的溶剂解速率快 10^{14} 倍。

又如：化合物（Ⅳ）的溶剂解速率比化合物（Ⅴ）大约快 5 倍，而化合物（Ⅲ）的溶剂解速率比化合物（Ⅴ）慢 3 倍。

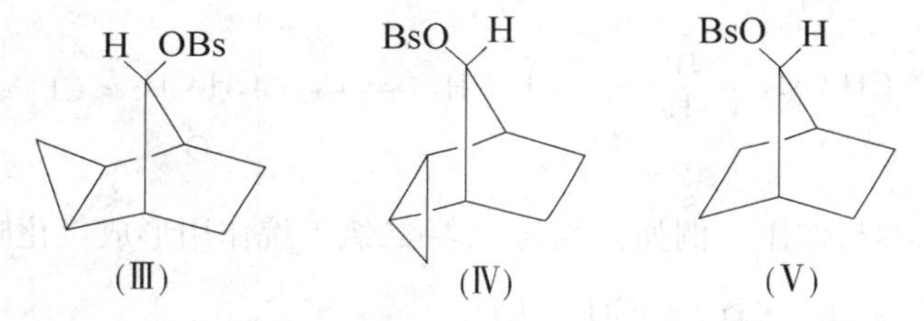

由此可以看出：只有当环丙基位于适当位置时才起邻基参与作用，有时甚至比双键更有效。这是因为环丙基的弯曲键作为邻基进攻碳正离子，与碳正离子的空的 p 轨道发生共轭效应而使碳正离子趋于稳定。

（3）芳基参与作用

β 位的芳基能发生邻基参与作用。

具有旋光性的苏型对甲苯磺酸-3-苯基-2-丁酯的乙酸解反应，似乎应该生成相应的具有旋光性的乙酸酯，但事实上却生成了外消旋混合物。原因是带着 π 电子的苯基促进对甲苯磺酸根离去，同时生成苯桥正离子（phenonium ion）中间体，其中与苯桥正离子直接相连的两个碳原子完全相同，整个分子有一个对称面，是一个非手性分子，亲核试剂乙酸可以机会均等地进攻两个碳原子，得到一对对映体：

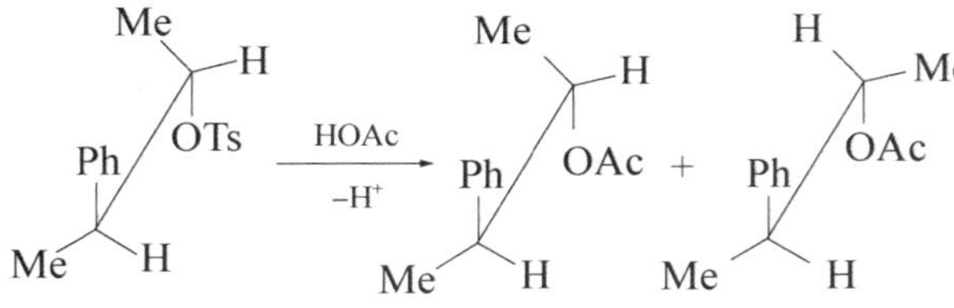

苏型　　96%为苏型　　仅4%为赤型

而且 D 和 L 两种异构体的数量大致相等。

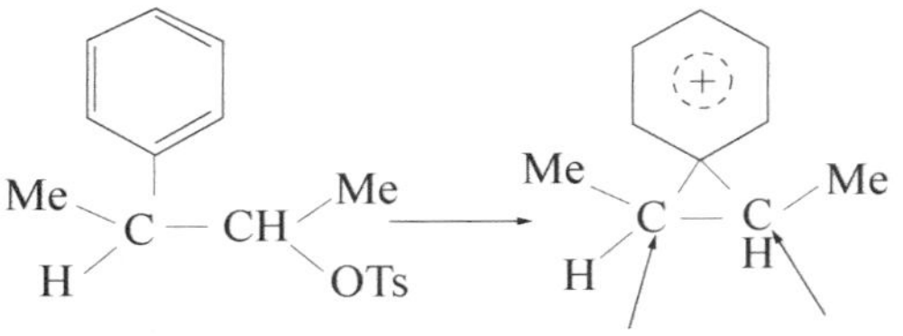

3. σ 参与作用

在以下反应中，(Ⅰ)的速度比(Ⅳ)快 350 倍。

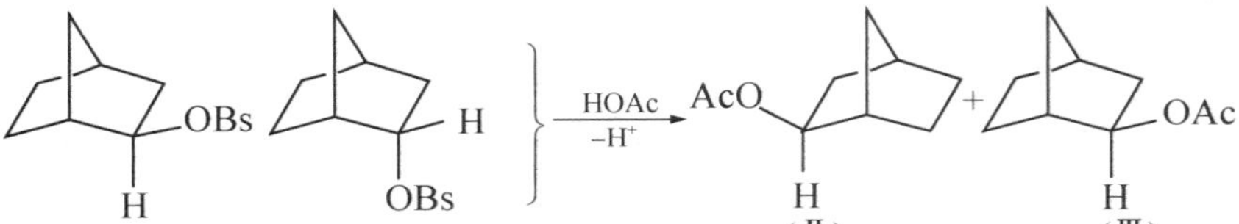

(Ⅰ)　(Ⅳ)　(Ⅱ)　(Ⅲ)

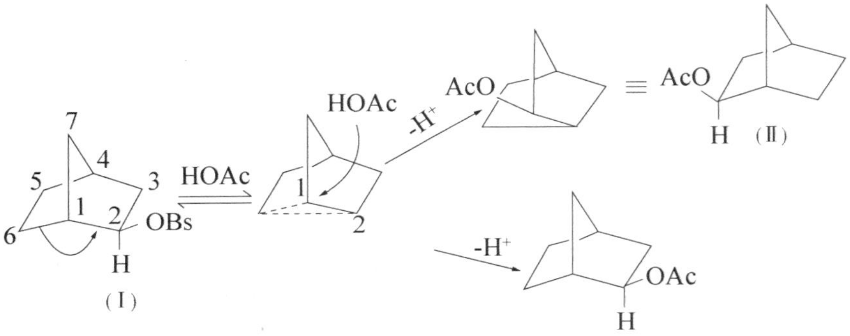

例 45　比较以下两个化合物在乙醇中的溶剂解速度，并用反应历程给出合理解释。

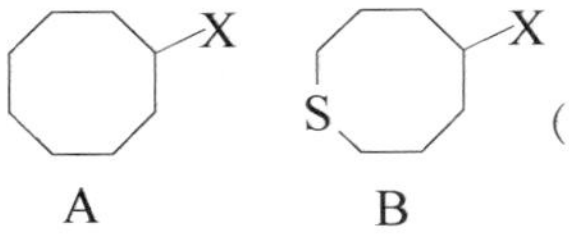

(南开大学，2009)

A　B

[解答]　反应活性 B>A。因为化合物 B 中存在跨环的邻基参与作用。

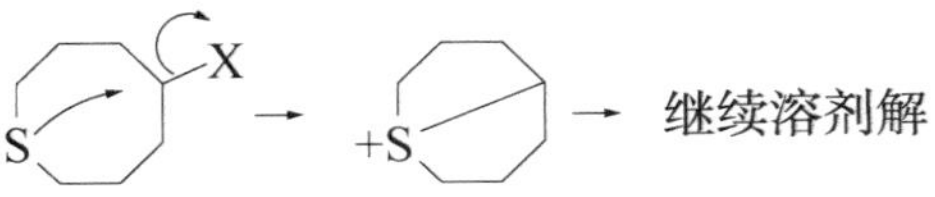

B → 继续溶剂解

例 46　乙烯基环丙烷溴化至少快于 1-己烯的溴化 300 倍。相反地，这两个烯对芳基硫卤的反应速度是相似的(乙烯基环丙烷仅快 2 倍)。能否解释这种差异？反应数据能告诉我们关于产物的结构吗？(华东师范大学，2017 复试)

［解答］　乙烯基环丙烷及溴化 1-己烯的反应历程如下：

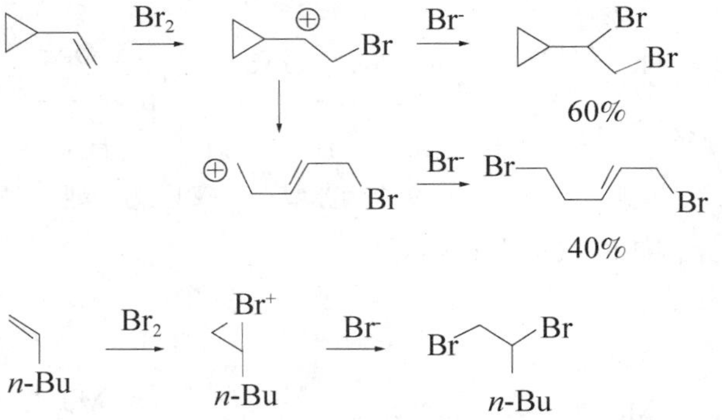

从反应历程可以看出，乙烯基环丙烷与溴反应，形成一个开链的碳正离子，这个碳正离子与环丙基发生共振，因此具有特殊的稳定性。开环的碳正离子，与环上的 π 键形成非经典碳正离子，也具有特殊的稳定性。而溴化 1-己烯的中间体的碳正离子却无这种共振作用，从而造成反应速度的差异。芳基硫卤与乙烯基环丙烷、1-己烯的反应历程如下：

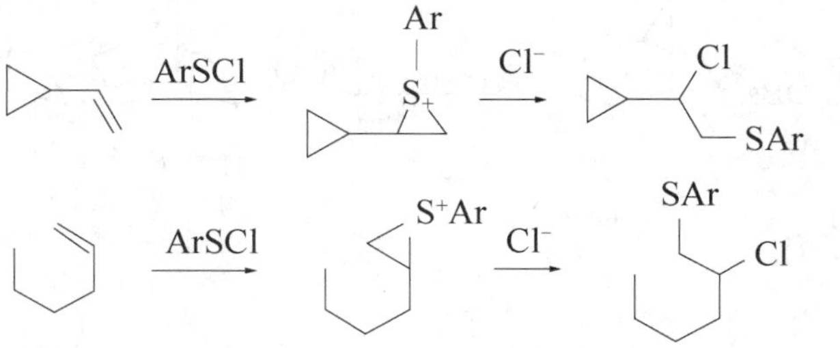

都形成一个含硫的三元环，因此反应速度近似。

5.7　氢化热

不饱和烃发生氢化反应时，因为断裂 H—H 键以及 π 键所吸收的能量小于形成两个 C—Hσ 键所放出的能量，所以催化氢化反应是放热反应。1mol 烯烃催化氢化时所放出的热量称为氢化热。利用氢化热可以获得不饱和烃相对稳定性的信息。氢化热越高说明原来不饱和烃分子的内能越高，该不饱和烃的相对稳定性越低。一些烯烃的氢化热如表 5-5 所示。

表 5-5　一些烯烃的氢化热　　kJ/mol

烯　烃	氢化热	烯　烃	氢化热
$CH_2{=}CH_2$	137.2	$(CH_3)_2CHCH{=}CH_2$	126.8
$CH_3CH{=}CH_2$	125.2	$CH_3CH_2(CH_3)C{=}CH_2$	119.2
$CH_3CH_2CH{=}CH_2$	126.8	$CH_3CH{=}C(CH_3)_2$	112.5
$(CH_3)_2C{=}CH_2$	118.8	顺-$CH_3CH_2CH{=}CHCH_3$	119.7
顺-$CH_3CH{=}CHCH$	119.7	反-$CH_3CH_2CH{=}CHCH_3$	115.5
反-$CH_3CH{=}CHCH_3$	115.5	$(CH_3)_3CCH{=}CH_2$	126.8
$CH_3(CH_2)_2CH{=}CH_2$	125.9	$(CH_3)_2C{=}C(CH_3)_2$	111.3

由表 5-5 数据可知，在烯烃的顺反异构体中，通常顺式异构体的氢化热大于反式异构

体，说明顺式异构体内能较高，稳定性较低，这是因为顺式异构体的两个较大的烷基处于双键的同侧，空间位阻较大，范德华排斥力较大。双键碳原子连接烷基数目越多，其氢化热越低，烯烃越稳定。烯烃稳定性的次序如下：

$$R_2C=CR_2>R_2C=CHR>R_2C=CH_2,\ RCH=CHR>RCH=CH_2>CH_2=CH_2$$

炔烃的稳定性顺序如下：

$$RC\equiv CR'>RC\equiv CH>HC\equiv CH$$

乙烯催化加氢得到乙烷氢化热为137.2kJ/mol，乙炔分子中有两个π键，比乙烯多一个π键，预计其氢化热将是乙烯氢化热的两倍(274.4kJ/mol)，可实际上乙炔的氢化热为313.8kJ/mol，比计算值多39.4kJ/mol。氢化热结果说明，乙炔比乙烯的能量高，乙炔的稳定性比乙烯小。以此类推，其他结构相似的炔烃与烯烃相比较，炔烃稳定性较差。

例47 选择题

1. 下列化合物中氢化热最高的是(　　)。(北京化工大学，2009)

A. $CH_2=CH_2CH_2CH_3$　　B. 顺-2-丁烯　　C. 反-2-丁烯

[解答] A

2. 比较下列化合物氢化热的大小(　　)。(南京大学，2014)

a　　b　　c　　d

A. a>d>b>c　　B. d>c>b>a　　C. C>b>d>a　　D. b>a>d>c

[解答] A

3. 1,3-戊二烯和1,4-戊二烯加氢时，(　　)。(华侨大学，2016)

A. 1,3-戊二烯放出的氢化热较小　　B. 1,4-戊二烯放出的氢化热较小

C. 两者放出的氢化热相同

[解答] A。不饱和烃发生氢化反应时，因为断裂H—H键以及π键所吸收的能量小于形成两个C—Hσ键所放出的能量，所以催化氢化反应是放热反应。1mol烯烃催化氢化时所放出的热量称为氢化热。

$$CH_3-CH=CHCH=CH_2+2H_2\longrightarrow CH_3CH_2CH_2CH_2CH_3\ \text{氢化热}226\text{kJ/mol}$$

$$H_2C=CHCH_2CH=CH_2+2H_2\longrightarrow CH_3CH_2CH_2CH_2CH_3\ \text{氢化热}254\text{kJ/mol}$$

两个反应的产物相同，且均加两分子氢，但氢化热却不同，这只能归因于反应物的能量不同。其中共轭二烯烃1，3-戊二烯的能量比非共轭二烯烃1，4-戊二烯的能量低28kJ/mol。这个能量差值是由于π电子离域引起的，是共轭效应的具体表现，通称离域能或共轭能。电子的离域越明显，离域程度越大，则体系的能量越低，化合物也越稳定。因此，对于其他二烯烃，同样是共轭二烯烃比非共轭二烯烃稳定。氢化热越高说明原来不饱和烃分子的内能越高，该不饱和烃的相对稳定性越低。

4. 下列烯烃最不稳定的是(　　)，最稳定的是(　　)。(南京理工大学，2010)

A. 3,4-二甲基-3-己烯　　B. 3-甲基-3-己烯

C. 2-己烯　　D. 1-己烯

[解答] DA

例48 按要求完成下列事项：

关于 2-丁烯：

1. 顺式和反式 2-丁烯哪个氢化热大？

2. 哪个与 Br_2/CCl_4 作用生成 meso-2,3-二溴丁烷？

3. 用系统命名法命名 meso-2,3-二溴丁烷。

4. *R*-2-氯丁烷用 C_2H_5ONa/C_2H_5OH 处理得到主要的烯烃是 *E* 式还是 Z 式？（四川大学，2003）

［解答］ 1. 顺式氢化热大于反式。2. 反式。烯烃与与 Br_2/CCl_4 加成为反式加成。3. 2*R*，3*S* -二溴丁烷或 2*S*，3*R* -二溴丁烷。4. *E* 式，反式共平面消除。

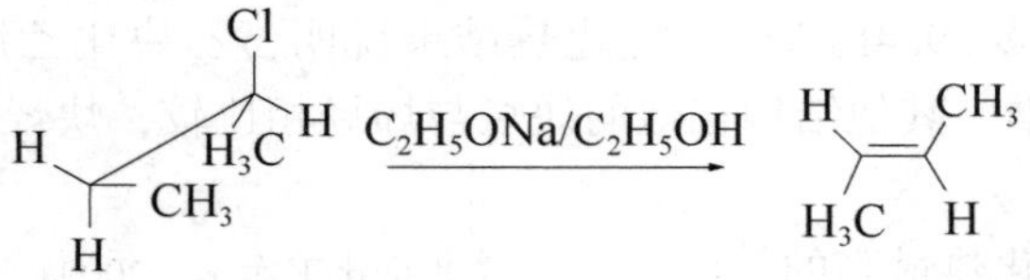

5.8 燃烧热

有机化合物的燃烧热是指 1mol 某化合物在标准压力时完全燃烧所放出的热量。燃烧产物指定该化合物中的碳变为二氧化碳（气），氢变为水（液），硫变为二氧化硫（气），氮变为氮气（气），氯变为氯化氢（水溶液）。燃烧热的大小反映分子内能的高低，从而可提供相对稳定性的依据。环烷烃都是由 CH_2 构成，可由每 mol 环烷烃的燃烧热计算出 CH_2 的平均燃烧热（见表 5-6）比较环的稳定性。

表 5-6　一些环烷烃的燃烧热和张力能

环烷烃	成环碳数	分子燃烧热/（kJ/mol）	CH_2 的平均燃烧热/（kJ/mol）	CH_2 的张力能/（kJ/mol）	总张力能/（kJ/mol）
环丙烷	3	2091	697	697-659=38	114
环丁烷	4	2744	686	686 -659=27	108
环戊烷	5	3320	664	664-659=5	25
环己烷	6	3952	659	659-659=0	0
环庚烷	7	4637	662	662-659=3	21
环辛烷	8	5310	664	665-659=5	40
环壬烷	9	5981	665	665-659=6	54
环癸烷	10	6636	664	664-659=5	50
环十五烷	15	9885	659	659-659=0	0
环十六烷	16	10560	660	660-659=1	16
环十七烷	17	11181	658	659-658=1	17
开链烷烃			659		

由表 5-6 可知，链烷烃的 CH_2 的平均燃烧热为 659kJ/mol，多数环烷烃 CH_2 的平均燃烧热较链烷烃高，二者之间的能量差值称为 CH_2 的张力能。从表中的（总）张力能数据可以看出，环丙烷的张力能最大，环丁烷次之，环己烷无张力能。表明小环的能量最高，不稳定；普通环张力不大；中环和大环也有张力。

例 49 下列化合物中燃烧热最高的是(　　)。(北京化工大学，2009)

A. 环戊烷　　　B. 1,2-二甲基环丙烷　　　C. 甲基环丁烷

[解答] B

5.9 亲核性

亲核试剂的亲核性是指将其自身的未共用电子对或潜在的未共用电子对给予底物的中心碳原子并与之结合成键的能力，或指一个分子或负离子从碳原子上取代离去基团的能力。亲核性是亲核试剂给予电子能力的函数。

亲核试剂的碱性是指试剂与质子结合成键的能力。其强度可以从它们的共轭酸的酸性来判断。

S_N1 反应机理中，卤代烷解离成碳正离子是控制反应速度步骤，亲核试剂并不参与，故 S_N1 反应速率不受亲核试剂的影响。S_N2 反应机理中，反应速率不仅与卤代烷的浓度有关，而且与亲核试剂的浓度和亲核能力有关。亲核试剂的亲核性与其碱性、可极化性等有关。

1）一个带负电荷的亲核试剂的亲核性通常比它的共轭酸强。例如：

$$OH^- > H_2O;\ C_2H_5O^- > C_2H_5OH;\ NH_2^- > NH_3;\ RCO_2^- > RCO_2H$$

2）当具有相同原子时，亲核试剂的亲核能力与其碱性强弱相一致。例如，亲核性由强到弱顺序为：$RO^- > HO^- > ArO^- > RCOO^- > ROH > H_2O > ClO_4^-$；$H_2N^- > H_3N$

这与碱性大小次序相同。但亲核性与碱性并不完全一致。例如，CH_3O^- 和 $(CH_3)_3CO^-$，虽然 $(CH_3)_3CO^-$ 碱性强于 CH_3O^-，但体积大，过渡态拥挤，亲核性弱。

3）当亲核试剂的亲核原子是元素周期表中同周期原子时，原子序数越大，其电负性越大，则给出电子能力越弱，即亲核性越弱。亲核试剂的亲核能力与其碱性强弱相一致。例如，亲核性顺序：

$H_2N^- > RO^- > HO^- > F^-$；$R_3C^- > R_2N^- > RO^- > F^-$；$C_2H_5O^- > C_6H_5O^- > CH_3CO_2^- > NO_2^-$；$H_3N > H_2O$；$R_3P > R_2S$

4）当亲核试剂的亲核原子是元素周期表中同族原子时，试剂极化度越大，亲核性越强。亲核性与其碱性强弱不一致。例如，亲核性顺序：$I^- >> Br^- > Cl^- > F^-$；$RSe^- > RS^- > RO^-$；$R_3P > R_3N$

碱性强弱顺序：$F^- > Cl^- > Br^- > I^-$；$RO^- > RS^- > RSe^-$

F^- 的亲核性最弱，这是由于 F^- 的电负性强，吸电子能力大，不易给出电子。

5）同类型的亲核试剂，体积越大，空间障碍就越大，不利于亲核试剂进攻中心碳原子，而且形成的过渡态稳定性也不好，所以体积较大的亲核试剂，亲核性较弱。例如，亲核性顺序：$C_2H_5NH_2 > (C_2H_5)_2NH > (C_2H_5)_3N$；$(CH_3)_3CO^- < (CH_3)_2CHO^- < CH_3CH_2O^- < CH_3O^-$

6）亲核试剂中引入给电子性取代基时，其亲核性增强；引入吸电子取代基时其亲核性减弱。例如：

$$CH_3O-C_6H_4-OH > CH_3-C_6H_4-OH > C_6H_5-OH > Cl-C_6H_4-OH > O_2N-C_6H_4-OH$$

7）亲核试剂中的亲核原子与具有未共用电子对的原子相连时，其亲核性较强。例如：

$$HO-O^- > HO^-;\ NH_2-NH_2 > HO-NH_2 > H-NH_2$$

例 50 选择题

1. 下列负离子中亲核性最高的是(　　)。(北京化工大学，2009)

A. $CH_3CH_2O^-$　　B. PhO^-　　C. $PhCOO^-$

[解答]　A

2. 比较下列负离子的亲核性，最大的是(　　)。(武汉大学，2005)

A. $C_6H_5O^-$　　B. OH^-　　C. $C_2H_5O^-$　　D. $(CH_3)_3CO^-$

[解答]　C

第6章 对映异构

分子的构造相同，但原子在空间排列不同而产生的异构称为立体异构。立体异构包括构型异构和构象异构，构型异构与构象异构的差别主要为构型异构间的转变必须断裂化学键，构象异构间的转变不需要断裂化学键，只需通过单键的旋转就可实现。而构型异构又包括顺反异构和对映异构。

6.1 有机化合物的旋光性

6.1.1 旋光性

(1) 平面偏振光

光是一种电磁波，光波振动的方向与光的传播方向垂直。当普通光通过方解石片($CaCO_3$的一种特殊晶型)所组成的 Nicol 棱镜时，一部分光就被挡住了，只有振动方向与棱镜晶轴平行的光才能通过。这种只在一个平面上振动的光称为平面偏振光，简称偏振光或偏光。

(2) 物质的旋光性

当平面偏振光穿过某一物质时，能改变偏振光传播方向的物质称为旋光性物质。物质的旋光性又称光活性。不同的旋光性物质使偏振光偏转的角度和方向不同。能使偏振光向右旋转的物质称右旋体，能使偏振光向左旋转的物质称左旋体。

6.1.2 旋光性与结构的关系

化合物使偏振光偏转的角度和方向可以用旋光仪来测定。旋光仪主要由一个单色光光源、两个 Nicol 棱镜(分别称起偏镜和检偏镜)，一个盛液管和一个刻度盘组装而成。如果在盛液管内装入旋光性物质，则必须将检偏器旋转一定的角度 α，目镜处视野才明亮。如果检偏器向右旋转可以看到光，称为右旋，用(+)或 d 表示，如向左旋转则称为左旋，用(-)或 l 表示。例如：(+)-2-丁醇表示右旋；(-)-2-丁醇表示左旋。

测其旋转的角度即为该物质的旋光度，用 α 表示。旋转的角度 α 不仅与物质本身的结构有关，而且与物质的浓度以及盛液管的长度都有关。如果消除其他外界因素的干扰，只考虑物质本身的结构对旋光度的影响，则用比旋光度来表示物质的旋光方向和旋光能力，它由分子结构本身决定。

在单位物质溶液的浓度、单位盛液管长度下测得的旋光度称为比旋光度，用$[\alpha]_{\lambda}^{t}$表示，t 为测定时的温度，λ 为测定时所用的光源波长，一般采用钠光(波长为 589.3nm，用 D 表示)。比旋光度与在旋光仪中读到的旋光度的关系如下：

$$[\alpha]_{\lambda}^{t}=\frac{\alpha}{\rho_{B}l}$$

式中，α 是旋光仪上测得的旋光度；l 是盛液管长度，dm；ρ_B是质量浓度，g/mL。若所测旋光物质是纯液体，则把上式中的 ρ_B换成被测液体的密度 d，即：

$$[\alpha]_{\lambda}^{t}=\frac{\alpha}{L\cdot d}(\text{溶剂})$$

例如，将 10g 化合物溶于 100mL 甲醇中，在 25℃时用 10cm 长的盛液管，在旋光仪中观察到旋光度 α 为+2.30°，则该物质的比旋光度为：

$$[\alpha]_{D}^{25}=\frac{+2.3^{\circ}}{\frac{10\text{g}}{100\text{ml}}\cdot 1\text{dm}}=+23.0^{\circ}$$

溶剂也会影响物质的旋光度。因此在不用水为溶剂时，需注明溶剂的名称，例如，右旋的酒石酸在 5%的乙醇中其比旋光度表示为：$[\alpha]_{D}^{20}=+3.79$（乙醇，5%）。

比旋光度是旋光性物质特有的物理常数，许多物质的比旋光度可以从手册中查找。如：

葡萄糖：$[\alpha]_{D}^{25}=+52.5^{\circ}$（水）；果糖为 $[\alpha]_{D}^{25}=-93^{\circ}$（水）

值得注意的是，在旋光仪上测得的读数 α，实际上是 $\alpha\pm n\cdot180^{\circ}$。例如，旋光仪上 α 的读数为 + 60°，也可能是−300°，也可能是+420°，或再多旋一周 2×180°，即为+780°，因此测定某物质的旋光度仅测一次无法确定该物质是右旋还是左旋以及其旋光度数，必须测两次以上才能决定。比如，将上述溶液稀释十倍，再测一次，如原来的 α 为+60°，则稀释后的 α 应为 +6°，如为−300°，稀释后的读数应为−30°，如为+420°，稀释后的读数就应该是+42°，这样才能决定该物质是“+”还是“−”以及具体的旋光度是多少。

例 1 已知(*S*)-(−)-1,2,4-丁三醇$[\alpha]_{D}^{25}=-27^{\circ}$。请问由 4g (*R*)-(+)-1,2,4-丁三醇和 1g(*S*)-(−)-1,2,4-丁三醇组成的混合物的 e. e. %及$[\alpha]_{D}^{25}$ 值分别为（　　）。（复旦大学，2007）

A. 60%/+16.2°　　B. 20%/+5.4°　　C. 40%/−16.2°　　D. 60%/−16.2°

［解答］ A。e. e. %即为对映体过量，表示化合物样品的对映体组成中，一个对映体对另一个对映体的过量百分数，e. e. =[([R]−[S])/([R]+[S])]×100%，(4−1)/(4+1)= 60%。e. e. 值越高，光学纯度也越高。$[\alpha]_{D}^{25}$ 为比旋光度值，表示采用钠光、25℃时，在单位物质溶液的浓度、单位盛液管长度下测得的旋光度。[(+27°)×4 + (−27°)×1] /5=+16.2°。

例 2 下述化合物在乙醇中具有旋光活性，但加酸后旋光值变小，最后值为零。解释这一事实。（南开大学，2001）

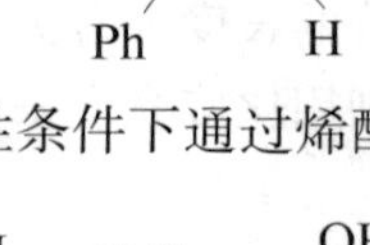

H_3C–C*H(Ph)–CHO

［解答］ 含有 α−H 的醛，在酸性条件下通过烯醇化而外消旋化。

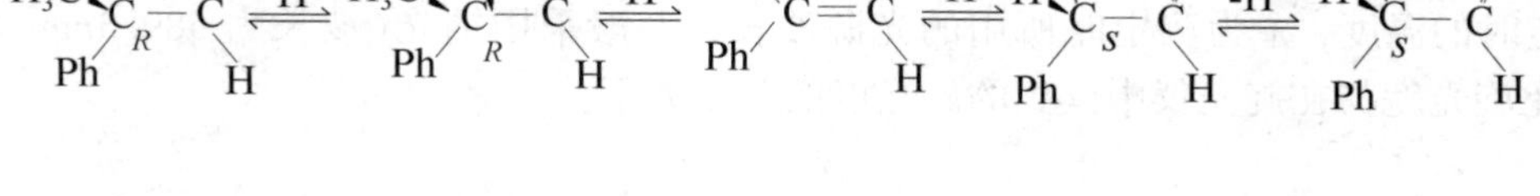

H_3C–CH(Ph)–CHO (*R*) $\xrightleftharpoons{H^+}$ H_3C–CH(Ph)–CH=$\overset{+}{O}$H (*R*) $\xrightleftharpoons{-H^+}$ H_3C(Ph)C=CH–OH $\xrightleftharpoons{H^+}$ H–C(CH_3)(Ph)–CH=$\overset{+}{O}$H (*s*) $\xrightleftharpoons{-H^+}$ H–C(CH_3)(Ph)–CHO (*s*)

例 3　已知光学纯的 S-(+)-2-丁醇的比旋光度为+13.52°。有一不对称合成得到的 2-丁醇样品，测知其比旋光度为-6.76°。请问该样品百分光学纯度(e. e. %) 为多少？样品中(+)-2-丁醇和(-)-2-丁醇的百分含量分别为多少？(复旦大学，2009)

[**解答**]　样品百分光学纯度(e. e. %)= 50%；

样品中(+)-2- 丁醇含 25%，(-)-2- 丁醇含 75%。

6.2　分子的对称因素和手性

左右手之间不能重合但互为镜像的这种特征称为手性或手征性。借鉴手的特征，在有机化学中定义，凡不能与其镜象重叠的分子，称为手性分子。

手性分子的显著特征是具有旋光性。当分子与其镜像能重合时，该分子的结构是对称的，是非手性分子，没有旋光性；反之，分子和它的镜像不能重合时，该分子的结构是不对称的，是手性分子，具有旋光性。

6.2.1　对称因素

一般对称因素有四种，即对称面、对称中心、对称轴和交替(或更迭) 对称轴。基础有机化学中最常见的分子对称因素主要有对称面和对称中心。

(1) 对称面

如果一个平面能将分子分成互为镜像的两部分，那么这个平面就是这个分子的对称面，用 σ 表示。平面形分子所在的平面就是该分子的对称面。

(2) 对称中心

如果分子内存在一点，通过该点作任意一条直线，在直线上距该点等距离的两端有相同的原子或基团，就称该点为分子的对称中心，用 i 表示。

判断一个分子有无手性，主要看分子是否具有对称因素，如果一个分子存在任何一种对称因素(对称面或对称中心)，则这个分子无手性；反之，一个分子没有对称因素(对称面和对称中心)，这个分子就有手性。分子具有手性是存在对映异构体的必要条件。

6.2.2　手性和对映体

凡是手性分子，必有一个与之不能完全重叠的镜像。以 2-溴丁烷为例：

$$\mathrm{CH_3{-}\overset{*}{C}H(Br){-}CH_2{-}CH_3}$$

左数第二个碳原子连有四个不同的原子或基团($-CH_3$，$-H$，$-Br$，$-C_2H_5$)，这种连有四个不同原子或基团的碳原子，称为手性碳原子，也称为手性中心，用“ * ”号标出。

2-溴丁烷分子中，与手性碳原子相连的四个基团，在空间有两种不同的排列方式，它们互为实物与镜像的关系，是两种不同的化合物。这种互为实物与镜像的两个构型异构体称为对映异构体，简称对映体。对映异构体都有旋光性，因而又称为旋光异构体。

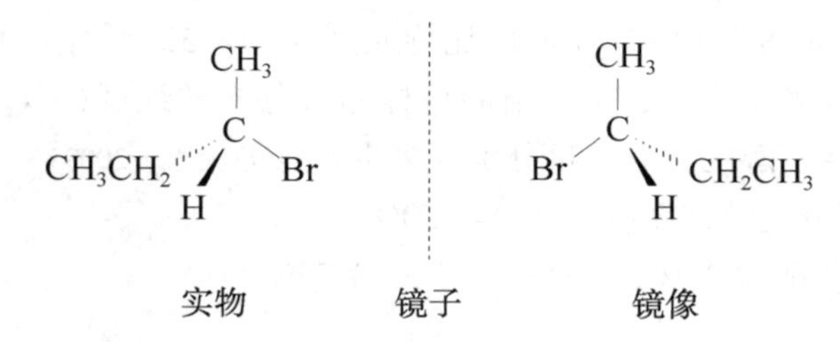

实物　　镜子　　镜像

对映体具有相同的物理性质如熔点、沸点、溶解度、折射率、酸性、密度等，热力学性质如自由能、焓、熵等和化学性质，除非在手性环境如手性试剂、手性溶剂中才表现出差异。

例 4　选择题

1. 下列化合物中，没有旋光性的是(　　　　)。(华东理工大学，2009)

A. 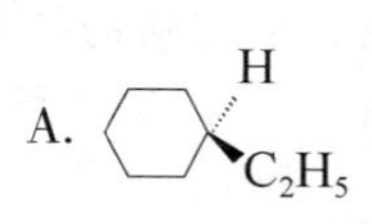

B. 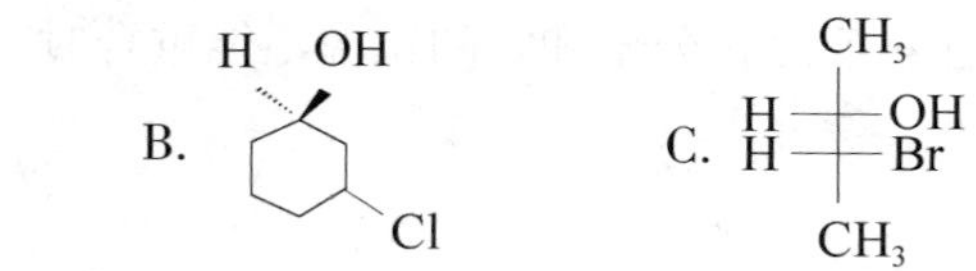

C.

[解答]　A

2. 下列结构(1)和(2)之间互为(　　　)关系。(复旦大学，2009)

(1) 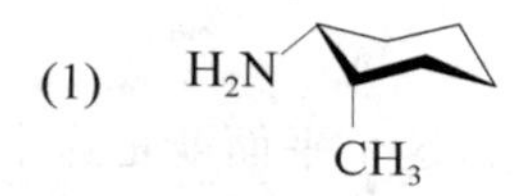

(2) 

A. 非对映异构体　　B. 对映异构体　　C. 顺反异构体　　D. 互变异构体

[解答]　B

3. 下列化合物，互为对映体的是(　　　　)。(广西师范大学，2010)

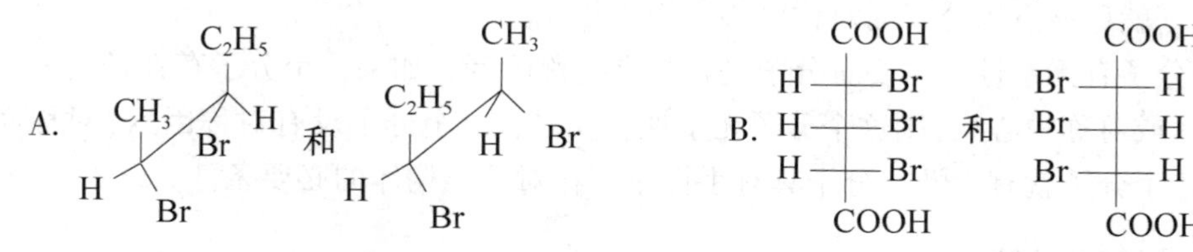

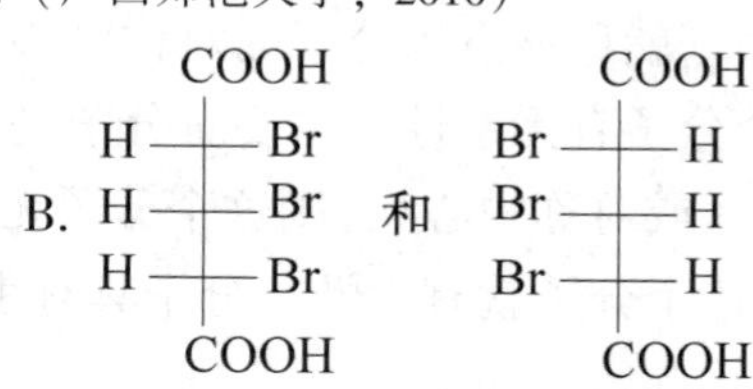

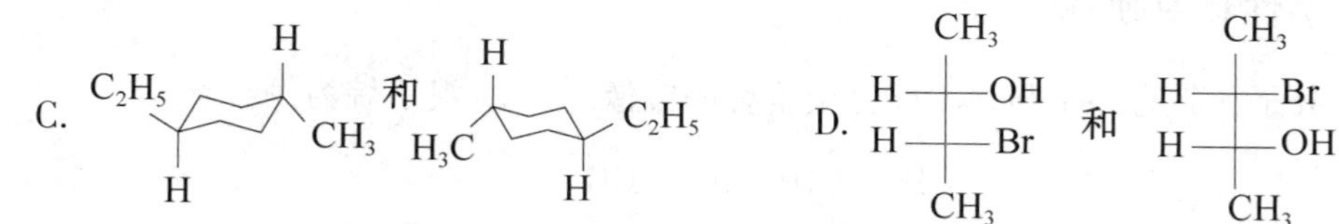

[解答]　D

4. 下列各对化合物是对映体的是(　　　)。(华东理工大学，2007)

A. 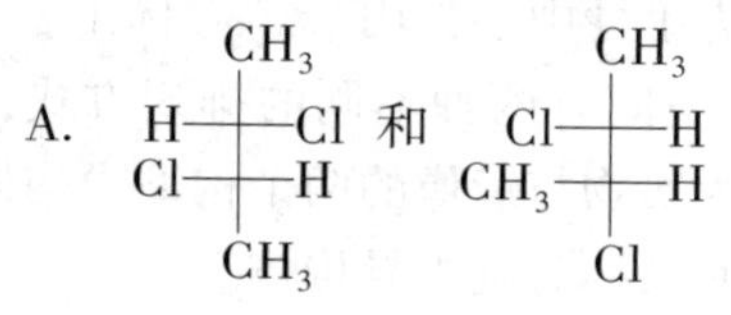

B.

C. Ph / H—┼—OH / H—┼—OH / CH_3 和 Ph / H—┼—OH / CH_3—┼—H / OH　　D. COOH / H—┼—OH / H—┼—OH / COOH 和 COOH / HO—┼—H / HO—┼—H / COOH

[解答] B

5. 外消旋体的熔点比其左旋化合物的熔点(　　)。(华东理工大学，2008)

A. 高　　B. 相等　　C. 低　　D. 都有可能

[解答] D

6. 一个化合物虽然含有手性碳原子，但该化合物自身可以与它的镜像叠合，这个化合物叫(　　)。(华东理工大学，2009)

A. 内消旋体　　B. 外消旋体　　C. 对映异构体　　D. 低共熔化合物

[解答] A

7. 化合物 CH_3 / H—┼—Br / CH_2CH_3 与 H / H_3CH_2C—┼—CH_3 / Br 的关系为(　　)。(武汉大学，2005)

A. 相同化合物　　B. 对映异构体　　C. 非对映异构体　　D. 不同化合物

[答案] B

8. 化合物（环己烷环：1-OH，2-CH_3，4-CH(Cl)CH_3）含有(　　)个手性碳原子。(华东理工大学，2008)

A. 1　　B. 2　　C. 3　　D. 4

[解答] D

9. 下列化合物中没有旋光性的是(　　)。(南京理工大学，2010)

A. 环己基—C(H)(C_2H_5)　　B. （环己烷：1-OH（H），3-Cl）　　C. CH_3 / H—┼—OH / H—┼—Br / CH_3

[解答] BC

10. 烯烃亲电加成是通过(　　)历程来进行的，溴和烯烃的加成通过(　　)中间体，据此顺-2-丁烯与溴加成得(　　)体，反-2-丁烯与溴加成得(　　)体。(南京理工大学，2010)

(A)碳正离子　　(B)自由基　　(C)溴鎓离子

(D)外消旋体　　(E)非对映体　　(F)内消旋体

[解答] ACDF

例5 下列化合物在室温下能否拆分为有旋光活性的物质(用“能”“不能”标出)。(南开大学，2002)

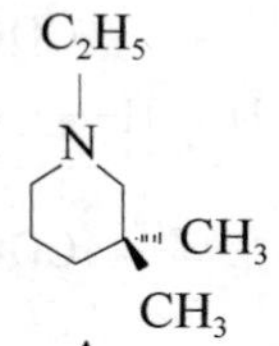

C_2H_5　N　CH_3　CH_3　　H_3C　CH_3　N　N　CH_3　CH_3

A 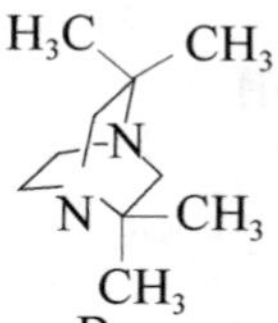　　B

［解答］　A. 不能；B. 能

例 6　判断下列化合物是否具有手性(用“有”“无”标出)。(南开大学，2002)

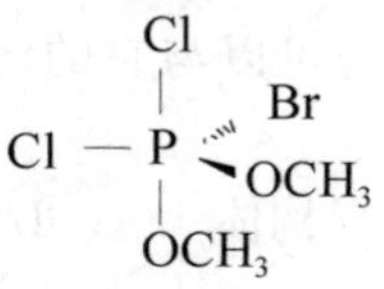

Cl　Br　Cl — P　OCH_3　OCH_3　　CH_3　H_3C　CH_3　H　　CH_3　CH_3

A 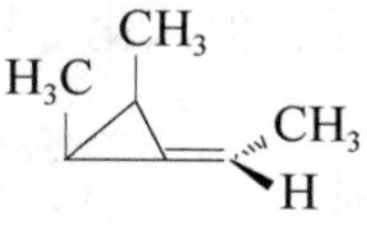　　B 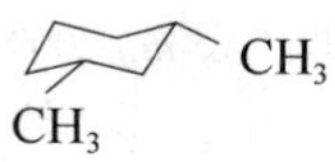　　C

［解答］　A. 有；B. 有；C. 无

例 7　下述化合物为具有杀虫杀菌效果的樟脑衍生物。它具有多少种立体异构体？(南开大学，2001)

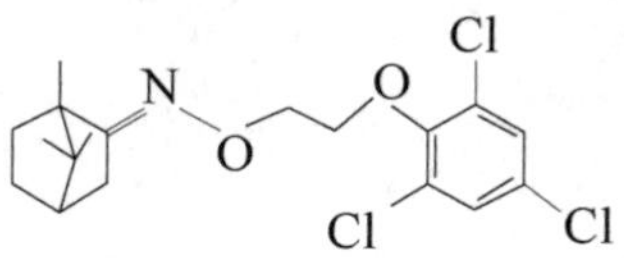

N　O　O　Cl　Cl　Cl

［解答］　4 种立体异构体。

例 8　下列化合物有多少种手性碳？写出它的所有立体异构体。(南开大学，2004)

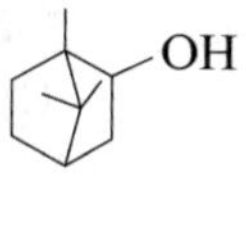

OH

［解答］　有 3 个手性碳。

OH　HO　OH　HO

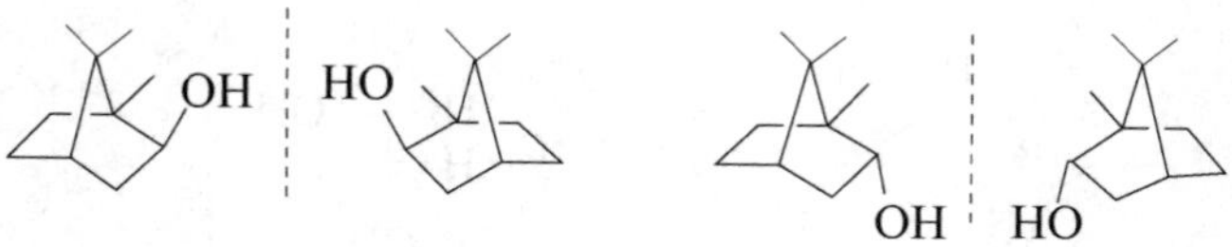

例 9　下列化合物有多少种立体异构？(南开大学，2003)

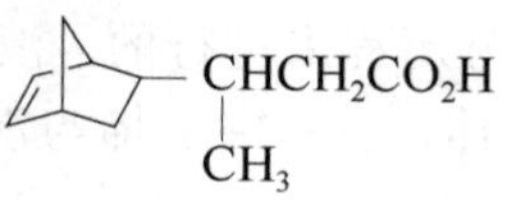

$CHCH_2CO_2H$　CH_3

［解答］　8 种。

例 10　2,5-二甲基环戊醇有多少种立体异构？其中有几种无光学活性？(南开大学，2003)

［解答］　立体异构有 4 种，其中 2 种无光学活性。

例 11　写出(1*R*，2*R*，4*S*)-4-苯基-2-溴环己醇的稳定构象，并写出它用 OH^- 处理后的产物。(南开大学，2003)

［解答］ Ph, OH, Br ; Ph, O 。

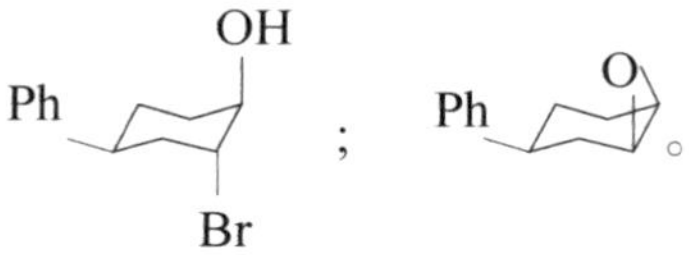

例 12　酮与第二胺作用可生成烯胺，(1)若具有光学活性的第二胺 P(见下)与环己酮反应生成的烯胺是否具有旋光性？写出反应产物的构型式。(2)写出上述产物与溴乙烷作用后，再酸性水解所得到主要产物的构型式。(南开大学，2002)

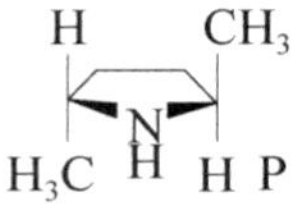

H　CH_3　N　H_3C　H　H　P

［解答］　(1)有 H　CH_3　N　H_3C　H　；(2) O　C_2H_5　H 。

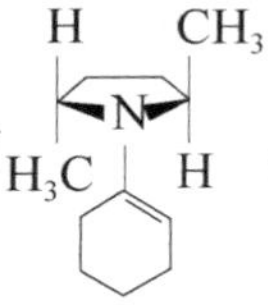

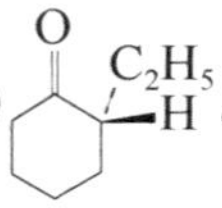

例 13　名词解释：对映异构(武汉大学，2005)

［解答］　分子式结构式相同，构型不同，并互为镜像对映关系的立体异构。

6.3　构型的表示和命名

6.3.1　构型的表示方法

表示对映体空间构型的方法主要有：立体透视式、锯架式、Newman 投影式及 Fischer 投影式。

(1) 立体透视式(或称伞形式、锲形式)

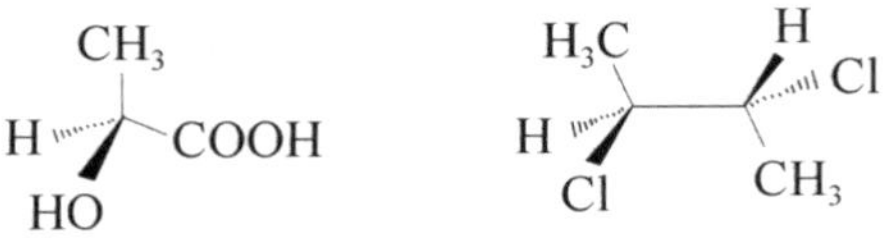

CH_3　H　COOH　HO　　　H_3C　H　Cl　H　Cl　CH_3

实线表示在平面内，粗的锲形线表示伸向平面前方，离观察者比较近，虚线表示伸向平面后方，离观察者比较远。

还有一种立体透视式的表示方式，被称为锯架式，如：

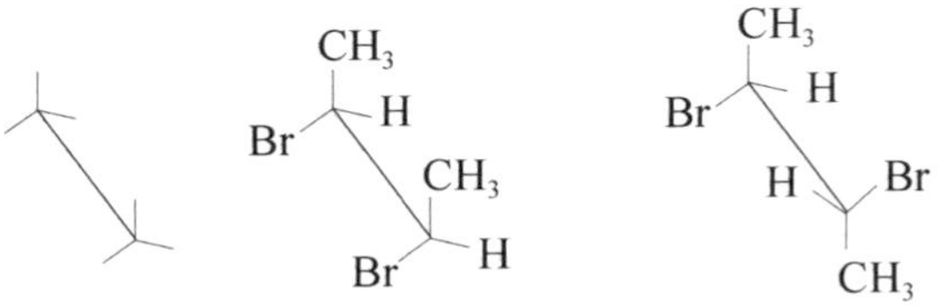

CH_3　Br　H　CH_3　Br　H　　　CH_3　Br　H　H　Br　CH_3

立体透视式的优点是形象生动，一目了然，但书写麻烦。

(2) Newman 投影式(见本书 3.1.3)

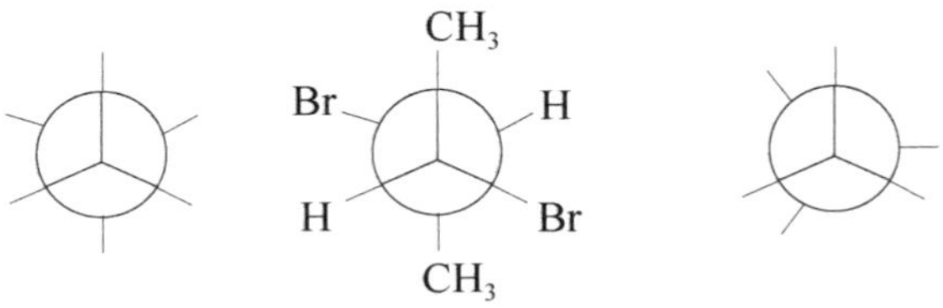

CH_3　Br　H　H　Br　CH_3

(3) Fischer 投影式

Fischer 投影式中位于纸平面上的"+"交叉线表示分子中的四个键，交叉点代表手性碳原子(不写出手性碳原子)。横线上的基团表示指向纸平面的前方，离观察者比较近；竖线上的基团表示指向纸平面的后方，离观察者比较远。一般将含有碳原子的基团写在竖线上，编号最小的碳原子写在竖线的上端。但这只是人为规定，基团的位置可以改变。

Fischer 投影式虽用平面图形表示分子的结构，但却严格地表示了各基团的空间关系，即"横前竖后"。在使用 Fischer 投影式时要注意以下几点：

1) 如果 Fischer 投影式在纸面内旋转 90°或 90°的奇数倍，构型将发生改变，成为它的对映体。

2) 如果 Fischer 投影式在纸面内旋转 180°或 90°的偶数倍，构型保持不变。

3) 如果 Fischer 投影式离开纸面翻转 180°，则构型改变，成为它的对映体。

4) Fischer 投影式中任意两个基团的位置，如果对调偶数次构型不变，对调奇数次则为原构型的对映体。

6.3.2 构型的命名

构型的命名也称为构型的标记，通常采用 *D*/*L* 相对构型法和 *R*/*S* 绝对构型法来命名。

(1) *D*/*L* 相对构型命名法

Fischer 以甘油醛为标准，按 Fischer 投影式书写原则，把连在手性碳上的—OH 写在右边的甘油醛定为 *D* 型(*D* 是拉丁字 Dextro 字首，意为"右")，—OH 写在左边的甘油醛定为 *L* 型(*L* 是拉丁字 Leavo 字首，意为"左")。

```
       CHO                CHO
  H ───┼─── OH      HO ───┼─── H
      CH2OH              CH2OH
```

CHO / H—+—OH / CH_2OH　　　CHO / HO—+—H / CH_2OH

D-甘油醛　　　*L*-甘油醛

其他手性化合物与甘油醛相关联，不涉及手性碳的四条键断裂，如果通过 *D*-甘油醛衍生出来的，或者通过反应能生成 *D*-甘油醛的化合物均为 *D* 构型；反之，与 *L* 型甘油醛相关联的化合物为 *L* 型。例如，下面最终得到的化合物皆为 *D* 型。

但是 *D*/*L* 构型的标记与旋光方向没有必然联系。

1951 年，J. M. Bijvoet 用 X-射线单晶衍射法成功地测定了右旋酒石酸铷钠的绝对构型，并由此推断出(+)-甘油醛的绝对构型，有趣的是实验测得的绝对构型正好与 Fischer 任意指定的相对构型相同。从此与甘油醛相关联的其他化合物的 *D*/*L* 构型也都代表绝对构型了。*D*/*L* 命名在糖和氨基酸等天然化合物中使用较为广泛。

显然，*D*/*L* 标记法有其局限性，因为这种标记法只能准确知道与甘油醛相关联的手性碳的构型，对于含有多个手性碳的化合物，或不能与甘油醛相关联的一些化合物，这种标记法就无能为力了。

(2) *R*/*S* 绝对构型命名法

D/*L* 构型命名法有明显的局限性，因此，1970 年按 IUPAC 命名法建议，提出了 *R*/*S* 绝对构型命名法。

具体命名原则是：将与手性碳相连的四个原子或基团按"次序规则"(见本书第 1 章)由

大到小进行排列：（图 6-1）设 a>b>c>d，将最小的基团 d 放在离观察者最远的位置，其他三个基团按由大到小的顺序（a→b→c），若是顺时针排列，称为 *R*（Rectus 拉丁文“右”字的字首）构型；按逆时针排列，则称为 *S*（Sinister 拉丁文“左”字的字首）构型。

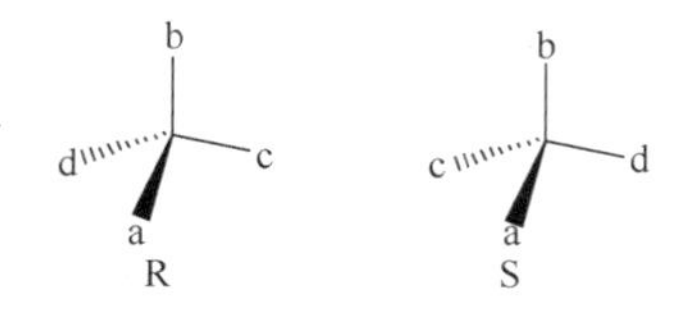

图 6-1　*R/S* 构型命名

特别要注意，在 Fischer 投影式中的 *R/S* 构型命名法有一定的规则，即“横反竖同”（对最小基团所在的位置而言）：当最小基团位于横线时，若其余三个基团由大到小为顺时针方向，则与 *R/S* 构型规定的恰好相反，为 *S* 型；反时针方向则为 *R* 型。当最小基团位于竖线时，则与 *R/S* 构型规定的完全一致，其余三个基团由大到小顺时针方向，为 *R* 型，反时针方向为 *S* 型。

含两个以上 C * 化合物的构型或投影式，也用同样方法对每一个 C * 进行 *R/S* 标记，然后注明各标记的是哪一个手性碳原子。

需要指出的是，*R/S* 标记法仅表示手性碳原子连接的四个基团在空间的相对位置。一对对映体，如果一个异构体的构型为 *R*，另一个则必然是 *S*，但它们的旋光方向（左旋或右旋）与 *R/S* 标记无关，而只能通过旋光仪测定得到。

例 14　填空：某学生将 $CH_3CH(OH)—CH(Br)COOH$ 的构型表示为：

A：COOH，HO，H，Br，H，CH_3
B：H，H_3C，OH，HOOC，Br，H
C：H，HO，CH_3，HOOC，Br，H
D：H，HO，CH_3，Br，COOH，H

几个异构体中，（1）相同的是（　　）；（2）互为对映异构体的是（　　）；（3）互为非对映异构体的是（　　）；（4）题中所给的分子式应该有几种构型异构体？（　　）；（5）该同学漏写的构型式是（　　）。（陕西师范大学，2003）

［解答］　（1）DC；（2）AD；（3）AB 或 BC；（4）4 个；（5）B 的对映体

例 15　选择题

1. 下列化合物中，*S*-构型的是（　　）。（华东理工大学，2009）

A. 上 CH_3，左 NH_2，右 H，下 C_6H_5　　B. 上 H，左 HO，右 CN，下 CH_3　　C. 上 CH_3，左 H，右 I，下 $CH=CH_2$

［解答］　C

2. 下列化合物中，*R*-构型的是（　　）。（广西师范大学，2010）

A. 上 CH_2OCH_3，左 HO，右 H，下 CH_2OH　　B. 上 H，左 CH_3，右 CH_2Cl，下 $CHCl_2$

C. 上 CH_2OH，左 H，右 OH，下 CH_3　　D. 上 H，左 CH_3，右 COOH，下 NH_2

[解答]　C

例 16　命名

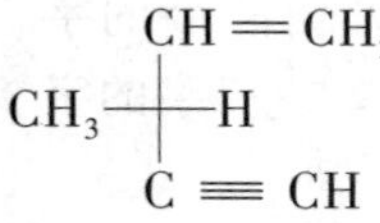

$$
\begin{array}{c}
CH{=}CH_2 \\
CH_3 - \!\!\!+\!\!\! - H \\
C \equiv CH
\end{array}
$$

（陕西师范大学，2003）

[解答]　(R)-3-甲基-1-戊烯-4-炔

例 17　写出下列化合物所有的立体异构体，并对各构型用 *R*，*S* 标记。（南开大学，2004）

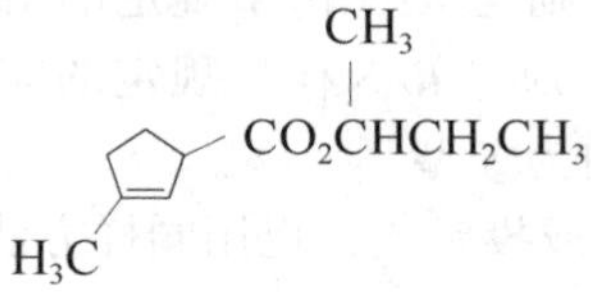

CH_3

$CO_2CHCH_2CH_3$

H_3C

[解答]

H　CH_3　CO_2—C　*S*　C_2H_5　*R*　H_3C

H_3C　H　CO_2—C　*R*　C_2H_5　*R*　H_3C

S　H　CH_3　H_3C　CO_2—C　*S*　C_2H_5

S　H_3C　H　H_3C　CO_2—C　*R*　C_2H_5

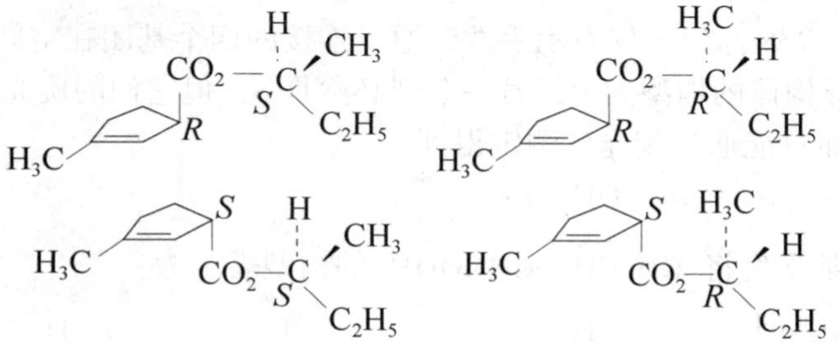

例 18　*D*-景天庚酮为天然糖，它在生物糖的代谢过程中担当重要角色。根据如下实验报告，写出 *D*-景天庚酮糖的 Fischer 投影式和推理过程中间体 M、N、O 的 Fischer 投影式。（南开大学，2003）

(1) *D*-景天庚酮糖 $\xrightarrow{6HIO_4}$ $4HCO_2H + 2CH_2{=}O + CO_2$

(2) *D*-景天庚酮糖 $\xrightarrow{\text{过量}H_2NNHPh}$ 糖脎 $\xleftarrow{\text{过量}H_2NNHPh}$ *D*-庚醛糖(M)

(3) M $\xrightarrow{\text{Ruff降解}}$ N(*D*-已醛糖) $\xrightarrow{HNO_3}$ *D*-已糖酸(有光学活性)

N $\xrightarrow[\text{降解}]{\text{Ruff}}$ (2R，3R，4R)-2,3,4,5-四羟基戊醛（O）

[解答]

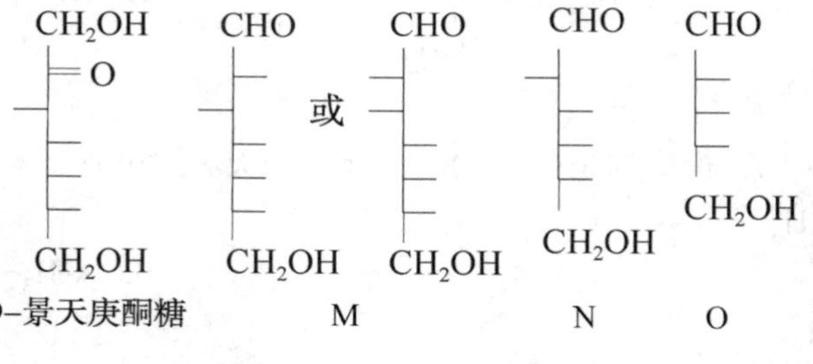

CH_2OH　=O　CH_2OH　　CHO　CH_2OH　或　CHO　CH_2OH　　CHO　CH_2OH　　CHO　CH_2OH

D-景天庚酮糖　　M　　N　　O

例 19　(2*R*，3*S*)-2,3-二苯基-2-溴丁烷用 NBS 处理得到每个分子均含有 2 个溴原子的混合物。

(1) 写出(2*R*，3*S*)-2,3-二苯基-2-溴丁烷和产物混合物的 Fischer 投影式；

（2）该混合物是否具有旋光活性？（南开大学，2000）

［解答］

（1）$\begin{array}{c} \text{Ph} \\ H_3C - \!\!+\!\! - \text{Br} \ \ R \\ H_3C - \!\!+\!\! - \text{H} \ \ S \\ \text{Ph} \end{array}$　混合物：$\begin{array}{c} \text{Ph} \\ H_3C - \!\!+\!\! - \text{Br} \ \ S \\ H_3C - \!\!+\!\! - \text{Br} \ \ R \\ \text{Ph} \end{array} + \begin{array}{c} \text{Ph} \\ H_3C - \!\!+\!\! - \text{Br} \ \ S \\ \text{Br} - \!\!+\!\! - CH_3 \ \ S \\ \text{Ph} \end{array}$

（2）有。

6.4　含一个手性碳原子的对映异构

含有一个手性碳原子的化合物一定是手性分子，必有两种对映异构体，其中一个是左旋体，一个是右旋体。它们的旋光度数值相同，但方向相反。左旋体与右旋体的分子组成相同，它们的熔点、沸点、相对密度、折射率、在一般溶剂中的溶解度，以及光谱图等物理性质都相同。并且在与非手性试剂作用时，它们的化学性质也一样。但是在手性环境，如偏振光、手性溶剂、手性试剂中，一对对映体表现出不同的性质。

等量的左旋体与右旋体的混合物构成外消旋体。一般用(±)或 dl 来表示。外消旋体不具有旋光性，因为它是由旋光方向相反、旋光能力相同的一对对映体等量混合而成的，其旋光性因这些分子间的作用而相互抵消。而且物理性质与左旋体或右旋体也不同。对映体除对偏振光的作用不同外，其生理活性也不相同。

例 20　外消旋体的熔点比其左旋体化合物的熔点(　　)。（暨南大学，2015）

A. 高　　B. 相等　　C. 低　　D. 无法判断

［解答］　选 D。等量的左旋体和右旋体混合在一起，(+)的旋光性和(-)的旋光性恰好互相抵消，结果得到的是一个没有旋光性的物质，这称为外消旋体。等量的右旋和左旋乳酸混合，就得到消旋乳酸，用(±)-乳酸、(*RS*)-乳酸或 *DL*-乳酸表示。左旋乳酸与右旋乳酸为一对对映体，消旋乳酸为外消旋体。在气相或稀溶液中，左旋体、右旋体与外消旋体性质相同，但旋光不同，后者为零。在浓溶液和固态中，由于对映体分子间的相互作用，外消旋体的性质与左旋体或右旋体可能有所不同。外消旋体如为左旋体与右旋体的结晶混合物，称之为外消旋体混合物，其熔点比纯左旋体、纯右旋体低，而且其中含的左旋体和右旋体结晶外形不同，可用机械法分开。如果外消旋体是左旋体与右旋体在晶格中交替排列的，称为外消旋体化合物，其性质比左旋体、右旋体更稳定，其熔点往往比纯净的左旋体、右旋体更高［也有少数外消旋化合物熔点较低的例子，如(±)-氯代丁二酸］。有少数外消旋体其熔点与其左旋体、右旋体相同。

例 21　(*R*)-2-甲基-3-丁酮酸乙酯用 $NaBH_4$ 进行还原，产物经柱色谱分离得到 2 种产物。(1)写出此二产物的 Fischer 投影式；(2)判断哪种产物为主要产物；(3)此二异构体互为什么异构体关系？（南开大学，2009）

［解答］　产物的 Fischer 投影式如下，遵循 Cram 规则，二者为非对映体。

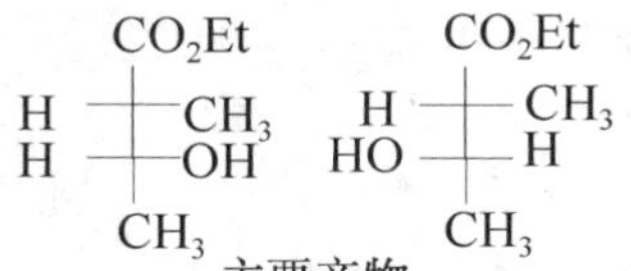

主要产物

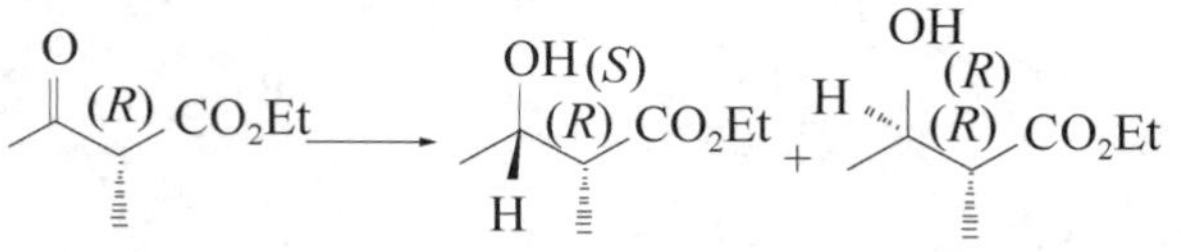

主要产物

例 22 中性化合物 A（$C_5H_8O_2$）具有旋光性，它可与苯肼作用。A 用乙酰氯处理生成 B（$C_7H_{10}O_3$），A 经催化氢化得分子式均为 $C_5H_{10}O_2$ 的两个异构体 C 和 D。C 无旋光性，当用 CrO_3 小心氧化 D 时得 E（$C_5H_8O_2$）。E 为外消旋体，可拆分出 A，D 有旋光性，用 CrO_3 小心氧化 D 得 F（$C_5H_8O_2$）。F 有旋光性，其构型与 A 相同。C 和 D 都不与 HIO_4 反应。将 A 剧烈氧化得 G（$C_4H_6O_4$），G 的中和当量为 59。写出 A～G 的结构。（南开大学，2004）

［解答］

A 或对映体；B 或对映体；C ；

D 或对映体；E + ；

F 或对映体；G

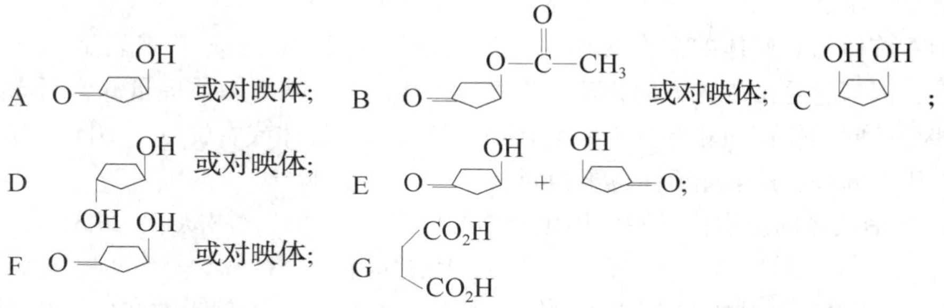

例 23 旋光化合物 A（$C_5H_6O_3$）与乙醇作用生成互为构造异构的 B 和 C。B 和 C 分子式均为 $C_7H_{12}O_4$，B 和 C 均与 $NaHCO_3$ 作用。当用 $SOCl_2$ 分别处理 B 和 C 后，再与乙醇反应得同一化合物 D（$C_9H_{16}O_4$），D 也具有旋光性。写出 A、B、C、D 的构型式。（南开大学，2004）

［解答］

A 或对映体；B 或C 或对映体；

C或B 或对映体；D 或对映体

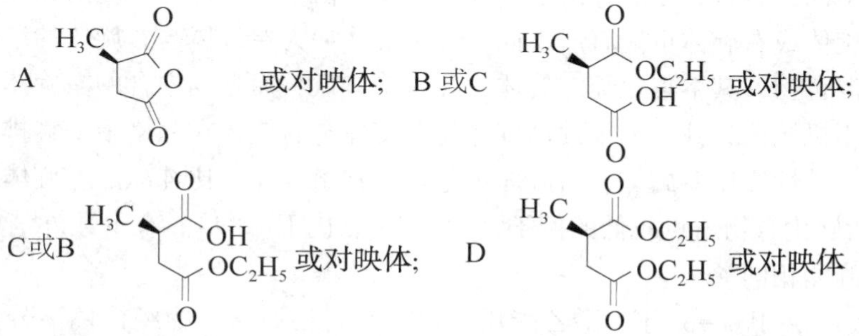

例 24 手性化合物 A（$C_5H_8O_3$）与次碘酸钠作用后酸化得到 B（$C_4H_6O_4$），无手性。B 在酸性水溶液中加热很易得到 C（$C_3H_6O_2$），也无手性。A 在酸性水溶液中加热可得到 D（C_4H_8O）也无手性。试写出 A 到 D 的结构式。（福建师范大学，2008）

［解答］ A 是一个取代的丁酮酸，所以有手性；碘仿反应后变为甲基丙二酸，所以不再有手性；A 到 D 的反应属于 β-酮酸的脱羧：

O　O　OH　　HO　O　O　OH　　O　OH　　O

A　　B　　C　　D

例 25　画出 S-2-甲基-1-氯丁烷的结构式，其在光激发下与氯气反应，生成的产物中含有 2-甲基-1,2-二氯丁烷和 2-甲基-1,4-二氯丁烷，写出反应方程式，说明这两个产物有无光学活性，为什么？（华东理工大学，2003）

［解答］　在光激发下，烷烃与氯气的反应为自由基取代反应，中间体为碳自由基。

CH_3 / H—┼—CH_2Cl / C_2H_5 $\xrightarrow[-HCl]{Cl\cdot}$

→ H—┼(CH_3)($CH_2CH_2\cdot$)—CH_2Cl $\xrightarrow[-Cl\cdot]{Cl_2}$ H—┼(CH_3)(CH_2CH_2Cl)—CH_2Cl　有光学活性

→ CH_3—$\dot{C}$(C_2H_5)—CH_2Cl $\xrightarrow[-Cl\cdot]{Cl_2}$ Cl—┼(CH_3)(C_2H_5)—CH_2Cl + $ClCH_2$—┼(CH_3)(C_2H_5)—Cl

外消旋体

自由基中间体的平面结构，导致产物可以有两种构型，各占 50%。

6.5　含两个手性碳原子的对映异构

6.5.1　含两个相同手性碳原子的对映异构

如果分子中的两个手性碳原子均连有同样的四个不同的原子或原子团，这两个手性碳原子就是两个相同手性碳原子，如酒石酸分子。

$$HOOC-\overset{*}{C}H(OH)-\overset{*}{C}H(OH)-COOH$$

按照每一个手性碳原子有两种不同的构型，则可以写出以下四种 Fischer 投影式：

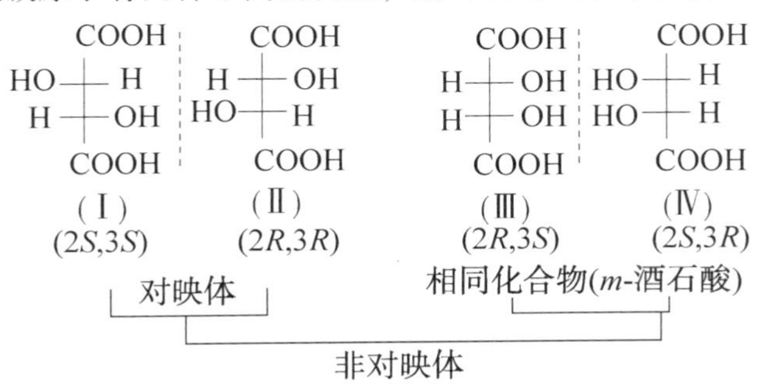

构型(Ⅰ)和(Ⅱ)中，没有对称中心和对称面，属于镜像关系，是一对对映体，等量的右旋体和左旋体混合可组成外消旋体；构型(Ⅲ)和(Ⅳ)中，C_2和C_3之间有一个对称面，其上下两部分互为实物与镜像关系，是一个对称分子。如果将构型(Ⅲ)在平面内旋转 180°后，与构型(Ⅳ)完全重合，所以构型(Ⅲ)和(Ⅳ)是同一化合物，分子中两个手性碳原子的旋光

度一样，但方向却相反，正好互相抵消而使分子失去旋光性。这类化合物称为“内消旋体”(mesomeride)，常用“*m*”表示，所以又称 *m*-酒石酸。因此酒石酸的立体异构体实际上只有三种，即左旋体、右旋体和内消旋体。

化合物(Ⅰ)或(Ⅱ)与其内消旋体(*m*-酒石酸)不是实物和镜像的关系，这种不互为实物和镜像关系的异构体叫作非对映体。非对映体之间的物理性质不相同，旋光度也不同，旋光方向可能相同，也可能不同，而化学性质却相似。

6.5.2 含两个不同手性碳原子的对映异构

分子中含有两个不同手性碳原子的化合物，应该有四个旋光异构体。如氯代苹果酸(2-羟基-3-氯丁二酸)：

(Ⅰ)	(Ⅱ)	(Ⅲ)	(Ⅳ)
COOH	COOH	COOH	COOH
HO—H	H—OH	H—OH	OH—H
H—Cl	Cl—H	H—Cl	Cl—H
COOH	COOH	COOH	COOH
(2*R*,3*S*)	(2*S*,3*R*)	(2*S*,3*S*)	(2*R*,3*R*)

(Ⅰ)与(Ⅱ)：对映体；(Ⅲ)与(Ⅳ)：对映体；两对之间：非对映体

化合物(Ⅰ)和(Ⅱ)是一对对映体，化合物(Ⅲ)和(Ⅳ)也是一对对映体，等量对映体的混合物组成外消旋体，因此氯代苹果酸组成两对外消旋体。

含有两个不同手性碳原子的化合物有四个构型异构体，它们组成两对对映体，四对非对映体。当分子中含有 n 个不同的手性碳原子时，其构型异构体的数目为 2^n 个，有 2^{n-1} 对对映体和 2^{n-1} 个外消旋体(n 为不同手性碳的数目)。

例 26 有两个 *D*-己醛糖分别用 $NaBH_4$ 还原，A 生成无旋光性的糖醇，而 B 生成有旋光活性的糖醇。A 经 Ruff 降解得 *D*-戊醛糖，该 *D*-戊醛糖经 HNO_3 氧化生成有旋光活性的糖二酸。又知 A 和 B 分别与苯肼反应生成相同的脎。写出 A、B 的开链结构(Fischer 投影式)。(南开大学，2001)

[解答]

A：CHO（顶端），CH$_2$OH（底端）；B：CHO（顶端），CH$_2$OH（底端）

例 27 五个瓶中分别装有下列化合物(1)、(2)、(3)、(4)、(5)中的一种。经检测瓶 A、D 和 E 中化合物有旋光性。而 B、C 瓶中化合物无旋光性。当用 HIO_4 氧化时，A 和 C 瓶中化合物只生成一种产物，D 中化合物生成两种产物，B 和 E 中化合物不与 HIO_4 反应。写出 A、B、C、D、E 瓶中所装化合物的编号。(南开大学，2001)

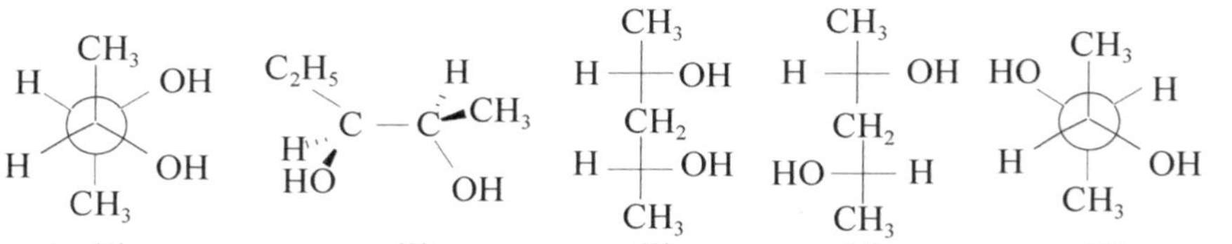

(1) (2) (3) (4) (5)

［解答］ A→(1)，B→(3)，C→(5)，D→(2)，E→(4)。

例 28 二元酸 A 和 B 分子式均为 $C_4H_4O_4$。A 加热时易失水生成 C，分子式为 $C_4H_2O_3$，而 B 仅升华，若将 B 置于封管中加热，也能转化为 C。用冷而稀 $KMnO_4$ 与 A 和 B 反应，则分别得到 D 和 E，分子式均为 $C_4H_8O_6$，试推断 A、B、C、D、E 的结构并写出有关反应式。(兰州大学，2003)

［解答］

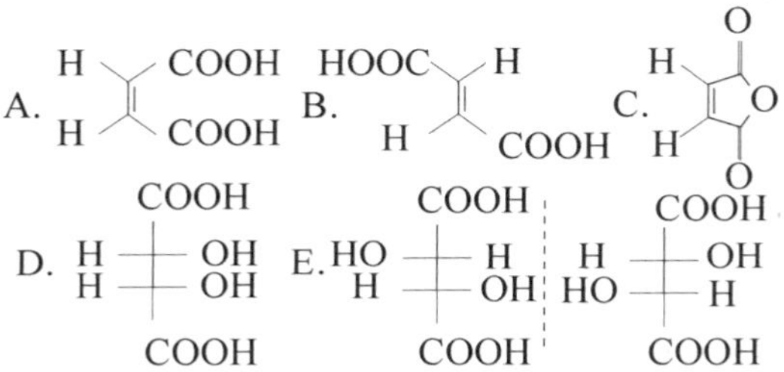

A. B. C.

D. E.

例 29 某化合物 A($C_6H_{11}Br$)在 KOH 作用下生成 B(C_6H_{10})，B 经臭氧化分解只得到一个直链的二醛 F；B 与溴反应生成一对旋光异构体 C 和 C′，分子式为 $C_6H_{10}Br_2$；B 与过酸反应生成 D($C_6H_{10}O$)，D 酸性水解得到一对旋光异构体 E 和 E′。推测各化合物的结构。(福建师范大学，2008)

［解答］ A 的不饱和度 = 1；B 的臭氧化产物表明它是环己烯；环己烯反式加成得到的是一对对映体；环氧烷的酸催化水合也是反式过程，所以得到一对异构体：

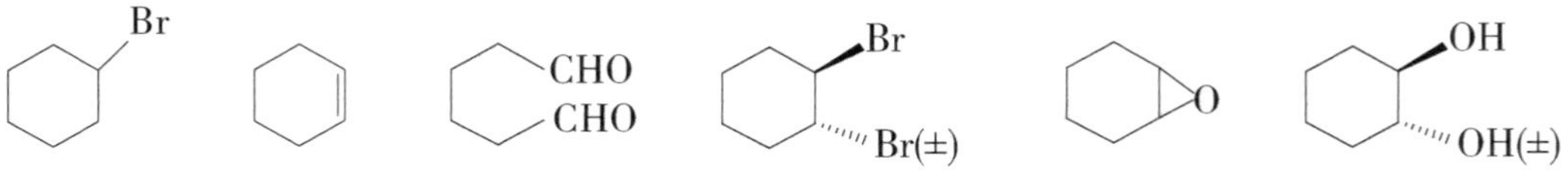

A B F C 和 C′ D E 和 E′

例 30 一个光学活性物质 A，分子式为 C_8H_{12}；A 用钯催化氢化，生成化合物 B(C_8H_{18})，B 无光学活性；A 用 Lindlar 催化剂($Pd/BaSO_4$)小心氢化，生成化合物 C(C_8H_{14})，C 也为光学活性物质。A 在液氨中与钠反应生成光学活性体 D(C_8H_{14})。请推测 A、B、C、D 的结构，并写出推测的过程。(华东理工大学，2009)

［解答］ 化合物 A 中含有碳碳三键和碳碳双键，三键不能位于端基，A 是光学活性体，其中应含有手性碳原子；—C≡C—，—C=C—，C*。A 还原到 B，光学活性消失，说明 A 中手性碳原子与不饱和键相连。所以 A 的结构应为：$CH_3—C≡C—CH(CH=CH_2)—CH_2CH_3$

$$CH_3-C\equiv C-\underset{H}{\overset{CH=CH_2}{C}}-CH_2CH_3 \xrightarrow{Pd,\ H_2} B;\quad \xrightarrow{Pd/BaSO_4,\ H_2} C;\quad \xrightarrow{Na/NH_3(l)} D$$

例 31 用适当的立体式表示下列化合物的结构，并指出其中哪些是内消旋体。（华东师范大学，2017）

（1）（*R*）-2-戊醇

（2）（2*R*，3*R*，4*S*）-4-氯-2，3-二溴己烷

（3）（*S*）—CH_2OH—CHOH—CH_2NH_2

（4）（2*S*，3*R*）-1，2，3，4-四羟基丁烷

（5）（*S*）-α-溴代乙苯

（6）（*R*）-甲基仲丁基醚

［解答］

(1) CH_3；HO—H；C_3H_7

(2) CH_3；Br—H；H—Br；Cl—H；C_2H_5

(3) CH_2OH；HO—H；CH_2NH_2

(4) CH_2OH；HO—H；HO—H；CH_2OH

(5) CH_3；H—Br；C_2H_5

(6) CH_3；H_3CO—H；C_2H_5

其中（4）分子内含有一个对称面，所以是内消旋体。

例 32 下列化合物各存在几种立体异构体？并分析它们之间的关系。（华东师范大学，2017）

（1）2,3-二苯基丁二酸

（2）$CH_3-\overset{Br}{CH}-\overset{Br}{CH}-\overset{Br}{CH}-CH_3$

［解答］

（1）

A：COOH；H—Ph；Ph—H；COOH

B：COOH；Ph—H；H—Ph；COOH

C：COOH；H—Ph；H—Ph；COOH

A 与 B 互为对映异构体，C 为内消旋体，A 或 B 与 C 为非对映体。

（2）

A：CH_3；H—Br；H—Br；H—Br；CH_3

B：CH_3；H—Br；H—Br；Br—H；CH_3

C：CH_3；Br—H；Br—H；H—Br；CH_3

D：CH_3；H—Br；Br—H；H—Br；CH_3

B 与 C 互为对映异构体，A、D 为内消旋体，A 与 B 或 C 为非对映体，D 与 B 或 C 为非对映体。

6.6　不含手性碳原子的对映异构

在有机化合物中，大部分旋光性物质含有手性碳原子，但是也有一些化合物分子并不含手性碳原子，而且分子中也没有对称面或对称中心，这些化合物的确存在对映异构体而且具有旋光性。

6.6.1　丙二烯型化合物

在丙二烯分子中，中间的双键碳原子是 sp 杂化，而两端的双键碳原子则为 sp^2 杂化，如图 6-2 所示。中间的双键碳原子分别以两个相互垂直的 p 轨道，与两端的双键碳原子的 p 轨道重叠形成两个相互垂直的 π 键。而两端碳原子上基团所在的平面，又垂直于各自相邻的 π 键，分别处在相互垂直的两个平面上。

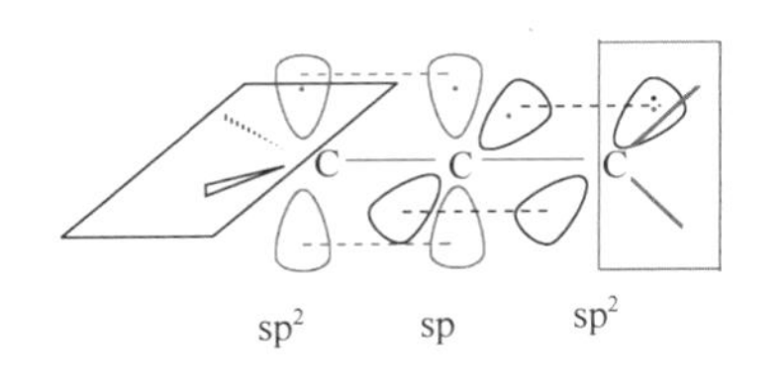

两个双键相互垂直，
构成了手性轴

图 6-2　丙二烯的结构

当两端的双键碳原子上各连有不同的原子或基团时，则分子中既无对称面也无对称中心，因而分子具有手性，也具有旋光性。例如，如 2,3-戊二烯(见图 6-3)。

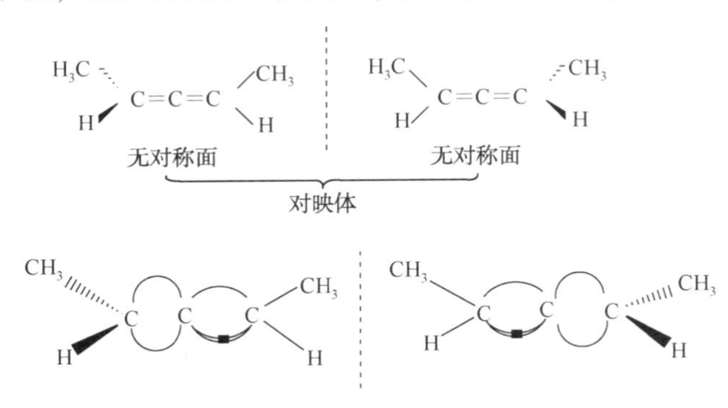

图 6-3　2,3-戊二烯的对映异构体

但是当丙二烯两端的任何一个碳上连有两个相同的基团时，整个分子就不具有手性。螺环烃和脂环烯类化合物也有类似的情形，如以下两种化合物(见图 6-4 和图 6-5)。

图 6-4　螺环烃类化合物的对映异构体

图 6-5　脂环烯类化合物的对映异构体

6.6.2　联苯型化合物

在联苯型分子中，两个苯环通过碳碳单键相连，可以围绕着中间的单键自由旋转。但是，当两个苯环的邻位上都连有体积较大的基团时，两个苯环之间单键的自由旋转受到阻碍，使两个苯环不能在同一平面上，如图 6-6 所示。

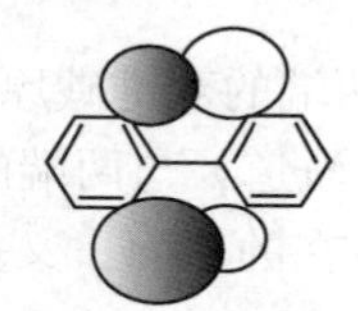

两个苯环不能在同一平面

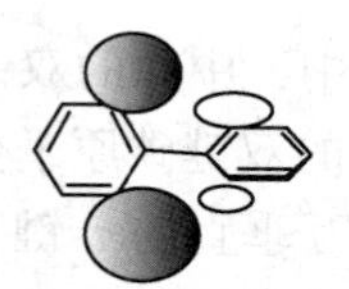

两个苯环成一定角度

图 6-6　联苯的结构

所以当每一个苯环的邻位上各连有不同的基团且体积较大时，则分子中既无对称面又无对称中心，分子具有手性，存在对映异构体，因而也具有旋光性。例如，2,2′-二羧基-6,6′-二硝基联苯分子就有一对对映体。

镜面

手性轴

6，6′-二硝基-2，2′-联苯二甲酸的一对对映体

这类旋光异构体是由于基团的位阻太大，使旋转受阻而形成的，因此也称为位阻异构体。这种现象称为旋转异构现象。

如果两个基团相同，分子存在对称面；或者基团体积较小，如氟或氢原子时，不足以构成位阻来限制单键的自由旋转，这两种情况都没有对映体存在。如 2,2′-二氟联苯和 2,6-二甲基-2′-氟联苯分子就没有对映体。

2,2′-二氟联苯

2,6-二甲基-2′-氟联苯

例 33 选择题

1. 下列化合物中，没有旋光性的是(   )。(中南大学，2014)

A.  H OH

B. 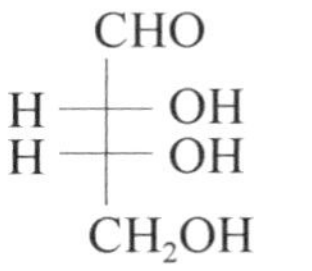 CHO / H—OH / H—OH / CH_2OH

C. 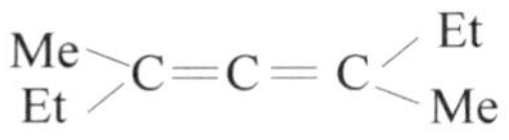 Me Et C=C=C Et Me

D. 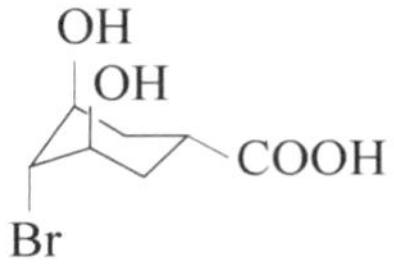 OH OH COOH Br

[解答] D

2. 指出下列哪一个化合物(不)具有旋光性？(   )。(中国科学院，2005)

A. 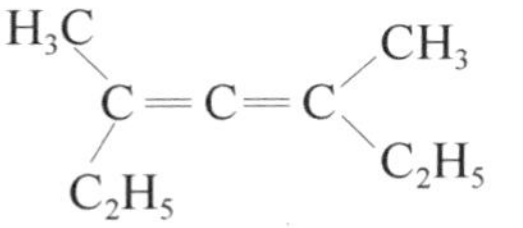 H_3C C_2H_5 C=C=C CH_3 C_2H_5

B. Me_2CH C_2H_5 C=C=C OCH_3 OCH_3

C. H_3C H_3CO C=C=C CH_3 OCH_3

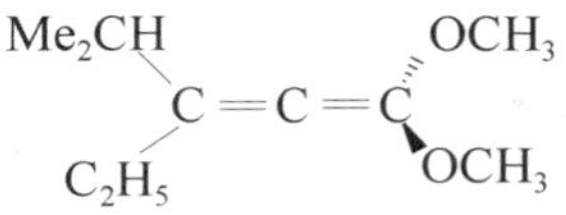

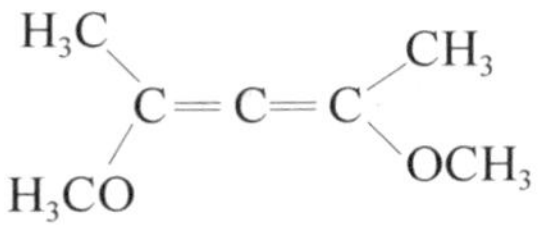

D.  H_3COC Br $COCH_3$ Br

[答案]B

3. 下列分子中无手性的是(   )。(陕西师范大学，2003)

A. 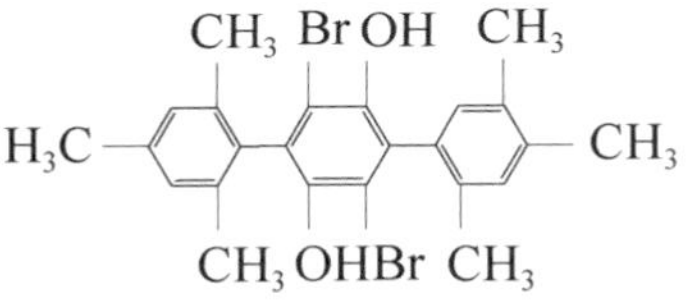 CH_3 Br OH CH_3 H_3C CH_3 CH_3 OHBr CH_3

B. 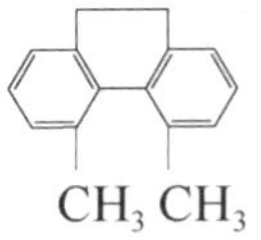 CH_3 CH_3

C. 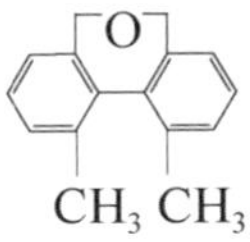 O CH_3 CH_3

D. 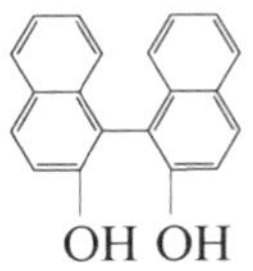 OH OH

[解答] A

4. 下列各对 Fischer 投影式中，构型相同的是(   )。(陕西师范大学，2004)

A. 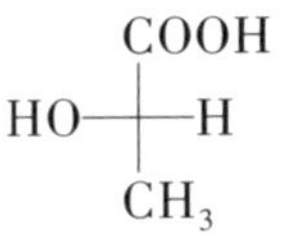 COOH / HO—H / CH_3 和 OH / H—COOH / CH_3

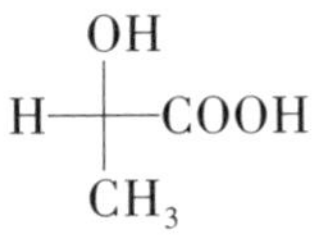

B. 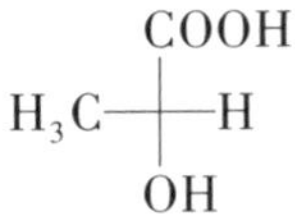 COOH / H_3C—H / OH 和 OH / H—COOH / CH_3

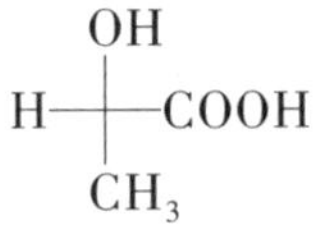

[解答] A

5. 下列四种单糖或其衍生物中，可发生变旋现象的是(   )。(陕西师范大学，2004)

A. 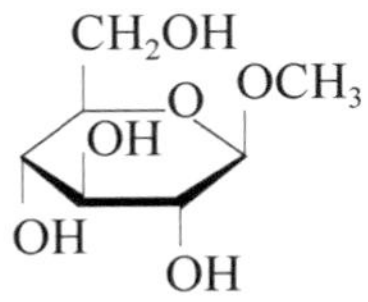 CH_2OH O OCH_3 OH OH OH

B. 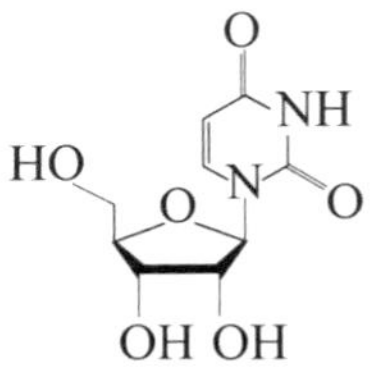 HO O N NH O O OH OH

C. 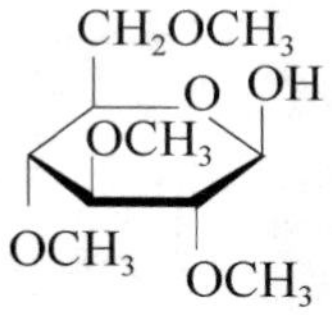 CH_2OCH_3, O, OH, OCH_3, OCH_3, OCH_3

D. 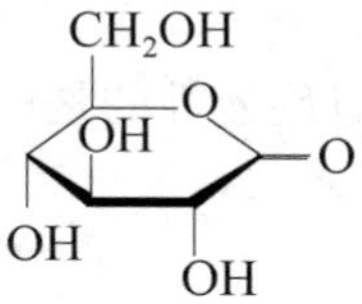 CH_2OH, O, OH, =O, OH, OH

[解答]　C

6. 下面化合物哪个没有手性？(　　)。(广西师范大学，2010)

A. 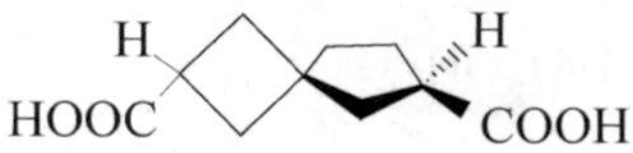 H, HOOC, H, COOH

B. 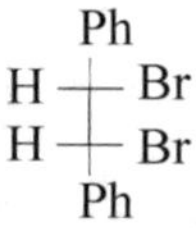 Ph, H—Br, H—Br, Ph

C. 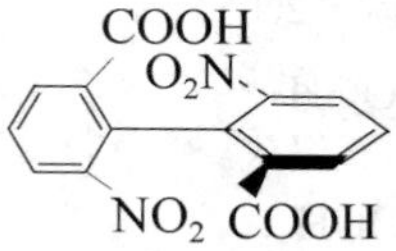 COOH, O_2N, NO_2, COOH

D. 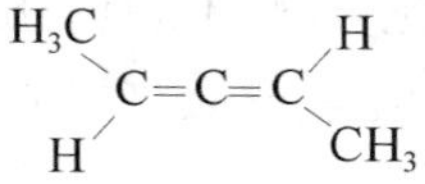 H_3C, H, C=C=C, H, CH_3

[解答]　B。

例 34　右旋酒石酸经常用来拆分手性胺。请设计一个详细的试验方案，以萘为主要原料，合成并拆分β-萘乙胺。(复旦大学，2001)

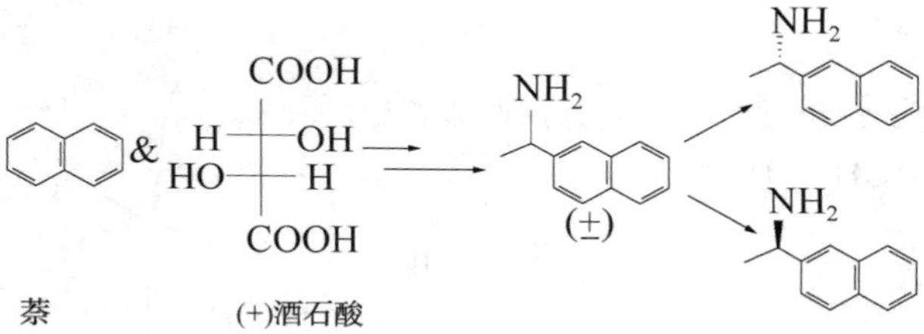

萘 & (+)酒石酸 (COOH, H—OH, HO—H, COOH) → NH_2 (±) → NH_2 / NH_2

[解答]

萘 $\xrightarrow[\text{AlCl}_3/\text{硝基苯}]{CH_3COCl}$ (O) $\xrightarrow[H_2/Ni\ \triangle]{NH_3}$ NH_2 (±)

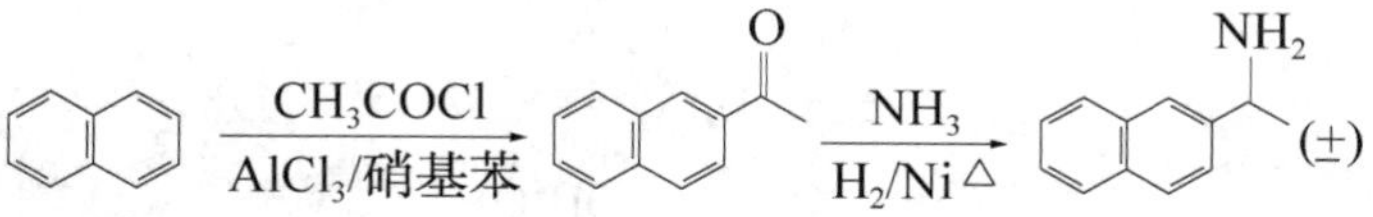

$\xrightarrow[CH_3OH]{\text{(+)酒石酸}}$ $\xrightarrow{\text{重结晶}}$ { (+) 酒石酸 . (+)β -萘乙胺 ; (+) 酒石酸 . (-)β -萘乙胺 } $\xrightarrow{\text{稀HCl}}$ $\xrightarrow{\text{稀碱中和}}$

$\xrightarrow{\text{溶剂萃取}}$ $\xrightarrow{\text{蒸馏溶剂}}$ (+)β -萘乙胺 ; (-)β -萘乙胺

第 7 章　红外光谱和核磁共振谱

7.1　红外光谱(IR)

介于可见与微波之间的电磁波称为红外光。红外光谱(infrared spectroscopy)简写为 IR，是一种吸收光谱。应用红外光谱法可以根据光谱中吸收峰的位置和形状来推断未知物结构；依照特征吸收峰的强度来测定混合物中各组分的含量。红外光谱法具有快速、高灵敏度、试样用量少、能分析各种状态的试样等特点。

7.1.1　红外光谱与分子振动

在波数为 4000~400cm^{-1}(波长为 2.5~25μm)的红外光照射分子时，如果分子中某个基团的振动频率和它一样，二者就会产生共振，此时光的能量通过分子偶极距的变化而传递给分子，这个基团就吸收一定频率的红外光而产生振动跃迁。将分子吸收红外光的情况用仪器记录下来，就得到该试样的红外吸收光谱图。红外光谱通常以波数或波长为横坐标来表示吸收峰的位置；以透过率 T(用百分数表示)为纵坐标表示吸收强度。红外光谱的吸收强度常定性地用 s(强)、m(中等)、w(弱)、vw(极弱)来表示。

每一化合物都具有特定的红外吸收光谱，其谱带的数目、位置、形状和强度均随化合物及其聚集态的不同而不同。因此根据化合物的光谱，就可以确定该化合物或其官能团是否存在。

(1) 振动方程式

分子中的原子以平衡点为中心，以非常小的振幅作周期性的振动，即所谓简谐振动。双原子分子可用一个弹簧两端连着两个小球来模拟，根据 Hooke 定律可导出公式：

$$\nu=\frac{1}{2\pi}\sqrt{k\left(\frac{1}{m_1}+\frac{1}{m_2}\right)} \tag{7-1}$$

式中　m_1、m_2——成键原子的质量，g；

k——化学键的力常数，N/cm。

从式(7-1)可以看出以下两点：

第一，原子质量大的将有低的振动频率。例如，—C—H 的伸缩振动频率出现在 3300~2700cm^{-1}，—C—O 的伸缩振动频率出现在 1300~1000cm^{-1}。弯曲振动也有类似的关系，例如，H—C—H 和 C—C—C 各自键角的变化频率分别出现在 1450cm^{-1}和 400~300cm^{-1}附近。

第二，原子间的化学键越强，振动频率越高。—C—C—、—C═C—和—C≡C—伸缩振动的吸收频率分别在 1200~700cm^{-1}、1680~1620cm^{-1}和 2200~2100cm^{-1}，这是由于重键比单键强，或者说重键的力常数 k 比单键的大。另外，由于伸缩振动力常数比弯曲振动的力常数大，所以伸缩振动的吸收出现在较高的频率区；而弯曲振动的吸收则在较低的频率区。

根据式(7-1)可以计算其基频峰的位置，而且某些计算与实测值很接近，如甲烷的 C—H 基频计算值为 $2920cm^{-1}$，而实测值为 $2915cm^{-1}$，但这种计算只适用于双原子分子或多原子分子中影响因素小的谐振子。实际上，在一个分子中，基团与基团的化学键之间都相互有影响，因此基本振动频率除决定于化学键两端的原子质量、化学键的力常数外，还与内部因素(结构因素)及外部因素(化学环境)有关。只有能引起分子偶极矩变化的振动，才能观察到红外吸收光谱。非极性分子在振动过程中无偶极矩变化，故观察不到红外光谱。同单质的双原子分子(如 O_2)只有伸缩振动，这类分子的伸缩振动过程不发生偶极矩变化没有红外吸收。对称性分子的对称伸缩振动(如 CO_2)也没有偶极矩变化，不产生红外吸收。

(2) 分子振动模式

有机化合物分子大都是多原子分子，振动形式比双原子分子要复杂得多，在红外光谱中分子的基本振动形式可分为两大类，一类是伸缩振动 (ν)，另一类为弯曲振动(δ)。伸缩振动是指沿键轴方向发生周期性的变化的振动；弯曲振动是指使键角发生周期性变化的振动。下面以亚甲基为例来说明各种振动形式(见图 7-1)。

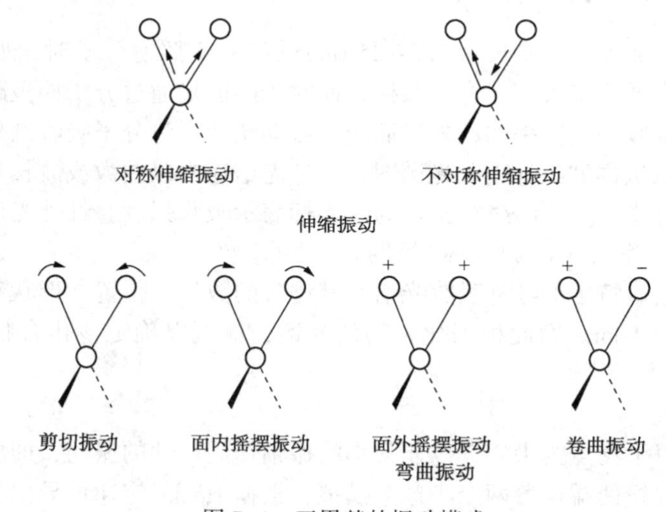

图 7-1　亚甲基的振动模式

7.1.2　各种基团的特征频率

化合物的红外光谱是分子结构的客观反映，谱图中每个吸收峰都相对应于分子和分子中各种原子、键和官能团的振动形式。这种能代表某种基团存在并具有较高强度的吸收峰，称为该基团的特征吸收峰，简称特征峰。常见有机化合物的特征吸收频率如表 7-1 所示。

表 7 -1　常见有机化合物的特征吸收频率

化合物类型	基团	键的振动类型	频率范围/cm^{-1}
烷烃	C—H	伸缩振动	2950~2850
		弯曲振动	1470~1430，1380~1360(甲基)1485~1445(亚甲基)

续表

化合物类型	基团	键的振动类型	频率范围/cm^{-1}
烯烃	=C—H	伸缩振动	3080~3020
		弯曲振动	995~985，915~905(单取代烯烃) 980~960(反式二取代烯烃) 690(顺式二取代烯烃) 910~890(同碳二取代烯烃) 840~790(三取代烯烃)
	C=C	伸缩振动	1680~1620
炔烃	≡C—H	伸缩振动	3320~3310
	C≡C	伸缩振动	2200~2100
芳烃	=C—H	伸缩振动	3100~3000
		弯曲振动	770~730，710~680(五个相邻氢) 770~730(四个相邻氢) 810~760(三个相邻氢) 840~800(二个相邻氢) 900~860(隔离氢)
	C=C	伸缩振动	1600，1580，1500，1450
醇、醚、羧酸、酯	C—O	伸缩振动	1300~1080
醛、酮、羧酸、酯	C=O	伸缩振动	1760~1690
醇、酚	O—H	伸缩振动	3600~3200
羧酸	O—H	伸缩振动	3600~2500
胺、酰胺	N—H	伸缩振动	3500~3300
		弯曲振动	1650~1590
	C—N	伸缩振动	1360~1180
腈	C≡N	伸缩振动	2280~2240
硝基化合物	—NO_2	伸缩振动	1550~1535
		弯曲振动	1370~1345

按照红外光谱与分子结构的特征，红外光谱可大致分为两个区域，特征频率区和指纹区。红外光谱波数在 4000~1300cm^{-1}，称为特征振动频率区，这一区间的吸收峰比较稀疏，容易辨认。特征振动频率区出现的吸收峰，一般用于鉴定官能团。在特征区内没有出现某些化学键和官能团的特征峰则否定该基团的存在。红外吸收光谱上 1300~400cm^{-1}的低频区称之为指纹区，该区域出现的谱带主要是单键的伸缩振动和各种弯曲振动所引起的；同时，也有一些相邻键之间的振动偶合而成并与整个分子的骨架结构有关的吸收峰，所以这一区域的吸收峰比较密集，对于分子来说就犹如人的“指纹”。不同的化合物在该区域具有不同的红外线吸收光谱，各个化合物结构上的微小差异在指纹区都会得到反映。

一个基团常有几种振动形式，每种红外活性振动通常都相应产生一个吸收峰。习惯上把这些相互依存而又相互可以佐证的吸收峰叫相关峰。例如 $CH_3—(CH_2)_3—CH=CH_2$的红外光谱图中，由于有$—CH=CH_2$基的存在，可观察到 3080cm^{-1}附近的不饱和=C—H 伸缩振动、1642cm^{-1}处的 C=C 伸缩振动和 990cm^{-1}及 910cm^{-1}处的=C—H 及=CH_2面外摇摆振动四个峰，这一组峰是因—CH ═CH_2基存在而存在的相关峰。

7.1.3　谱图解析示例

某未知物分子式为C_7H_8，试根据其红外光谱(图7-2)推测其结构。

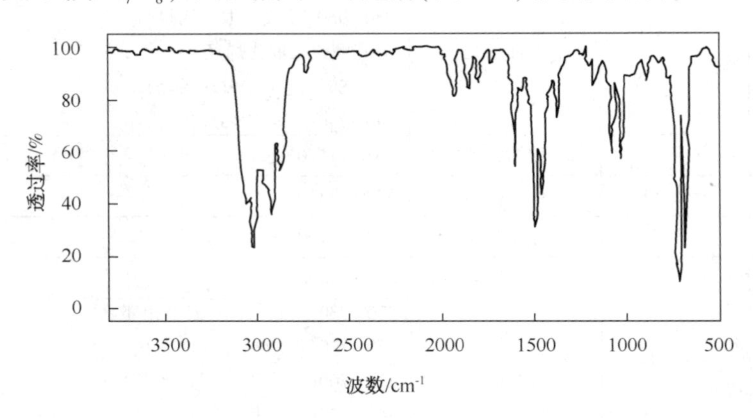

图7-2　未知物的IR谱

解：在解析谱图之前，根据化合物的分子式计算它的不饱和度，这对于推断该未知化合物的结构是非常有帮助的。不饱和度表示有机分子中碳原子不饱和的程度。计算不饱和度的经验公式为：

$$\Omega=\frac{(2n_4+2+n_3-n_1)}{2} \tag{7-2}$$

式中　n_4——四价元素(C)的原子个数；

n_3——三价元素(N)的原子个数；

n_1——一价元素(H、X)的原子个数。

由分子式计算该化合物的不饱和度为4，由此推测该化合物可能含苯环。

谱图中1600cm^{-1}、1500cm^{-1}和1460 cm^{-1}为苯环碳骨架伸缩振动的特征峰，3030cm^{-1}的吸收峰是苯环的C—H键的伸缩振动引起的。这些吸收峰以及不饱和度都证实了该未知物含有苯环。谱图中725cm^{-1}、694cm^{-1}的吸收峰以及2000~1700cm^{-1}间的一组吸收峰是苯环的C—H键面外弯曲振动以及倍频吸收所引起的，表明为单取代苯。

2960~2870cm^{-1}的两个吸收峰为烷基的C—H键伸缩振动吸收峰，1380cm^{-1}出现的一个吸收峰是CH_3的对称弯曲振动。

综合以上分析，结合分子式，推测该化合物为甲苯，结构式为 C_6H_5—CH_3。

例1　选择题

1. 某化合物的IR谱显示在1715cm^{-1}处有吸收峰，此化合物是(　　)。(华东理工大学，2008)

A. 2-戊醇　　B. 3-甲基-2-戊酮　　C. 2-甲基-2-戊醇

[解答]　B

2. 某化合物的IR谱显示在1715cm^{-1}处有吸收峰，此化合物是(　　)。(暨南大学，2015)

A. 2-戊醇　　　　B. 3-甲基-2-戊酮

C. 2-甲基-2-戊烯　　　　D. 2-甲基-3-戊胺

［解答］　B

3. 指出下列哪一个化合物的紫外吸收光谱波长最短：(　　)。(中国科学院，2009)

A. 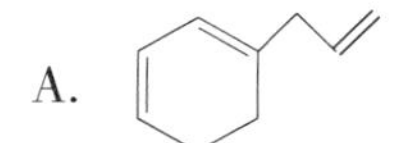　B. 　C.　D.

［解答］　B

4. 下列化合物中能用紫外光谱区别的是(　　)。(陕西师范大学，2003)

A. 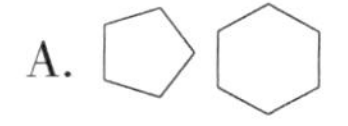　B. 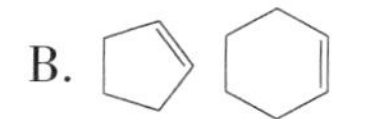　C. 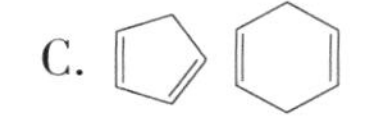　D. 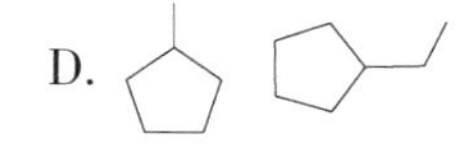

［解答］　C

5. 在红外光谱中，羰基的特征吸收频率(cm^{-1})处在(　　)。(武汉大学，2005)

A. 2900～3000　B. 2000～2100　C. 1650～1750　D. 1000～1500

［解答］　C

例 2　写出下列化合物中官能团在 IR 光谱上特征吸收频率范围。(兰州大学，2003)

A. $CH_3CH_2CH_2\underline{OH}$　　　　B. $CH_3CH_2\underline{C\equiv N}$

C. 　　　　D. $CH_3-C(CH_3)=CH_2$

［解答］　A. $3400cm^{-1}$　B. $2230cm^{-1}$　C. $1700cm^{-1}$　D. $1600cm^{-1}$

例 3　化合物 C 的化学式为 $C_3H_6Br_2$，与 NaCN 反应生成 D，其分子式为 $C_5H_6N_2$，D 在酸性条件下水解生成 E，E 与乙酸酐共热生成六元环化合物 F($C_5H_6O_3$) 和乙酸。F 的 IR 在 $1820cm^{-1}$，$1755cm^{-1}$有强吸收。写出 C、D、E、F 的结构式。(中南大学，2014)

［解答］

C：$BrCH_2CH_2CH_2Br$

D：$NCCH_2CH_2CH_2CH_2CN$

E：$HOOCCH_2CH_2CH_2COOH$

F：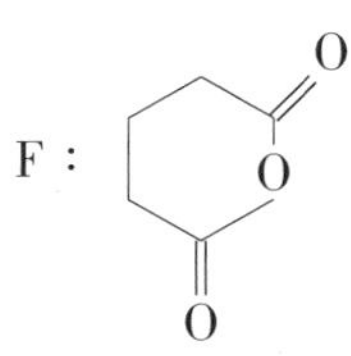

例 4　非环状化合物 A 分子式为 $C_7H_{12}O_2$，其 IR 谱图在 3000～$1700cm^{-1}$处有吸收峰，UV 在 200nm 以上无吸收；在 H_2SO_4存在下加热得到 B 和 C，B 和 C 互为异构体，分子式为 $C_7H_{10}O$，B 为主产物，在 λ>258nm 处有吸收，而 C 在 220nm 处有吸收。试推断 A、B 和 C 的结构式。(中国科学院，2009)

［解答］　A 的不饱和度＝2；3000～$1700cm^{-1}$处的吸收峰应该是含有 C＝O；UV200 以上无吸收说明不含共轭体系；B 和 C 应该是含一个双键的化合物，如果分子式不错，应该是两个互变异构体。

7.2 核磁共振谱(NMR)

7.2.1 核磁共振

核磁共振(nuclear magnetic resonance)简写为NMR，主要是由原子核的自旋运动引起的。不同的原子核自旋情况不同，其自旋情况在量子力学上用自旋量子数I表示，当I为1/2时，如^{1}H,^{13}C,^{15}N,^{19}F,^{29}Si,^{31}P等，这类原子核可看作是电荷均匀分布的球体，原子核的磁共振容易测定，适用于核磁共振光谱分析。

原子核是带正电的粒子，当自旋量子数不为零的原子核发生自旋时会产生磁场，形成磁矩。将旋转的原子核放到一个均匀的磁场中，原子核能级分裂成$2I+1$个。对于自旋量子数为1/2的核则裂分为两个能级，与外磁场方向相同的自旋核能量较低，称低能自旋态，用+1/2表示；与外磁场方向相反的自旋核能量较高，称高能自旋态，用−1/2表示。从低能自旋态跃迁到高能自旋态需吸收一定能量(ΔE)，只有当具有辐射的频率和外界磁场达到一定关系才能产生吸收，其关系式如下：

$$\Delta E=\gamma\frac{h}{2\pi}B_0=h\nu \qquad \nu=\frac{\gamma B_0}{2\pi} \tag{7-3}$$

式中 γ——磁旋比，是核的特征常数；

h——Plank常量；

ν——无线电波的频率；

B_0——外加磁场的磁感应强度。

对于^{1}H核而言，处于外磁场中的自旋核接受一定频率的电磁波辐射，当辐射的能量恰好等于氢核两种不同取向的能量差时，处于低能态的自旋核吸收电磁辐射能跃迁到高能态，发生核磁共振。从式(7-3)中可以看出，只有吸收频率为ν的电磁波才能产生核磁共振。

氢的核磁共振谱图通常可以提供四类有用的结构信息：化学位移、自旋裂分、偶合常数和积分曲线。应用这些信息可以推测质子在碳骨架上的位置。

7.2.2 化学位移

1. 化学位移的产生

从核磁共振条件[式(7-3)]看，质子的共振磁感应强度只与质子的磁旋比以及电磁波照射频率有关。符合共振条件时，样品中全部^{1}H都会发生共振而只产生一个单峰。但这仅仅是对“裸露”的原子核，即理想化的状态而言。事实上原子核往往有核外电子云，其周围也存在其他原子，磁性核的共振频率不仅取决于外加磁场强度和磁旋比，还会受到化学环境的影响。处于磁场中的原子核，其核外电子运动(电流)会产生感应磁场，其方向与外加磁场相反，抵消了一部分外磁场对原子核的作用，这种现象称屏蔽效应，也称抗磁屏蔽效应。

$$B_{实}=B_0-B'=B_0-\sigma B_0=B_0(1-\sigma) \tag{7-4}$$

式中，σ为屏蔽常数，核外电子云密度越大，屏蔽效应也越大，共振所需的磁场强度愈强。反之，若核外电子产生的感应磁场的方向与外加磁场的方向一致，就等于在外加磁场中再加一个小磁场，质子就可在较低的磁场发生共振吸收，这种作用称为去屏蔽效应，也称为顺磁去屏蔽效应。

综上所述，化合物中的质子都不同于“孤立”的质子。由于大多数情况下，化合物中的质子，往往周围环境不同，它们感受到抗磁屏蔽效应或顺磁去屏蔽效应，而且程度不同。所以在核磁共振谱的不同位置出现吸收峰，这种峰位置上的差异叫化学位移。由于上述位置差异很小，质子屏蔽效应只有外加磁场的百万分之几，测定共振位置的绝对值是难以精确的，因而采用一个标准物质作对比，常用的标准物质是四甲基硅烷(TMS)。化学位移一般表达为：

$$\delta=\frac{\nu_{\text{样品}}-\nu_{\text{TMS}}}{\nu_0}\times10^6 \tag{7-5}$$

式中，$\nu_{\text{样品}}$及ν_{TMS}分别为样品及 TMS 中质子的共振频率；ν_0为仪器所采用的频率。

在样品中加入 TMS，为化学位移的大小提供一个参比标准。TMS 的屏蔽效应很大，其信号出现在高场，不会和常见有机化合物 NMR 信号相互重叠；而且 TMS 的同类质子有 12 个之多，共振吸收给出一个强的单峰；另外 TMS 较稳定，不易与样品发生作用，且能溶于有机物中。按 IUPAC 的建议将 TMS 的 δ 值定为零，一般化合物质子的吸收峰都在它的左边，δ 为正值。多数有机物的质子信号发生在 0~10 处，0 是高场，10 是低场。

由于化学位移的大小和原子核所处的化学环境密切相关，因此，可根据化学位移的大小来了解原子核所处的化学环境，即有机化合物的分子结构。常见特征质子的化学位移值如表 7-2 所示。

表 7-2　特征质子的化学位移

质子类型	化学位移(δ)	质子类型	化学位移(δ)
RCH_3	0.9	$ArCH_3$	2.3
R_2CH_2	1.2	$RCH{=}CH_2$	4.5~5.0
R_3CH	1.5	$R_2C{=}CH_2$	4.6~5.0
R_2NCH_3	2.2	$R_2C{=}CHR$	5.0~5.7
RCH_2I	3.2	$RC{\equiv}CH$	2.0~3.0
RCH_2Br	3.5	ArH	6.5~8.5
RCH_2Cl	3.7	RCHO	9.5~10.1
RCH_2F	4.4	RCOOH，RSO_3H	10.0~13.0
$ROCH_3$	3.4	ArOH	4.0~5.0
RCH_2OH，RCH_2OR	3.6	ROH	0.5~6.0
$RCOOCH_3$	3.7	RNH_2，R_2NH	0.5~5.0
$RCOCH_3$，$R_2C{=}CRCH_3$	2.1	$RCONH_2$	6.0~7.5

2. 影响化学位移的因素

化学位移取决于核外电子对核产生的屏蔽作用，因此影响电子云密度的各种因素都对化学位移有影响。影响最大的是电负性和磁各向异性效应。

(1) 电负性

电负性大的原子(或基团)吸电子能力强，^1H 核附近的吸电子基团使质子共振信号移向低场(左移)，δ 值增大；相反，供电子基团使质子共振信号移向高场(右移)，δ 值减小。这是因为吸电子基团降低了氢核周围的电子云密度，屏蔽效应也就随之降低；供电子基团增加了氢核周围的电子云密度，屏蔽效应也就随之增加。

在 CH_3X 型化合物中，X 的电负性越大，甲基碳原子上的电子密度越小，甲基上质子所经受的屏蔽效应也越小，质子的信号在低磁场出现。例如：

CH_3X	$(CH_3)_4Si$	HCH_3	CH_3I	CH_3Br	CH_3Cl	CH_3F
X 电负性	1.8	2.1	2.5	2.8	3.1	4.0
δ	0	0.2	2.2	2.7	3.1	4.3

吸电子的取代基对屏蔽效应的影响是有加和性的。例如，CH_4 分子中随着 H 被 Cl 取代数增加，质子所受的屏蔽效应减小，质子信号移向低场。

化合物	CH_3Cl	CH_2Cl_2	$CHCl_3$
δ	3.1	5.3	7.3

（2）磁各向异性效应

在外加磁场作用下，构成化学键的电子能够产生一个各向异性的磁场，使处于化学键不同空间位置的质子受到不同的屏蔽作用，即磁各向异性。这样使处于屏蔽区域的质子信号移向高场，δ 值减小；而处于非屏蔽区域的质子信号则移向低场，δ 值增大。

烯烃中双键碳原子上的质子和芳烃中芳环上的质子所经受的屏蔽效应比烷烃中的质子小得多。这是因为双键上 π 键电子在外加磁场中所产生的感应磁场是有方向性的，双键或芳环上的质子正好在感应磁场与外加磁场方向一致的区域，存在去屏蔽效应，所以化学位移在较低场，见图 7-3(a)和(b)。烯烃双键上质子的 δ 值一般在 4.5~5.7；而芳烃中芳环上的质子的 δ 值一般在 6.5~8.5。

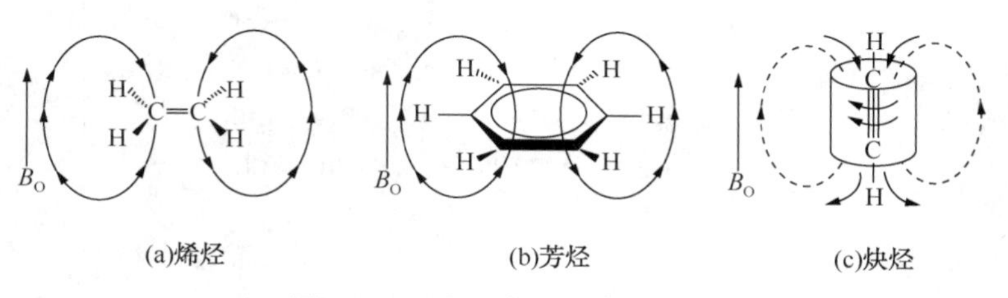

图 7-3　π 电子产生的感应磁场

当炔烃受到与其分子平行的外加磁场作用时，炔烃筒形 π 电子环电流产生一个与外磁场对抗的感应磁场，由于碳碳三键是直线形，而三键碳上质子正好在三键轴线上，处于屏蔽区，所以化学位移在较高场，见图 7-3(c)，δ 值一般在 2.0~3.0。

7.2.3　自旋偶合和裂分

1. 自旋偶合与自旋分裂现象

从图 7-4 可看出，乙醇出现三组峰，它们分别代表—OH，—CH_2—和—CH_3，各组峰面积之比为 1:2:3。其中—CH_2—和—CH_3 分别分裂为四重峰和三重峰，而且多重峰面积之比接近于整数比，—CH_3的三重峰面积之比为 1:2:1，—CH_2的四重峰面积之比为 1:3:3:1。

在外加磁场的作用下，自旋的质子产生一个小的磁矩，并通过成键价电子的传递，对邻近的质子产生影响。质子的自旋有两种取向，假如外磁场感应强度为 B_0，自旋时与外磁场取顺向排列的质子，使受它作用的邻近质子感受到的总磁感应强度为 $B_0+\Delta B$；自旋时与外

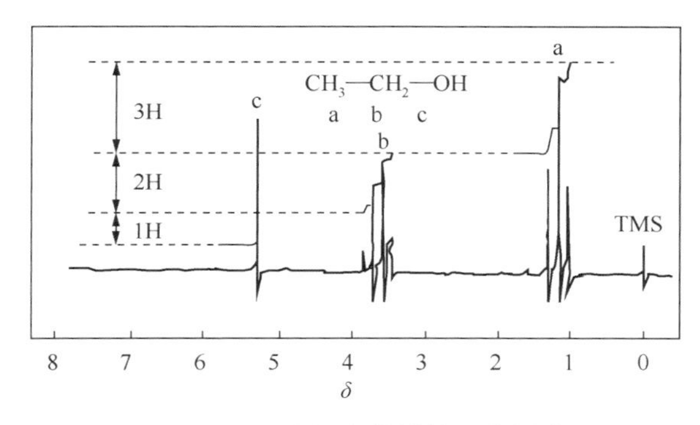

图 7-4　乙醇的高分辨核磁共振谱

磁场取逆向排列的质子，使相邻的质子感受到的总磁感应强度为 $B_0-\Delta B$。上述这种相邻核的自旋之间的相互干扰作用称为自旋-自旋偶合，简称自旋偶合。由于自旋偶合，引起谱峰增多，这种现象叫做自旋-自旋分裂，简称自旋裂分。一般只有相隔三个化学键之内的不等价的质子间才会发生自旋裂分现象。

2. 偶合常数

自旋偶合产生峰的分裂后，两峰间的间距称为偶合常数，用 J 表示，单位是 Hz。J 的大小表示偶合作用的强弱，与两个作用核之间的相对位置有关。与化学位移不同，J 不因外磁场的变化而改变；同时，它受外界条件如溶剂、温度、浓度变化等的影响也很小。

由于偶合作用是通过成键电子传递的，因此，J 值的大小与两个(组)氢核之间的键数有关。随着键数的增加，J 值逐渐变小。对饱和体系而言，间隔 3 个单键以上时，J 趋近于零，即此时的偶合作用可以忽略不计。

3. 化学等同核和磁等同核

在核磁共振谱中，化学环境相同的核具有相同的化学位移，这种有相同化学位移的核称为化学等同核。例如，在乙醇分子中，甲基的三个质子是化学等同的，亚甲基的两个质子也是化学等同的。

分子中的一组氢核，若其化学位移相同，且对组外任何一个原子核的偶合常数也相同，则这组核称为磁等同核。例如，在二氟甲烷中，两个质子的化学位移相同，并且它们对每个 F 原子的偶合常数也相同，因此，这两个质子称为磁等同核。应该指出，它们之间虽有自旋干扰，但并不产生峰的分裂；而只有磁不等同的核之间发生偶合时，才会产生峰的分裂。

4. 一级谱图和 $n+1$ 规律

当两组或几组磁等同核的化学位移差值与其偶合常数的比值大于或等于 6 时，相互之间的偶合较为简单，呈现为一级谱图。一级谱图特征如下：

1）一个峰被分裂成多重峰时，多重峰的数目将由相邻质子中磁等同的核数 n 来确定，其计算式为$(n+1)$。如图 7-4 所示，在乙醇分子中，亚甲基峰的裂分数由邻近的甲基质子数目确定，即$(3+1)=4$，为四重峰；甲基质子峰的裂分数由邻接的亚甲基质子数确定，即$(2+1)=3$，为三重峰。

2）裂分峰的面积之比，为二项式$(x+1)^n$展开式中各项系数之比。多重峰通过其中点作对称分布，其中心位置即为化学位移。例如，在化合物 $CH_3CH_2COCH_3$ 中(图 7-5)，右侧的甲基质子与其他质子数被三个以上的键分开，因此只能观察到一个峰(c 峰)。中间的—

CH_2—质子则具有(3+1)= 4 重峰(b 峰)，且面积之比为 1:3:3:1。左侧甲基质子则具有(2+1)= 3 重峰(a 峰)，其面积之比为 1:2:1。

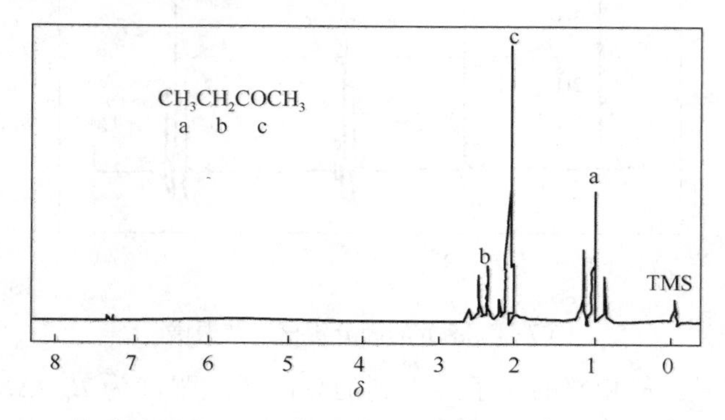

图 7-5 丁酮的高分辨核磁共振谱

3）各裂分峰等距，裂距即为偶合常数 J。

7.2.4 谱图解析示例

核磁共振谱能提供的参数主要有化学位移，质子的裂分峰数、偶合常数以及各组峰的积分高度等。这些参数与有机化合物的结构有着密切的关系。

例 5 已知某化合物分子式为 $C_3H_7NO_2$。测试 ^1H NMR 谱如图 7-6 所示，试推定其结构。

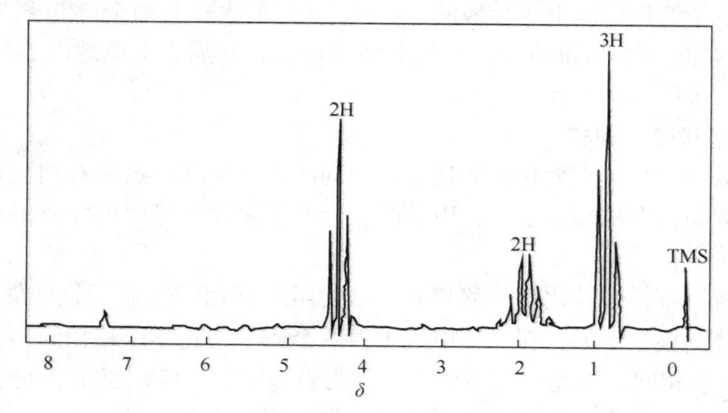

图 7-6 未知物 $C_3H_7NO_2$ 的高分辨核磁共振谱

解：通过分子式计算可知该化合物不饱和度为 1，推测可能存在双键。经谱图可见有三种质子，从低场向高场各组峰的质子个数比为 2:2:3，可能有—CH_2—、—CH_2—、—CH_3 基团。各裂分峰数为 3:6:3，中间六重峰的的质子为 2 个，所以使两边信号各裂分为三重峰，则该化合物具有 CH_3—CH_2—CH_2—结构单元。参考所给定的分子式应为 CH_3—CH_2—CH_2—NO_2，即 1-硝基丙烷。此外，中间亚甲基信号预计为(3+1)(2+1)= 12，即 12 重峰，但实际上 $J_{CH_3-CH_2}$ 和 $J_{CH_2-CH_2}$ 几乎相等，作一级谱图近似，可以认为有五个等价质子，符合 n+1 规律，应为六重峰。

例 6 选择题

1. 化合物 $CH_3CH_2COCH(CH_3)_2$ 的质子核磁共振谱中有几组峰？(　　)。(暨南大学，

2015）

A. 2 组　　B. 3 组　　C. 5 组　　D. 4 组

［解答］D

2. 下列化合物的 ^{1}HNMR 谱中具有较大化学位移的是（　　）。（陕西师范大学，2004）

A. $(CH_3)_3CCl$　　B. $CH_3CH(Cl)CH_2CH_3$　　C. $CH_3CH_2CH_2Cl$　　D. C_6H_5Cl

［解答］D

3. 某化合物的分子式为 $C_8H_{18}O$，核磁共振只有三个单峰，其结构式是（　　）。（福建师范大学，2004）

A. Me_3COCMe_3　　B. $Me_2CHCH_2OCH_2CHMe_2$

C. $Me_3CC(CH_3)_2OCH_3$　　D. $Me_3CC(CH_3)_2CH_2OH$

［解答］C

4. 关于化合物 $C_6H_5CH_2COCH_3$ 的波谱特征，说法错误的是（　　）。（广西师范大学，2010）

A. ^{1}H NMR 中，δ3.5(2H) 单峰　　B. ^{1}H NMR 中，δ7.1(5H) 多重峰

C. IR 中，1705cm^{-1}处有强的吸收峰　　D. IR 中，3300cm^{-1}处有宽而强的吸收峰

［解答］D

5. 某化合物的 IR 谱显示在 1715cm^{-1}处有吸收峰，^{1}H NMR 谱显示有 2 个信号，其中 1 个为三重峰，1 个为四重峰。此化合物是（　　）。（华东理工大学，2007）

A. 2-戊醇　　B. 2-戊酮　　C. 3-戊酮　　D. 3-戊醇

［解答］C

6. 下列说法中正确的是（　　）。（华东理工大学，2009）

A. 质谱中母离子峰就是基准峰

B. 氢原子周围的电子云密度越大，化学位移值 δ 越大

C. 化合物的紫外吸收随共轭体系的增长而波长变短

D. 通过质谱中母离子峰的质荷比测得分子的摩尔质量

［解答］D

7. 某分子式为 $C_8H_{14}O_4$ 的化合物，其 ^{1}H NMR 谱如下：δ1.2(6H，t)，δ2.5(4H，s)，δ4.1(4H，q)。据此推测该化合物可能为（　　）。（复旦大学，2009）

A. $C_2H_5COOCH_2CH_2OCOC_2H_5$　　B. $H_5C_2OCOCH_2CH_2COOC_2H_5$

C. $MeOCOCH_2CH_2CH_2COOC_2H_5$　　D. 2-乙氧基-4-甲氧基环戊酮（MeO、OC$_2$H$_5$ 取代的环戊酮）

［解答］B

8. 在核磁中，(　　)化合物的 H 原子处在屏蔽区。(武汉大学，2005)

A. $H_2C=CH_2$　　B. 　　C. 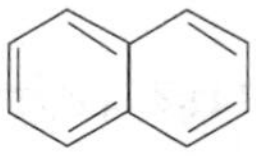　　D. $HC\equiv CH$

［解答］D

例 7　^{1}HNMR 化学位移一般在 0.5~11ppm，请归属以下氢原子的大致位置。

A CHO　B CH=CH　C OCH_3　D 苯上 H　(中国科学院，2009)

［解答］A 8~10　B 4~6　C 3.5~4　D 6~8

例 8　一个中性化合物，分子式为 $C_7H_{13}O_2Br$，不能形成肟及苯腙衍生物，其 IR 在 2850~2950cm^{-1}有吸收，但 3000cm^{-1}以上没有吸收；另一强吸收峰为 1740cm^{-1}，^{1}HNMR 吸收为：δ1.0(3H，t)、1.3(6H，d)、2.1(2H，m)、4.2(1H，t)、4.0(4H，m)。推断该化合物的结构，并指定谱图中各个峰的归属。(中国科学院，2009)

［解答］不饱和度=1，不能形成肟及苯腙衍生物，表明所含的氧是酯不是醛酮；3000 以上无吸收表明不含烯键；1740 为典型的酯基的吸收。化合物的结构及波谱归属如下：

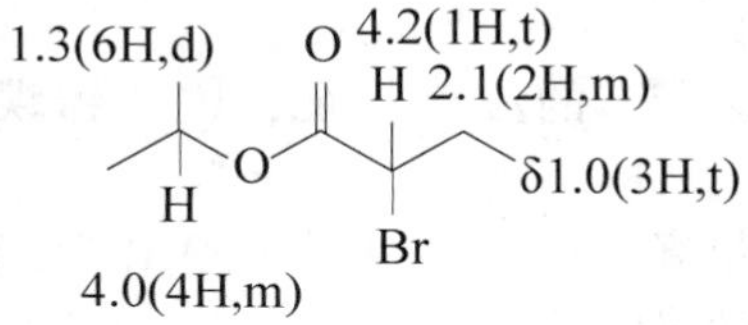

1.3(6H,d)　O　4.2(1H,t)
H　2.1(2H,m)
O　δ1.0(3H,t)
H　Br
4.0(4H,m)

例 9　化合物 A、B 互为同分异构体，分子式 C_9H_8O，其 IR 在 1715cm^{-1}有强吸收；二者经高锰酸钾强烈氧化都得到邻苯二甲酸。二者的^{1}HNMR 数据如下：

A：δ7.2~7.4(4H，m)，3.4(4H，s)；

B：δ7.1~7.5(4H，m)，3.1(2H，t)，2.5(2H，t)。

试推测化合物 A 和 B 的结构。

(兰州大学，2003；华东师范大学，2006；华东理工大学，2007)

［解答］不饱和度为 6，除了含一个苯环外，还有一个脂环(氧化得到邻苯二甲酸)和一个羰基(1715 为证)。二者的结构和 NMR 归属如下：

A 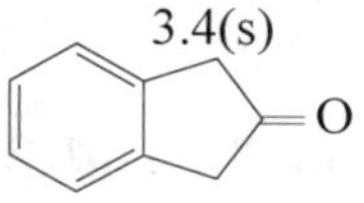　3.4(s)　O
B　O　3.1(t)　2.5(t)

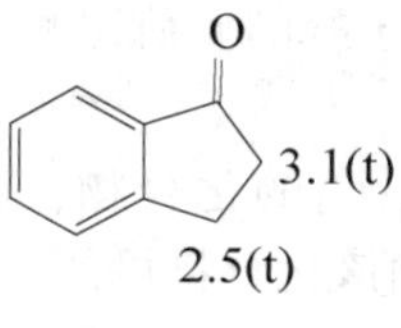

例 10　某化合物的分子式为 $C_5H_{10}O$，IR 在 1700cm^{-1}处有一强吸收，δ_H9~10 处无吸收峰。质谱 m/z=57 为基峰，m/z=43 或 m/z=71 处无峰。推测结构并解释。(东华大学，2008)

［解答］$C_5H_{10}O$：一个不饱和度；IR 在 1700cm^{-1}处有一个强吸收：羰基；δ_H9~10 处无吸收峰：不是醛。

酮的质谱断裂：

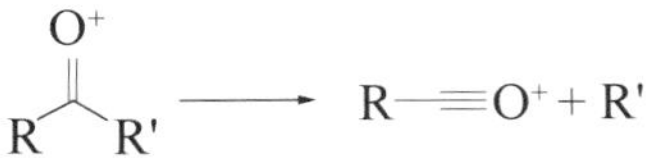

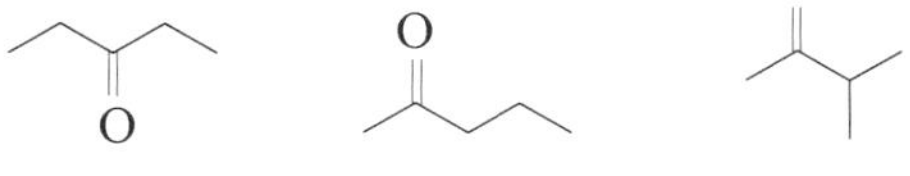

$$\mathrm{R{-}C({=}O^+){-}R'} \longrightarrow \mathrm{R{-}C{\equiv}O^+ + R'}$$

A　　B　　C

B 和 C 分别有 CH_3CO^+($m/z=43$)和 $C_3H_7CO^+$($m/z=71$)，所以结构为 $CH_3CH_2COCH_2CH_3$。

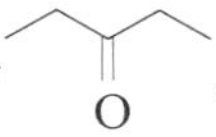

例 11　某一中性化合物 $C_7H_{13}O_2Br$ 的 IR 谱在 2850～2950cm^{-1} 有一些吸收峰，但在 3000cm^{-1} 以上无吸收峰，另一强的吸收峰在 1740cm^{-1} 处。^{1}H NMR 在 δ 为 1.0(三重峰，3H)，1.3(二重峰，6H)，2.1(多重峰，2H)，4.2(三重峰，1H)和 4.6(多重峰，1H)有信号，^{13}C NMR 在 δ 为 168 处有一个特殊的共振信号。试推断该化合物的结构，并给出^{1}H NMR 中各 H 吸收信号的归属。(广西师范大学，2010)

[解答]

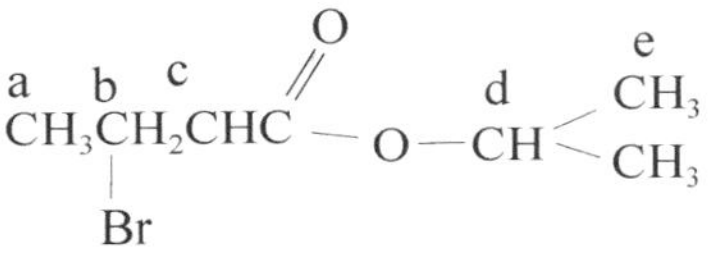

$$\overset{a}{CH_3}\overset{b}{CH_2}\overset{c}{CH}(Br)C(=O){-}O{-}\overset{d}{CH}(\overset{e}{CH_3})_2$$

1.0(三重峰，3H)为甲基 a 的吸收峰；2.1(多重峰，2H)为亚甲基 b 的吸收峰；4.2(三重峰，1H)为与溴相连的次甲基即 c 的吸收峰；4.6(多重峰，1H)为异丙基中次甲基即 d 的吸收峰；1.3(二重峰，2H)为异丙基中甲基即 e 的吸收峰。

例 12　化合物 A，分子式为 C_8H_{16}，其化学性质如下：

① C_8H_{16}(A) $\xrightarrow[(2)Zn,\ H_2O]{(1)O_3}$ HCHO+$C_7H_{14}O$(酮类化合物 B)

② C_8H_{16}(A)+HBr ⟶ $C_8H_{17}Br$(主要产物 C)

③ $C_8H_{17}Br$(C) $\xrightarrow{醇，碱}$ C_8H_{16}(主要产物 D)+A

④ C_8H_{16}(D) $\xrightarrow[(2)Zn,\ H_2O]{(1)O_3}$ C_2H_4O+$C_6H_{12}O$(化合物 E)

化合物 E 的 IR 在 3000cm^{-1} 以上无吸收，2800～2700cm^{-1} 也无吸收，1720cm^{-1} 附近有强吸收；1460cm^{-1}、1380cm^{-1} 处都有较强的吸收。E 的^{1}HNMR 谱中，δ0.9 处有单峰，相对于 9H；2.1 处有单峰，相对于 3H。写出 A、B、C、D 和 E 的结构。(陕西师范大学，2003)

[解答] E 的红外光谱表明是一个饱和甲基酮；0.9 的单峰表明是一个叔丁基；2.1 的单峰是甲基酮的甲基。

① 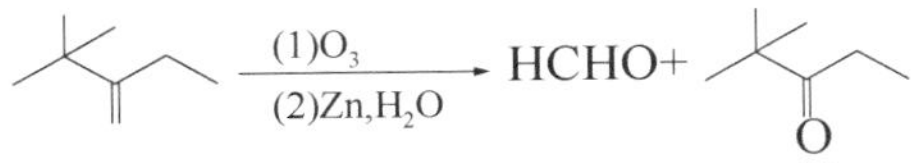 A $\xrightarrow[(2)Zn,H_2O]{(1)O_3}$ HCHO+ B

② C_8H_{16}(A) + HBr ⟶ C (Br)

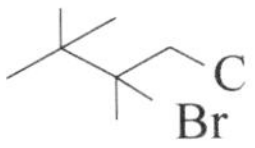

③ C（Br）$\xrightarrow{\text{醇,碱}}$ D + A

④ D $\xrightarrow[\text{(2)Zn,}H_2O]{(1)O_3}$ C_2H_4O + E

例 13　一个生物碱 Skytanthine（$C_{11}H_{21}N$），其红外指出在 $3000cm^{-1}$ 以上无吸收。^1H NMR 指出它含 3 个甲基[δ1.20（双峰），δ1.32（双峰），δ2.52（单峰）]。根据以下对它结构测定的反应，①写出 Skytanthine 的结构；②写出反应中 A 和 B 的结构。

(i) Skytanthine($C_{11}H_{21}N$) $\xrightarrow[\text{(2)AgOH/}\Delta]{(1)CH_3I}$ A($C_{12}H_{23}N$) $\xrightarrow[\text{(2)Zn/}H_2O]{(1)O_3}$ $CH_2=O$ + B($C_{11}H_{21}NO$)

(ii) B $\xrightarrow{PhCO_3H}$ $\xrightarrow{OH^-/H_2O}$ $CH_3CO_2^-$ + HO—（环戊烷）—CH_3，$CH_2N(CH_3)_2$

（南开大学，2003）

［解答］

Skytanthine H_3C—（双环，N—CH_3）—CH_3；A H_2C=C(H_3C)—（环戊烷）—CH_3，$CH_2N(CH_3)_2$；B O=C(H_3C)—（环戊烷）—CH_3，$CH_2N(CH_3)_2$

例 14　某化合物 A（$C_5H_8O_3$）的稀溶液 IR（cm^{-1}）在 1710，1760，2400～3400 处有吸收信号。A 用 I_2/NaOH 处理得到 B（$C_4H_6O_4$），其 H NMR 只有 δ2.3 和 δ1.2 两组峰，面积比为 2∶1。A 用 CH_3OH/H^+ 处理得到 C（$C_8H_{16}O_4$）。C 被 $LiAlH_4$ 还原得到 D（$C_7H_{16}O_3$）。D 的 IR（cm^{-1}）在 1050，1100，3400 处有吸收信号。H^+ 催化使 D 转化为 E。E 的 MS（M^1＝116）：大块碎片有 m/z＝101；IR（cm^{-1}）：1070，1120 有吸收信号。求 A～E 的结构。（东华大学，2008）

［解答］

A. O（酮）—COOH　B. HOOC—COOH　C. MeO OMe —$COOCH_3$

D. MeO OMe —OH　E. H_3C，OMe，O（四氢呋喃环）

例 15　化合物 P（$C_{15}H_{17}N$）可溶解于稀盐酸，但用对甲苯磺酰氯和 KOH 处理无现象。P 的 ^1H NMR 数据如下：δ12（t，3H），δ3.4（q，2H），δ4.5（s，2H），δ6.7～7.3（m，10H）。P 经彻底甲基化，然后用 Ag_2O 加热处理得化合物 Q 和 R。写出化合物 P、Q、R 的结构。（南开大学，2009）

［解答］

C_2H_5 N P　　H N Q 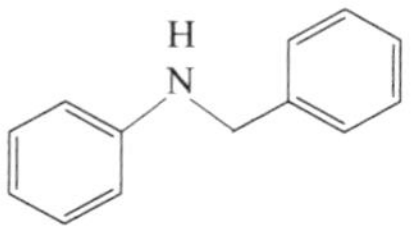　　R $CH_2=CH_2$

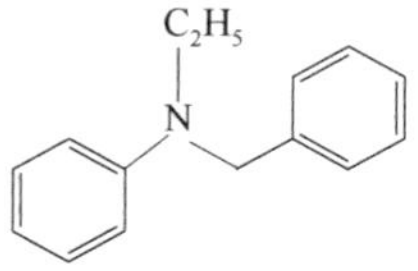

例 16　根据 IR 及 ^1H NMR 数据确定化合物结构式。

（1）1，3-二甲基-1，3-二溴环丁烷具有立体结构 A 和 B。A 的 ^1H NMR 数据为：δ2.3（单峰，6H），δ3.21（单峰，4H）。B 的 ^1H NMR 数据为：δ1.88（单峰，6H），δ2.64（双峰，2H），δ3.54（双峰，2H）。写出 A 和 B 的结构式。

（2）化合物 B 的化学式为 $C_{10}H_{12}O_2$。IR/cm^{-1}：3010，2900，1735，1600，1500；^1H NMR：δ1.3（三重峰，3H），δ2.4（四重峰，2H），δ5.1（单峰，2H），δ7.3（单峰，5H）。

（中南大学，2014）

［解答］

(1) 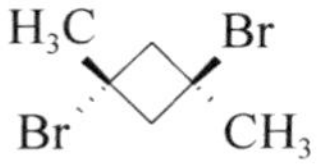　H_3C Br Br CH_3　　H_3C CH_3 Br Br　　(2) 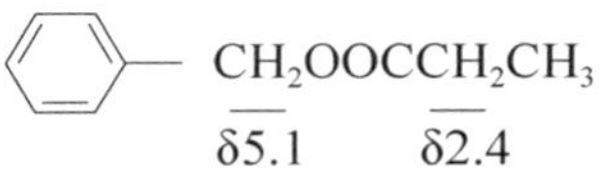　$CH_2OOCCH_2CH_3$（δ5.1　δ2.4）

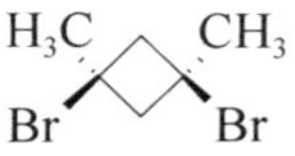

例 17　化合物 A 分子式为 $C_5H_8O_3$，IR：1710cm^{-1}，1760cm^{-1}，2400～3400cm^{-1}处有吸收。A 用 I_2/NaOH 处理得到 B（$C_4H_6O_4$），B 的 ^1H NMR 只有 δ2.3 和 δ1.2 两个峰，面积比 2∶1。A 用 MeOH/H^+处理得到 C（$C_8H_{16}O_4$）。C 用 $LiAlH_4$还原得到 D（$C_7H_{16}O_3$）。D 的 IR：1050cm^{-1}，1100cm^{-1}，340cm^{-1}处有吸收。写出 A，B，C，D 的结构式。（东华大学，2007）

［解答］

A. 　O　COOH　　B. 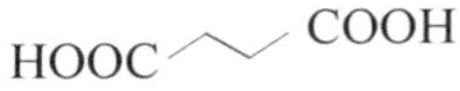　HOOC　COOH

C. 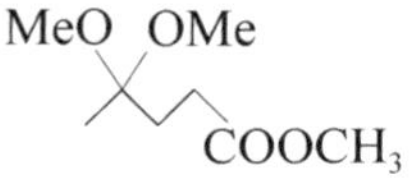　MeO OMe　$COOCH_3$　　D. 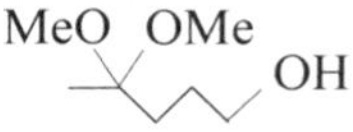　MeO OMe　OH

例 18　1，3，5-三甲苯在液态 SO_2 中用 HF 和 SbF_5 处理，得到某化合物 G，化合物 G 的 ^1H NMR 数据如下，δ2.8（s，6H），δ2.9（s，3H），δ4.6（s，2H），δ7.7（s，2H），写出化合物 G 的结构，并指出各吸收峰的归属。（南开大学，2009）

H 4.6 H　H_3C　CH_3 2.8　+　SbF_6^-　H　H 7.7　CH_3 2.9

［解答］

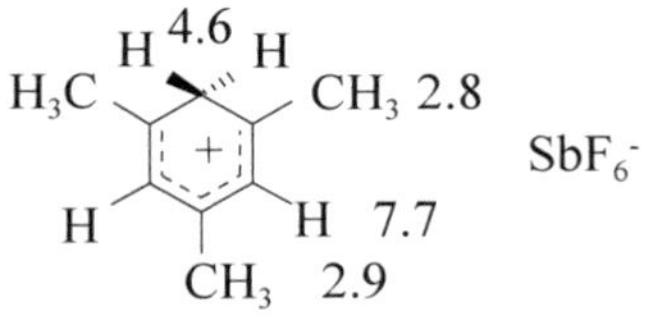

例 19　芳香族化合物 A、B 的分子式均为 $C_{11}H_{17}N$，A 与亚硝酸钠和盐酸于低温下反应能生成重氮盐，但不能发生芳环上的亲电或亲核取代反应。B 不能生成相应的重氮盐，在碱性溶液中也不与对甲苯磺酰氯反应，但能发生芳环上的亲电取代反应，且可分离得到两个异构体。A、B 的 ^1H NMR 数据如下：A. δ2.0（单峰，3H），δ2.5（单峰，6H），δ2.30（单峰，6H），δ3.2（单峰，2H）；B. δ1.0（双峰，6H），δ2.6（七重峰，1H），δ3.1（单峰，6H），δ7.1（多重峰，4H）。试推测 A、B 的结构。（华东理工大学，2008）

A. 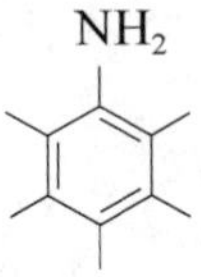 （五甲基苯胺结构式）　B. 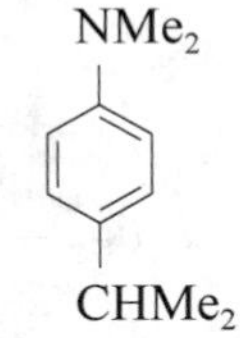 （对异丙基-N,N-二甲基苯胺结构式）

[解答]

例 20　油状液体有机化合物 A 的分析测试数据如下：200MHz ^1H NMR($CDCl_3$)：δ1.49(3H，d，J = 6.6Hz)，δ2.07(3H，s)，δ2.44(1H，d，J = 2.0Hz)，δ5.42(1H，m)；50MHz ^{13}C NMR($CDCl_3$)：δ169.8，δ82.1，δ72.8，δ59.9，δ21.1，δ21.0。IR(NaCl) ν = 2122cm^{-1}，1744cm^{-1}。Anal. Cacld for $C_6H_8O_2$：C，64.27；H，7.19。Found：C，64.07；H，7.15。请据此推测 A 的结构。并对有关 IR 和 ^1H NMR 数据进行归属。(复旦大学，2007)

[解答]

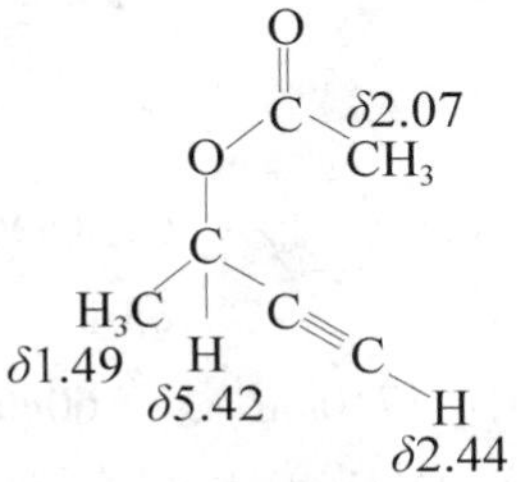

有机化合物 A 的结构：（CH_3COO—$CH(CH_3)$—C≡C—H；δ2.07 CH_3，δ1.49 H_3C，δ5.42 H，δ2.44 ≡C—H）

IR 数据归属：ν=2122cm^{-1}(C≡C)，1744cm^{-1}(C═O)；

^1H NMR 数据归属，见结构式中所注。

例 21　某分子式为 $C_{12}H_{13}NO_2$ 的浅黄色有机化合物 A 的分析测试数据如下：IR(v_{max}/cm^{-1})：3030，2227，1728，1178；^1H NMR(400MHz，$CDCl_3$，TMS)δ：7.57(d，J=8.3Hz，2H)，7.30(d，J=8.3Hz，2H)，4.11(q，J=7.2Hz，2H)，2.99(t，J=7.6Hz，2H)，2.48(t，J=7.6Hz，2H)，1.21(t，J=7.2Hz，3H)；^{13}C NMR(100MHz，$CDCl_3$，TMS)δ：172.2，146.2，132.3(2C)，129.2(2C)，118.9，110.2，60.7，35.1，30.9，14.2；EI-MS m/z(相对强度)：203(M，21)，130(43)，129(100)，116(15)，103(12)。请根据上述数据推测 A 的结构。并对有关 IR 和 ^1H NMR 数据进行归属。(复旦大学，2008)

[解答]　结构及 ^1H NMR：

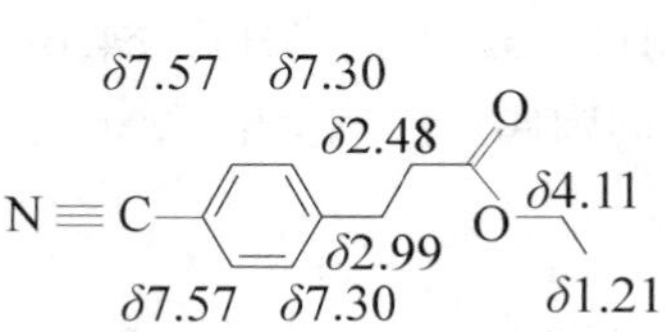

（N≡C—C_6H_4—CH_2CH_2—COO—CH_2CH_3；芳环 H δ7.57、δ7.30、δ7.57、δ7.30；δ2.48，δ2.99，δ4.11，δ1.21）

IR：苯环 C—H 伸缩振动 3030cm^{-1}，C≡N伸缩振动 2227cm^{-1}，C═O 伸缩振动 1728cm^{-1}，C—C(═O)—O 伸缩振动 1178cm^{-1}。

例 22　某分子式为 $C_4H_5NO_2$ 的有机化合物 A。分析测试数据如下：IR(液膜，v_{max}/cm^{-1})：2993(m)，2247(m)，1760(s)，1247(s)；^1H NMR($CDCl_3$，TMS)δ：4.41(q，J=7.2Hz，2H)，1.39(t，J=7.2Hz，3H)；^{13}C NMR($CDCl_3$，TMS)δ：144.4，109.6，65.4，13.7；EI-MSm/z(相对强度)：98.0(7.3)，84.0(56.7)，54.0(100)，29.0(75.1)，28.0(84.8)。请根据上述数据确定 A 的结构，并对有关 IR 和 ^1H NMR 数据进行归属。(复旦大学，2009)

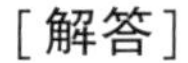
[解答]

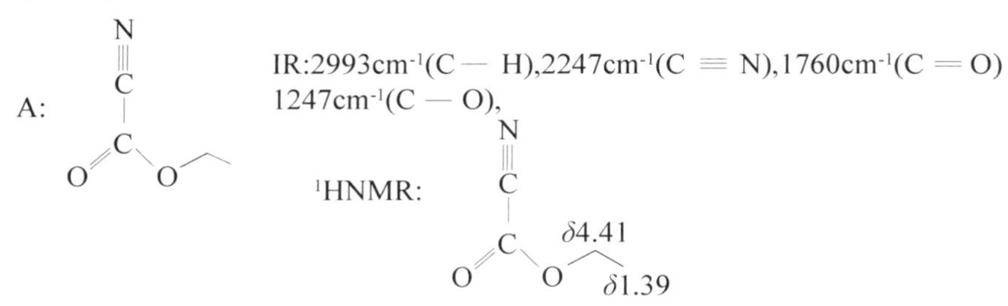

例 23　化合物 A($C_6H_{14}O$)与酸共热生成化合物 B(C_6H_{12})，B 经臭氧化和还原水解生成化合物 C(C_3H_6O)，C 的 ^1H NMR 只有一个信号：δ2.1，单峰。化合物 A 的 ^1H NMR 为：δ0.90(9H，s)，δ1.10(3H，d)，δ3.40(1H，q)，δ4.40(1H，s)。试推测化合物 A、B、C 的结构。(华东理工大学，2009)

[解答]

A. $(CH_3)_3CCH(OH)CH_3$　　B. $(CH_3)_3CCH{=}CH_2$　　C. $CH_3C(=O)CH_3$

例 24　化合物 L 的分子式为 $C_6H_{12}O_3$。其红外谱图在 $1710cm^{-1}$ 有特征吸收峰。L 与碘在碱性溶液中发生反应，生成黄色沉淀。但 L 不与 Tollens 试剂发生作用。但是当 L 与加入一滴硫酸的水溶液反应后，却可以与 Tollens 试剂反应，在试管内壁形成银镜。其中 ^1H NMR 如下：δ2.1(3H，单峰)，δ2.6(2H，双峰)，δ3.2(6H，单峰)，δ4.7(1H，三重峰)。请推断 L 的结构，并在结构上指认各种氢的化学位移，并写出以上反应。(北京化工大学，2009)

[解答] L 的结构为：

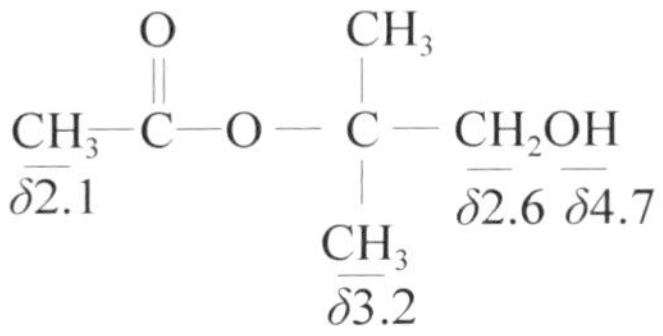

$$\underset{\delta 2.1}{CH_3}-\overset{O}{\overset{\|}{C}}-O-\overset{CH_3}{\underset{\underset{\delta 3.2}{CH_3}}{C}}-\underset{\delta 2.6}{CH_2}\underset{\delta 4.7}{OH}$$

例 25　毒芹碱(coniine)是一个有毒的生物碱，具有六氢吡啶的基本结构，最初是从一种有毒的铁杉(hemlock，芹叶钩吻)中分离得到的。为了确定它的结构，对它进行了光谱分析，发现其 IR 光谱在 $3330cm^{-1}$ 有很强的吸收峰。其 ^1H NMR 为：δ：0.91(t，J = 7Hz，3H)，1.33(s，1H)，1.52(m，10H)，2.70(t，J = 6Hz，2H)，3.0(m，1H)。EI-MS：m/z(相对丰度) = 127($M^{+\cdot}$，43)，84(100)，56(20)。毒芹碱(M)与过量的碘甲烷反应，经霍夫曼消除，得到三个新化合物 O，P 和 Q 的混合物。这个混合物不分离再与过量碘甲烷反应后再进行霍夫曼消除，除了得到预期的三甲胺外，只有两种新产物 1，4-辛二烯和 1，5-辛二烯生成。请推断毒芹碱 M 以及中间产物 O，P 和 Q 的结构。(北京化工大学，2009)

$$\underset{毒芹碱}{M}\xrightarrow[3.\triangle]{1.CH_3I\quad 2.Ag_2O,H_2O} O, P\ and\ Q \xrightarrow[3.\triangle]{1.CH_3I\quad 2.Ag_2O,H_2O} (CH_3)_3N + (1,4\text{-辛二烯}) + (1,5\text{-辛二烯})$$

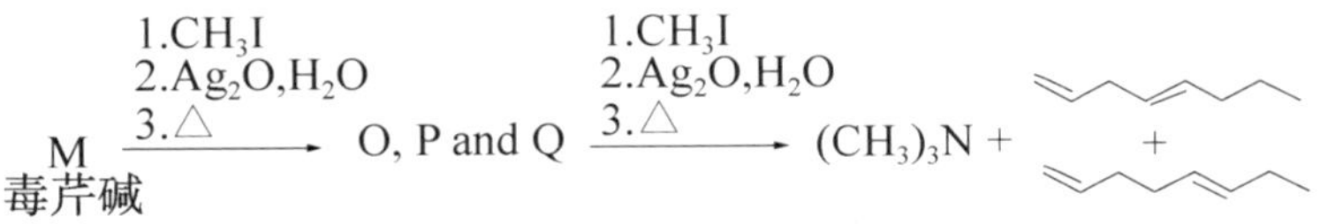

[解答]

M: （哌啶环，2-位连 $CH_2CH_2CH_3$，N—H）　O: $(CH_3)_2N—CH—CH_2CH_2CH=CH_2$（CH 上连 $CH_2CH_2CH_3$）

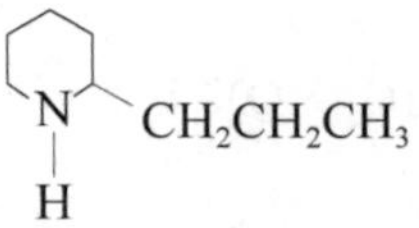

P: $(CH_3)_2N—CH_2CH_2CH_2CH=CHCH_2CH_2CH_3$

Q: $(CH_3)_2N—CH_2CH_2CH_2CH_2CH=CHCH_2CH_3$

例 26 化合物 A 和 B 分子式均为 C_9H_8O，其 IR 谱在 $1715cm^{-1}$处均有一强的吸收峰。A 和 B 经 $KMnO_4$氧化后均得到邻苯二甲酸。A 和 B 的^{1}HNMR 分别为，A：δ：3.4(s，4H)，7.3(m，4H)；B：δ：2.5(t，2H)，7.3(m，4H)。其中，s 表示单重峰，t 表示三重峰，m 表示多重峰。试推测化合物 A 和 B 的结构，写出推理过程并对光谱数据进行归属。(暨南大学，2015；兰州大学，2003)

[解答] 饱和度为 6，除了含一个苯环外，还有一个环(氧化得到邻苯二甲酸)和一个羰基(1715 为证)。二者的结构和 NMR 归属如下：

A（2-茚满酮，3.4(s)）　B（1-茚满酮，3.1(t)，2.5(t)）

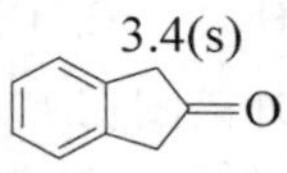

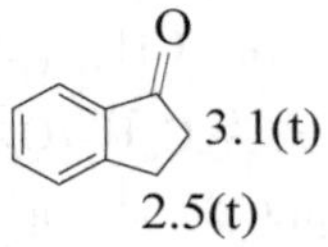

例 27 化合物 M($C_9H_{10}O$)，其^{1}H NMR 数据如下，δ3.7(s，3H)，δ5.2(d，1H)，δ6.1(d，1H)，δ7.1~7.6(m，5H)。M 对碱性条件稳定，在酸性条件下很容易发生水解得化合物 N，N 可与 Tollen 试剂发生反应，写出 M 和 N 的结构。(南开大学，2009)

[解答]

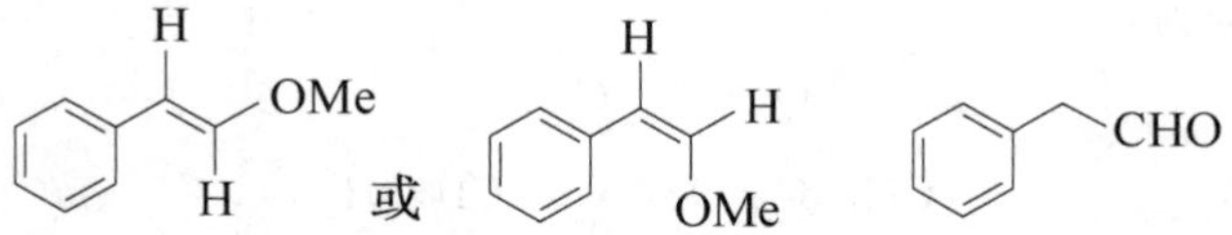

M（PhCH=CH—OMe）或 M'（PhCH=CH—OMe，另一构型）　N（$PhCH_2CHO$）

例 28 分子式为 $C_9H_{11}BrO$ 的化合物的波谱数据如下。IR：3340、1600、1500、1380、$830cm^{-1}$；^{1}HNMR：δ0.9(3H，t)，δ1.6(2H，m)，δ2.7(1H，s)，δ4.4(1H，t)，δ7.2(4H，q)。试推出该化合物的结构。(陕西师范大学，2004)

[解答] 不饱和度=5，1600 和 1500 表明含一个苯环，830 为对位二取代；0.9 表明有一个甲基(与 CH_2相邻)，2.7 为醇 OH，4.4 为苄基 H(与 CH_2相邻)，1.6 的两个 H 受两侧的影响变为多重峰，7.2 的峰型是典型的对位二取代：

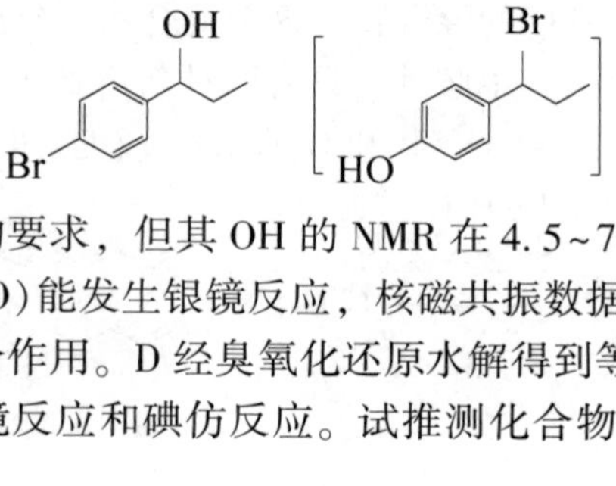

（1-(4-溴苯基)-1-丙醇：OH，Br）　[（1-溴丙基取代的苯酚：Br，HO）]

括号中的结构符合红外的要求，但其 OH 的 NMR 在 4.5~7.7，所以不对。

例 29 化合物 D($C_{10}H_{16}O$)能发生银镜反应，核磁共振数据表明 D 有三个甲基，双键上氢原子的核磁共振信号无偶合作用。D 经臭氧化还原水解得到等摩尔的乙二醛、丙酮和化合物 E($C_5H_8O_2$)，E 能发生银镜反应和碘仿反应。试推测化合物 D 和 E 的结构。(华东师范大

学，2006）

［解答］D 的不饱和度=3，有一个羰基（银镜反应）、两个双键（可发生臭氧化得到乙二醛）；E 为甲基酮醛：

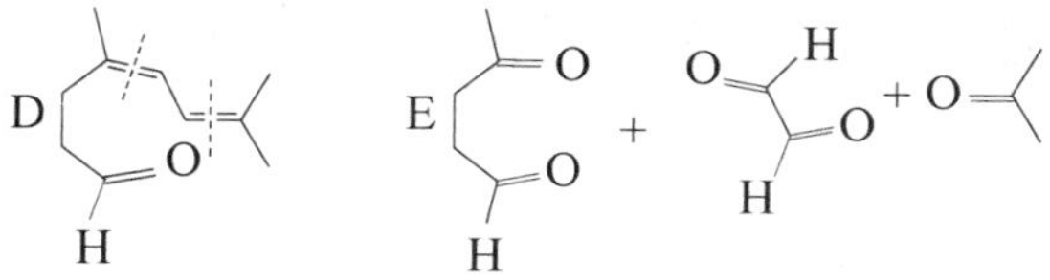

D　　E + O=CH–CH=O + O=C(CH₃)₂

例 30　某化合物 A，分子式 $C_{11}H_{12}O_4$，1mol A 可与过量的 $NaHCO_3$ 反应放出 2mol CO_2，A 加热后得到分子式为 $C_{11}H_{10}O_3$ 的化合物 B，B 的 IR 谱图在 3050，1820，1755，1600，1500，760，$700cm^{-1}$ 有特征吸收，B 的 ^{1}HNMR 谱图数据为 δ3.2（1H，五重峰），δ2.8（4H，双峰），δ7.2（5H，单峰），试推出化合物 A 和 B 的结构。（湖南师范大学，2014）

A：$HOOC-CH_2-CH(C_6H_5)-CH_2-COOH$

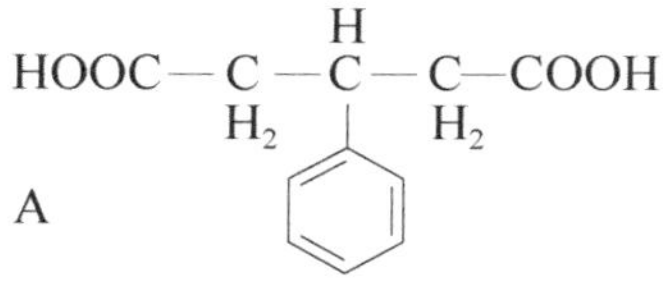

B：4-苯基戊二酸酐（六元环酐）

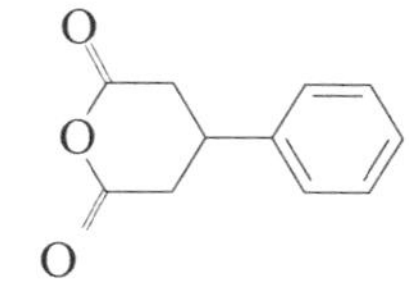

例 31　化合物 A 为无色液体，b. p. 112℃。经元素分析测得 C68. 15%；H13. 70%；N 0. 0%。其相对分子质量为 88. 15。A 可与金属钠反应放出氢气；也能发生碘仿反应。A 的 HNMR 数据如下：δ0. 9（双峰，面积 6），δ1. 1（双峰，面积 3），δ1. 6（多重峰，面积 1），δ2. 6（宽峰，面积 1，加 D_2O 后消失），δ3. 5（多重峰，面积 1）。A 的 IR 显示在 $3300cm^{-1}$ 附近有一宽而圆滑的强吸收峰。请推测化合物 A 的结构；并指出 HNMR 谱中各峰的归属；写出有关反应方程式。（复旦大学，2001）

［解答］

计算得分子式 $C_5H_{12}O$

A：$\underset{a}{CH_3}-\overset{b}{CH}(\underset{e}{OH})-\overset{c}{CH}(\underset{d}{CH_3})_2$

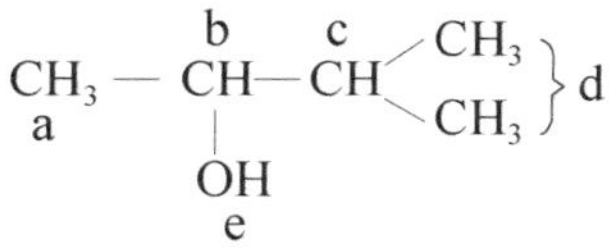

a. δ 1.1（双峰，面积3）
b. δ 3.5（多重峰，面积1）
c. δ 1.6（多重峰，面积1）
d. δ 0.9（双峰，面积6）
e. δ 2.6（宽峰，面积1，加D_2O后消失）

《有机化学》模拟试题（一）

一、写出下列化合物的结构或名称（10 分）

1. 2-甲基螺[3.4]辛烷　　2. (1*R*,2*S*)-二氯环己烷　　3. NBS

4. DMSO　　5. 5-甲基-1-萘磺酸　　6. *α*–*D*-(+)-吡喃葡萄糖的构象式

7.（结构式）

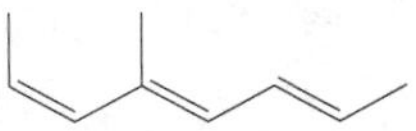

8. 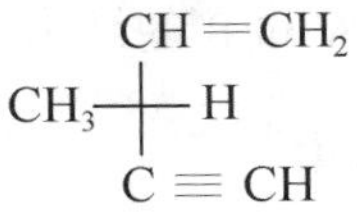 $CH=CH_2$ 在上，CH_3—┼—H，$C\equiv CH$ 在下（Fischer 投影式）

9.（苯环：SO_3H、Cl、CH_3、H_2N 取代）

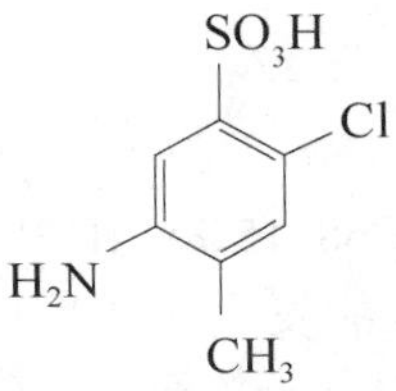

10. 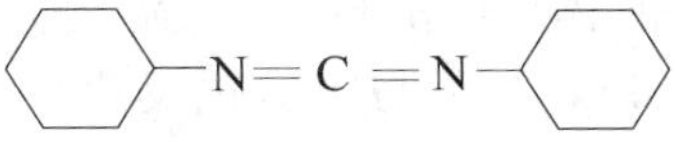 环己基—N=C=N—环己基

二、按要求完成（20 分）

1. 用化学方法鉴别：A. 1–戊醇　B. 2–戊醇　C. 甲基仲丁基醚　D. 2–戊酮　E. 3–戊酮

2. 已知：

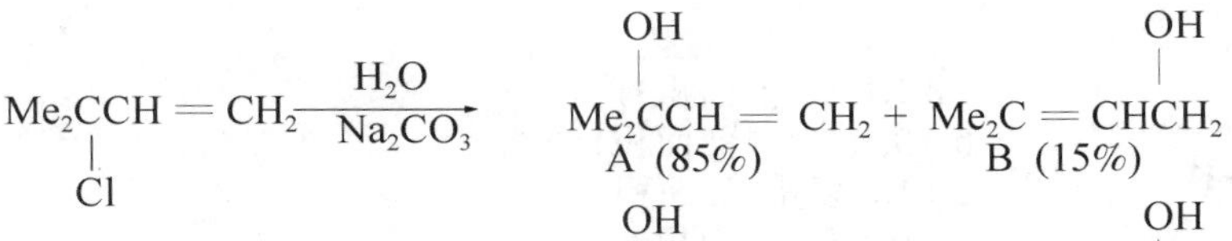

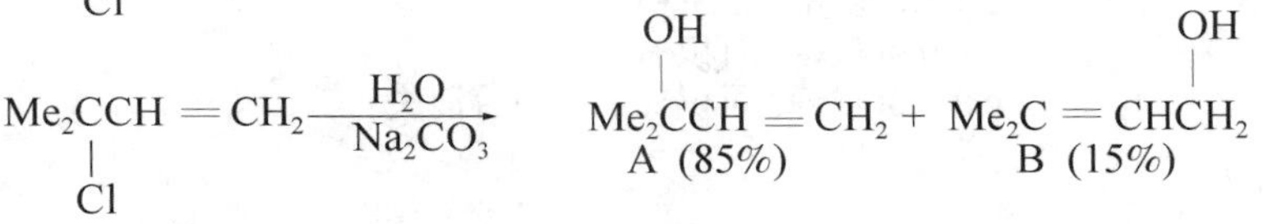

$$Me_2C(Cl)CH=CH_2 \xrightarrow[Na_2CO_3]{H_2O} Me_2C(OH)CH=CH_2\ \text{A (85\%)} + Me_2C=CHCH_2OH\ \text{B (15\%)}$$

$$Me_2C(Cl)CH=CH_2 \xrightarrow[Na_2CO_3]{H_2O} Me_2C(OH)CH=CH_2\ \text{A (85\%)} + Me_2C=CHCH_2OH\ \text{B (15\%)}$$

简答：(1) 为什么两个反应中原料不同却生成相同的产物？

(2) 为什么都生成两种产物而不是一种？

(3) 为什么 A 占 85%，而 B 仅占 15%？

3. 如何检查和除去乙醚中的少量过氧化物？

4. 填空：某学生将 $CH_3CH(OH)—CH(Br)COOH$ 的构型表示为：

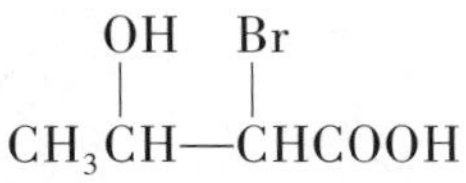

A：COOH、HO、H、Br、H、CH_3　B：H、H_3C、OH、HOOC、Br、H　C：H、HO、CH_3、HOOC、Br、H　D：H、HO、CH_3、Br、COOH、H

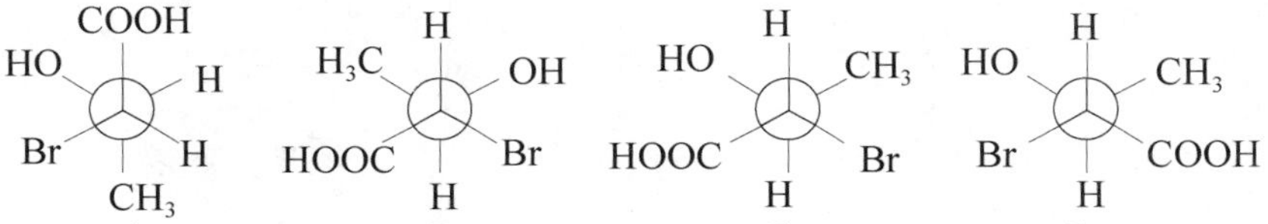

A　B　C　D

这几个异构体中，(1) 相同的是：____________。
(2) 互为对映异构体的是：____________。
(3) 互为非对映异构体的是：____________。
(4) 题中所给的分子式应该有几种构型异构体？____________。
(5) 该同学漏写的构型式是：____________。

三、单项选择题(共 20 分)

1. 下列化合物中酸性最强的是(　　)。

A. HOAc　　B. HC≡CH　　C. PhOH　　D. $PhSO_3H$

2. 下列化合物与硝酸银醇溶液反应的活性次序为(　　)。

Ⅰ $C_6H_5CHBrCH_3$　　Ⅱ (1-溴代降冰片烷)　　Ⅲ $C_6H_5CH_2CH_2Br$

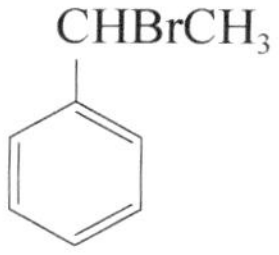

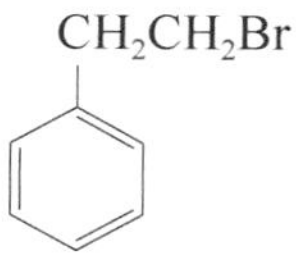

A. Ⅰ>Ⅱ>Ⅲ　　B. Ⅰ>Ⅲ>Ⅱ　　C. Ⅱ>Ⅲ>Ⅰ　　D. Ⅱ>Ⅰ>Ⅲ

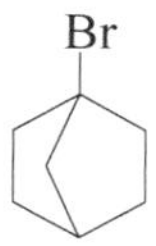

3. 化合物 (环己烷，CH_3、Br；H、CH_3) 发生消除反应的主要产物是(　　)。

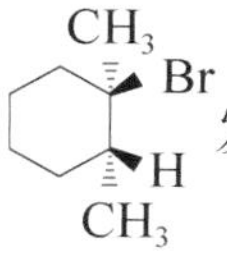

A. 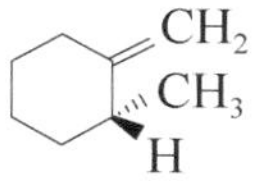 (亚甲基环己烷，CH_2、CH_3、H)　　B. 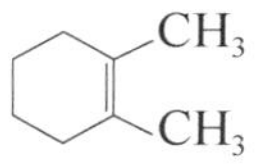 (1,2-二甲基环己烯，CH_3、CH_3)　　C. 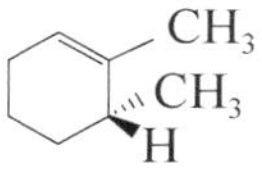 (环己烯，CH_3、CH_3、H)

4. 分子 CH_2═CH—Cl 中含有(　　)体系。

A. π-π 共轭　　B. 多电子的 p-π 共轭

C. 缺电子的 p-π 共轭　　D. σ-π 共轭

5. 下列反应：

$$CH_3(CH_2)_7CH = CH(CH_2)_7CH_3 \xrightarrow[\text{Ⅱ}.H_3O^+]{\text{Ⅰ}.n\text{-}Bu_4N^+Br^-\ KMnO_4,H_2O} CH_3(CH_2)_7CO_2H$$

n-$Bu_4N^+Br^-$的作用是(　　)。

A. 溶剂　　B. 表面活性剂　　C. 相转移催化剂　　D. 钝化剂

6. 下列化合物中具有芳香性的是(　　)。

A. 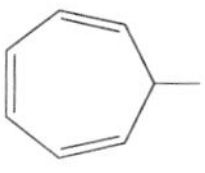 (甲基环庚三烯)　　B. 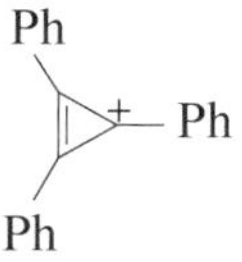 (三苯基环丙烯正离子，Ph、Ph、Ph)　　C. 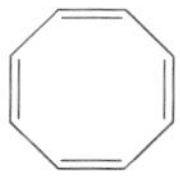 (环辛四烯)　　D. 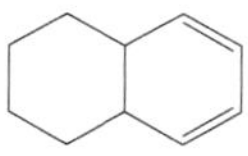 (四氢萘)

7. 下列化合物中能用紫外光谱区别的是(　　)。

A. 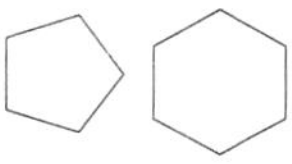 (环戊烷，环己烷)　　B. 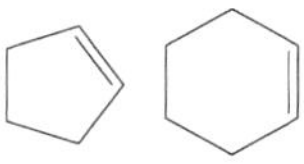 (环戊烯，环己烯)　　C. 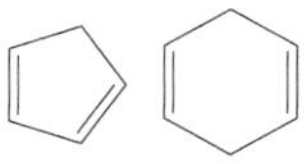 (环戊二烯，环己二烯)　　D. 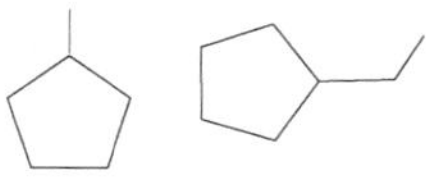 (甲基环戊烷，乙基环戊烷)

8. 下列化合物中，不能作为双烯体发生 Diels-Alder 反应的是(　　)。

A. 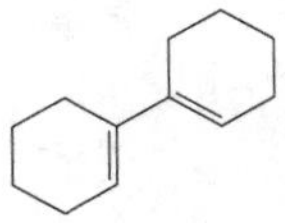 B. 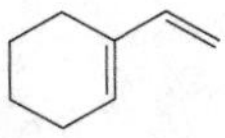 C.  D. 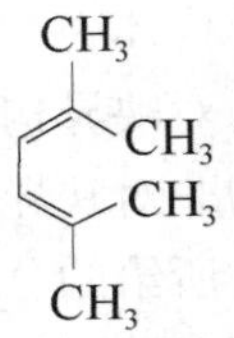 CH_3 CH_3 CH_3 CH_3

9. 下列分子中无手性的是(　　)。

A. 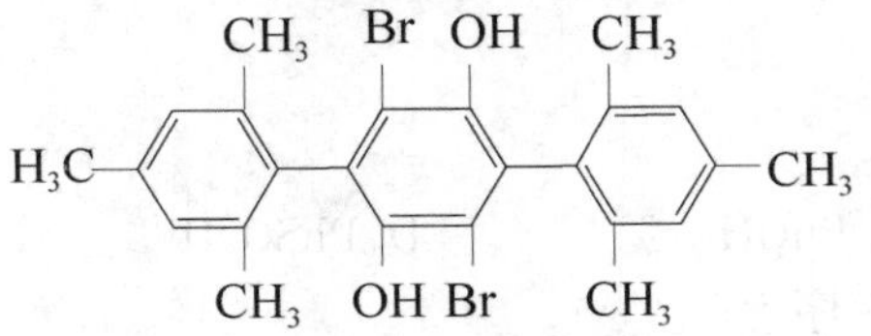 H_3C CH_3 Br OH CH_3 CH_3 CH_3 OH Br CH_3 CH_3　B. 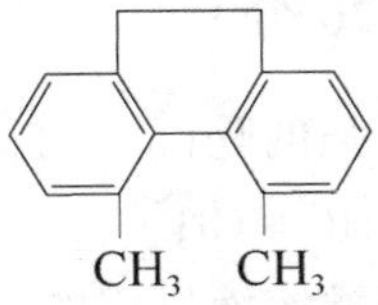 CH_3 CH_3

C. 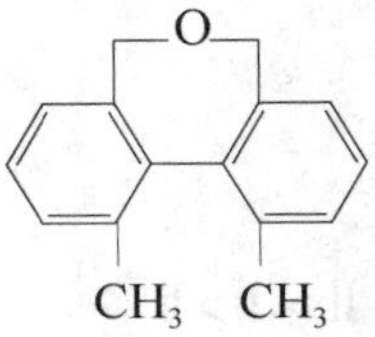 O CH_3 CH_3　D. 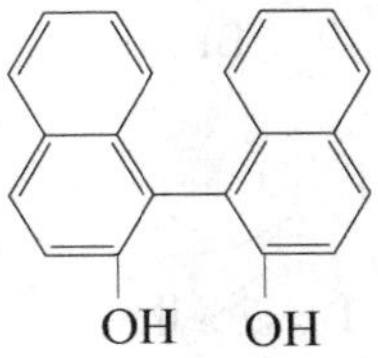 OH OH

10. 反应 CH_3 H H CH_3 ⟶ H H CH_3 CH_3 进行的条件是(　　)。

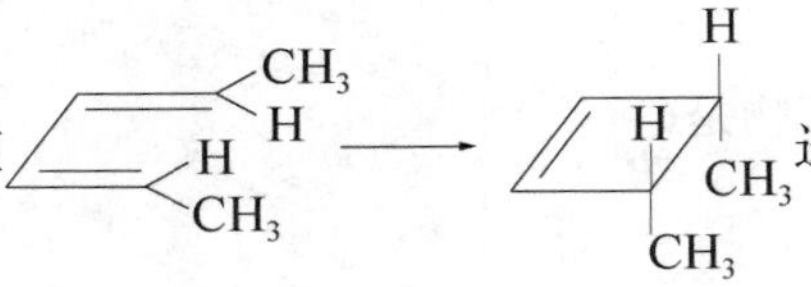

A. 光照对旋　　B. 光照顺旋　　C. 加热对旋　　D. 加热顺旋

四、完成下列反应式(30 分)

1. 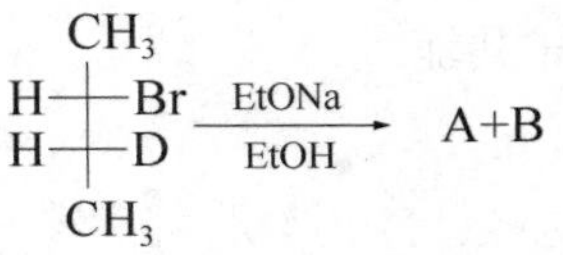 CH_3, H—Br, H—D, CH_3 $\xrightarrow[EtOH]{EtONa}$ A+B

2. 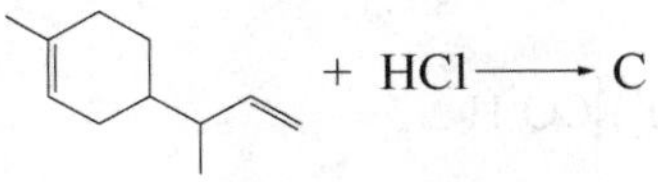 + HCl ⟶ C

3. $CH_3COCH_3 \xrightarrow[II.H_3O^+]{I.Mg,C_6H_6}$ D $\xrightarrow{E}$ Me_3CCOCH_3 $\xrightarrow{Cl_2/OH^-}$ F; $\xrightarrow{Br_2/HOAc}$ G

4.  CH = CHBr, CH_2Cl + KCN ⟶ H

5. 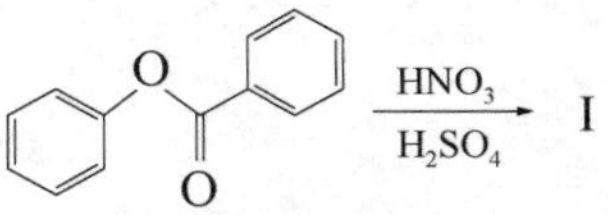 O O $\xrightarrow[H_2SO_4]{HNO_3}$ I

6. 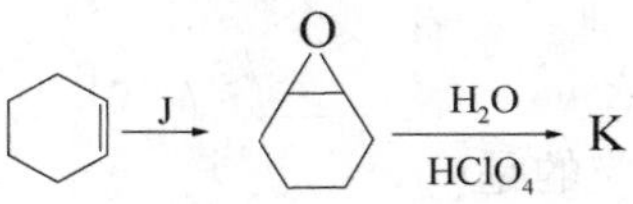 $\xrightarrow{J}$ O $\xrightarrow[HClO_4]{H_2O}$ K

7. 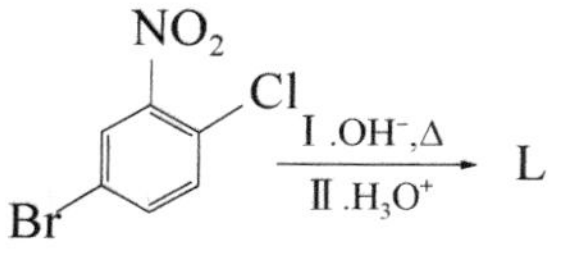 (4-溴-2-硝基氯苯) $\xrightarrow[\text{Ⅱ}.H_3O^+]{\text{Ⅰ}.OH^-,\Delta}$ L

8. 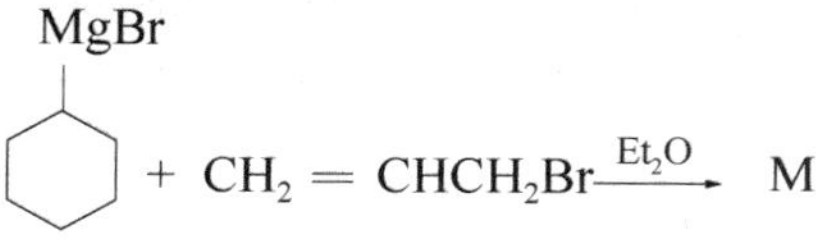 (环己基溴化镁) + $CH_2=CHCH_2Br \xrightarrow{Et_2O}$ M

9. 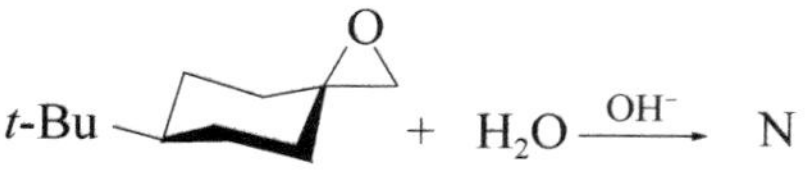 (t-Bu 环己烷螺环氧乙烷) + $H_2O \xrightarrow{OH^-}$ N

10. 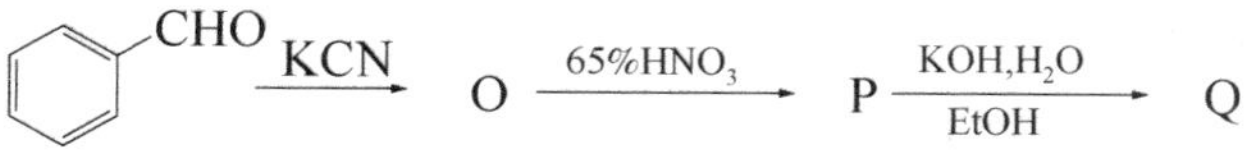 (苯甲醛) $\xrightarrow{KCN}$ O $\xrightarrow{65\%HNO_3}$ P $\xrightarrow[EtOH]{KOH,H_2O}$ Q

11. $Ph_3P + R_2CHBr \longrightarrow R \xrightarrow{S} R_2C^- - P^+Ph_3 \xrightarrow{R'_2C=O} T$

五、合成。除指定原料外，其他原料自选(30 分)

1. 用≤3 个碳原子的化合物合成$CH_3C(OH)(CH_2CH_3)CHMe_2$

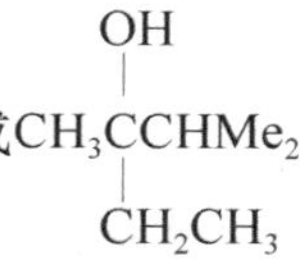

2. 利用 Michael 反应，由(1,3-环己二酮)合成(Wieland-Miescher 酮)

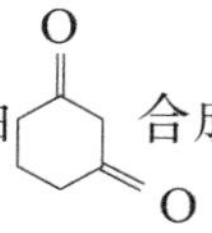

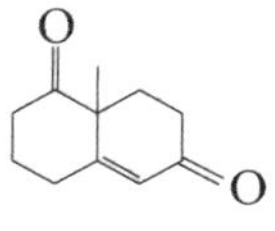

3. 以环己酮为原料合成正庚酸。

4. 以硝基苯为原料合成：(3,3',5,5'-四溴联苯)

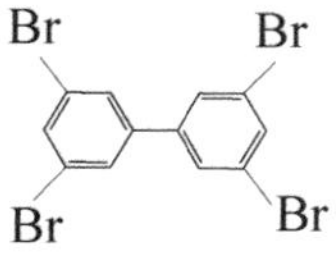

5. 以(环戊烯)与(丙烯酸乙酯, CO_2Et)为原料合成(2-降冰片胺, NH_2)

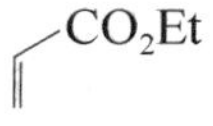

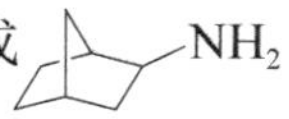

六、写机理(任选两题，20 分)

1. 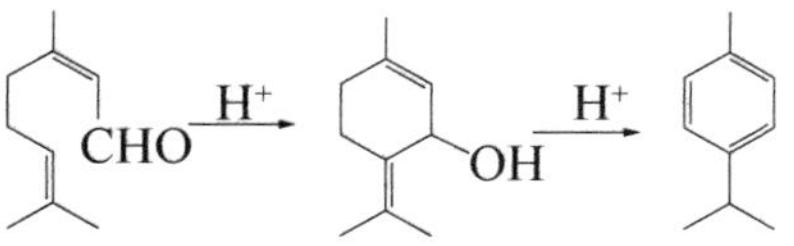 (柠檬醛, CHO) $\xrightarrow{H^+}$ (OH 环状中间体) $\xrightarrow{H^+}$ (对伞花烃)

2. (PhCOCH$_2N^+(Me)_2CH_2Ph$) $\xrightarrow{OH^-}$ (PhCOCH(CH$_2$Ph)N(Me)$_2$)

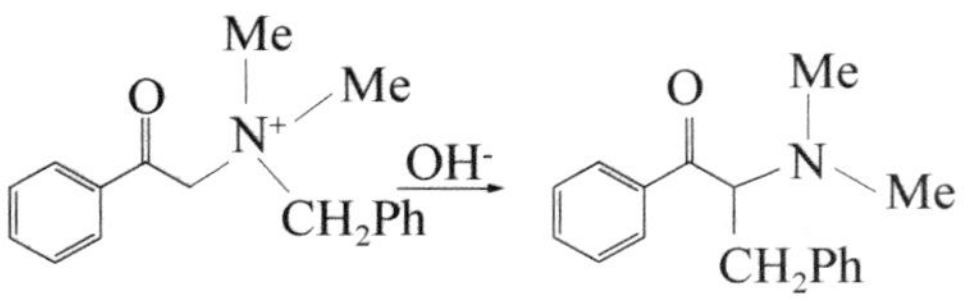

3. 写出在 KOH 存在下环己烯与氯仿反应的产物及机理。

七、推测结构(20 分)

1. 化合物 A($C_{13}H_{20}O_2$)用稀盐酸处理得到化合物 B($C_9H_{10}O$)和一种含两个碳原子的化合物。B 用溴和氢氧化钠处理后再酸化，得到一种酸 C($C_8H_8O_2$)，用 Wolff-Kishner-黄明龙还原法还原 B 得到 D(C_9H_{12})；B 在稀碱中与苯甲醛反应得到 E($C_{16}H_{14}O$)。A、B、C 和 D 强烈氧化都得到苯甲酸。推测 A、B、C、D 和 E 的结构。

2. 化合物 A，分子式为 C_8H_{16}，其化学性质如下：

① $C_8H_{16}(A) \xrightarrow[\text{ii. Zn, } H_2O]{\text{i. } O_3}$ HCHO+$C_7H_{14}O$(酮类化合物 B)

② $C_8H_{16}(A)$+HBr ⟶ $C_8H_{17}Br$(主要产物 C)

③ $C_8H_{17}Br(C) \xrightarrow{\text{醇，碱}}$ C_8H_{16}(主要产物 D)+A

④ $C_8H_{16}(D) \xrightarrow[\text{ii. Zn, } H_2O]{\text{i. } O_3}$ C_2H_4O+$C_6H_{12}O$(化合物 E)

化合物 E 的 IR 在 3000cm^{-1}以上无吸收，2800~2700cm^{-1}也无吸收，1720cm^{-1}附近有强吸收；1460cm^{-1}、1380cm^{-1}处都有较强的吸收。E 的^{1}HNMR 谱中，δ0.9 处有单峰，相对于 9H；2.1 处有单峰，相对于 3H。写出 A、B、C、D 和 E 的结构。

参考答案

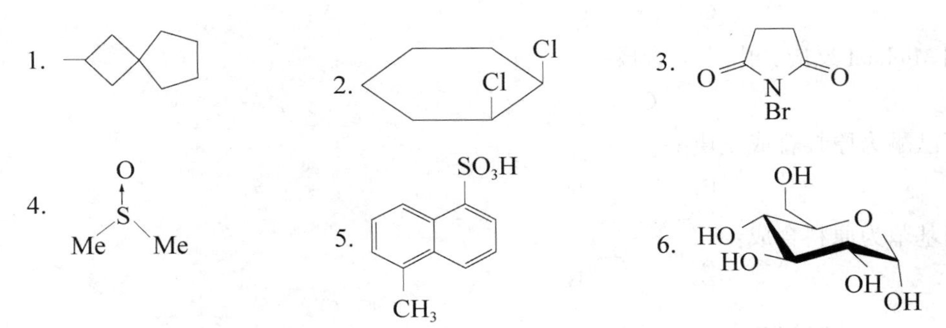

7. (2*Z*，4*E*)-4 甲基-2，4，6-辛三烯
8. (*R*)-3-甲基-1-戊烯-4-炔
9. 4-甲基-5-氨基-2-氯苯磺酸
10. 二环己基碳化二亚胺

二、按要求完成

1.

	$\xrightarrow{PhNHNH_2}$	$\xrightarrow{Na}$	$\xrightarrow[OH^-]{I_2}$
A	×	H_2↑	×
B	×	H_2↑	黄色↓
C	×	×	
D	黄色↓	$\xrightarrow{NaHSO_3}$ 白色↓	
E	黄色↓	×	

2.（1）由于烯丙基重排所致；

（2）两种中间体处于平衡状态；

（3）因为 A 的中间体是叔碳型的烯丙基正离子，比较稳定。

3. 其方法为：

$$过氧化物+Fe^{2+} \longrightarrow Fe^{3+} \xrightarrow{SCN^-} \underset{血红色}{Fe(SCN)_6^{3-}}$$

或

$$过氧化物+KI/淀粉 \longrightarrow 蓝色$$

颜色的产生表明过氧化物的存在。除去过氧化物的方法：

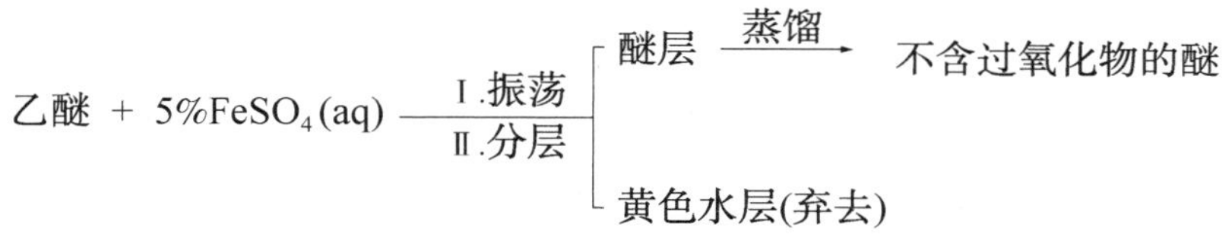

乙醚 + $5\%FeSO_4(aq)$ —Ⅰ.振荡 Ⅱ.分层→ 醚层 —蒸馏→ 不含过氧化物的醚；黄色水层(弃去)

4.（1）DC；（2）AD；（3）AB 或 BC；（4）4 个；（5）B 的对映体

三、单项选择题

DACBC BCDAA

四、完成下列反应式

A. 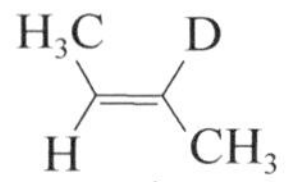 H_3C(H)C=C(D)CH_3 main

B. H_3C(H)C=C(H)CH_3 minor

C. Cl

D. Me Me / Me— —Me / OH OH

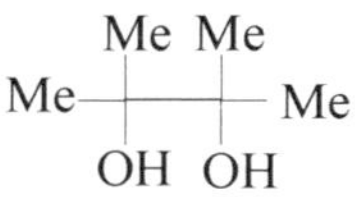

E. H_2SO_4(c)

F. Me_3CCO_2H

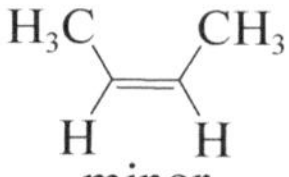

G. Me_3CCOCH_2Br

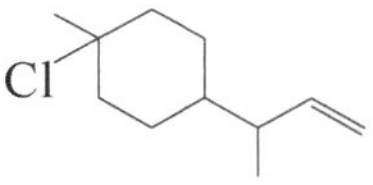

H. 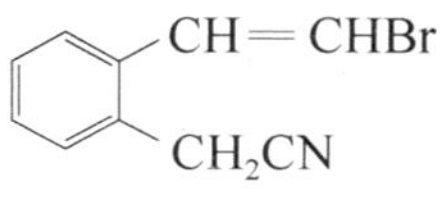 CH=CHBr; CH_2CN

I. 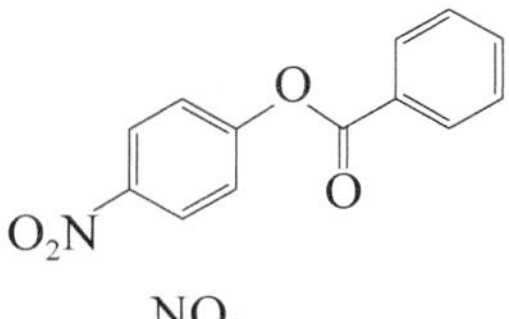 O; O; O_2N

J. $PhCO_3H$

K. 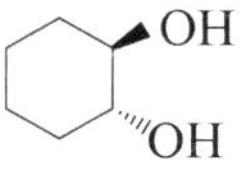 OH; OH

L. 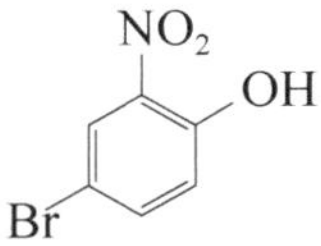 NO_2; OH; Br

M. 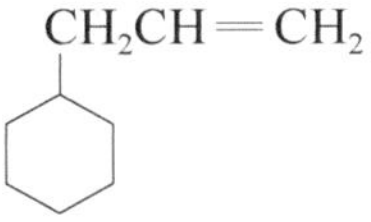 $CH_2CH=CH_2$

N. 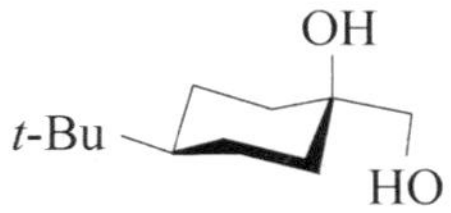 OH; *t*-Bu; HO

O. 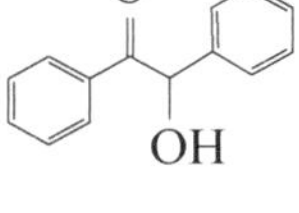 O; OH

P. 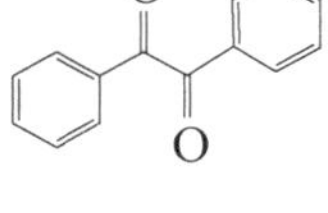 O; O

Q. 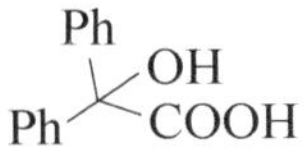 Ph; OH; Ph; COOH

R. Ph_3P^+-CHR_2

S. BuLi T. $R'_2C=CHR_2$

五、合成。除指定原料外，其他原料自选(30 分)

1. 经格氏反应来合成：

$$CH_3CH_2OH \xrightarrow[H_2SO_4]{K_2Cr_2O_7} CH_3CHO \xrightarrow[\text{Ⅱ}.H_3O^+]{\text{Ⅰ}.CH_3CH_2MgBr} CH_3CH(OH)CH_2CH_3$$

$$\xrightarrow[H_2SO_4]{K_2Cr_2O_7} CH_3COCH_2CH_3 \xrightarrow[\text{Ⅱ}.NH_4Cl(aq)]{\text{Ⅰ}.Me_2CHMgBr} CH_3C(OH)(CH_2CH_3)CHMe_2$$

2. 典型的 Michael 加成与 Robinson 环化的组合：

1,3-环己二酮 $\xrightarrow[\text{Ⅱ}.CH_2=CHCOCH_3]{\text{Ⅰ}.EtONa}$ [2-甲基-2-(3-氧代丁基)-1,3-环己二酮] $\longrightarrow$ 稠环烯酮

3. 格氏试剂加成后脱水、氧化、Clemmenson 还原：

环己酮 $\xrightarrow[\text{Ⅱ}.H_3O^+]{\text{Ⅰ}.MeMgI}$ 1-甲基环己醇 $\xrightarrow[\Delta]{H^+}$ 1-甲基环己烯

$\xrightarrow[\text{Ⅱ}.H_2O]{\text{Ⅰ}.O_3}$ $CH_3CO(CH_2)_4COOH$ $\xrightarrow[HCl]{Zn\text{-}Hg}$ $CH_3(CH_2)_5COOH$

4. 氢化偶氮苯的合成和联苯胺重排后溴代，经重氮化去掉氨基：

$C_6H_5NO_2 \xrightarrow[EtOH]{Zn,OH^-} C_6H_5NH\text{—}NHC_6H_5 \xrightarrow{H^+}$

$$H_2N\text{—}C_6H_4\text{—}C_6H_4\text{—}NH_2 \xrightarrow[H_2O]{Br_2} \text{3,3',5,5'-四溴联苯胺}$$

$$\xrightarrow[\text{Ⅱ}.HCHO]{\text{Ⅰ}.NaNO_2/HCl} \text{3,3',5,5'-四溴联苯}$$

5. 二烯的合成、双烯合成、Hofmann 降级：

环戊烯 $\xrightarrow{Br_2/CCl_4}$ 反-1,2-二溴环戊烷 $\xrightarrow[EtOH,\Delta]{KOH}$ 环戊二烯

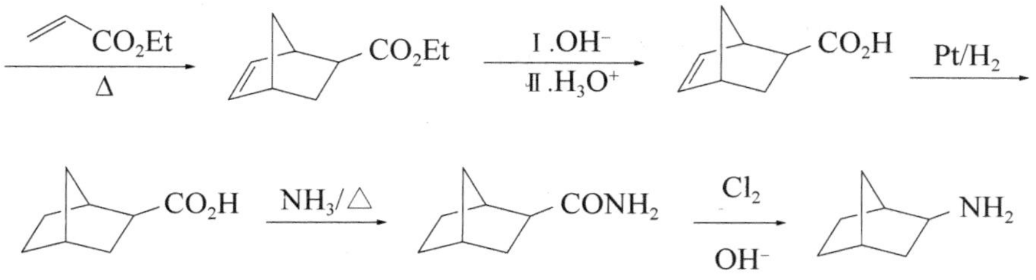

$\xrightarrow[\Delta]{\text{CH}_2=\text{CHCO}_2\text{Et}}$ CO₂Et $\xrightarrow[\text{Ⅱ.}H_3O^+]{\text{Ⅰ.}OH^-}$ CO₂H $\xrightarrow{Pt/H_2}$

CO₂H $\xrightarrow{NH_3/\triangle}$ CONH₂ $\xrightarrow[OH^-]{Cl_2}$ NH₂

六、写机理(任选两题，20 分)

1. 羰基质子化导致的碳正离子对双键的亲电加成：

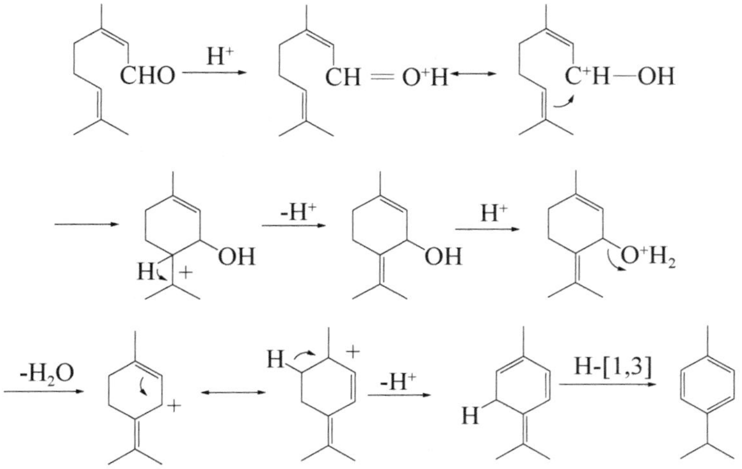

CHO $\xrightarrow{H^+}$ CH ═ O⁺H ⟷ C⁺H—OH

⟶ OH $\xrightarrow{-H^+}$ OH $\xrightarrow{H^+}$ O⁺H₂

$\xrightarrow{-H_2O}$ ⟷ $\xrightarrow{-H^+}$ $\xrightarrow{H\text{-}[1,3]}$

2. Stevens 重排：一般是苄基迁移到羰基的 α 碳上。

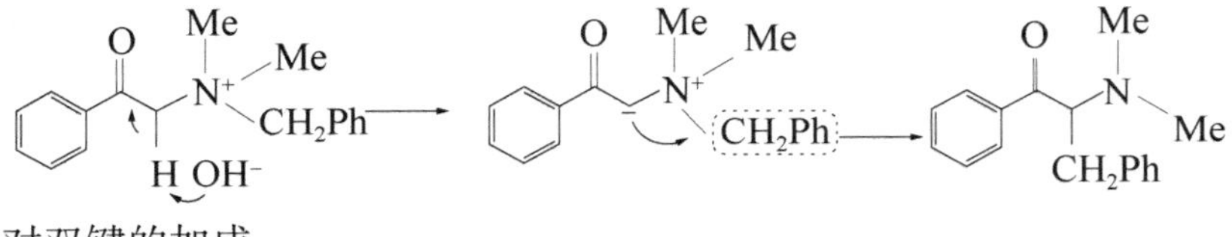

PhCOCH₂N⁺(Me)₂CH₂Ph ⟶ PhCOCH⁻N⁺(Me)₂CH₂Ph ⟶ PhCOCH(CH₂Ph)N(Me)₂

3. 卡宾对双键的加成：

$CHCl_3 + OH^- \longrightarrow H_2O + C^-Cl_3 \longrightarrow Cl^- + :CCl_2$

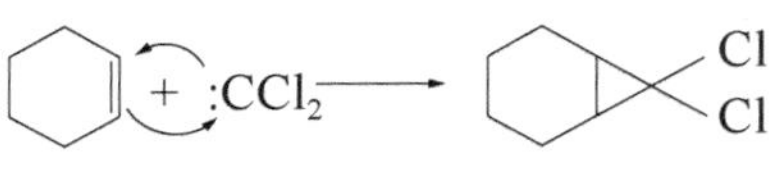

环己烯 + :CCl₂ ⟶ 7,7-二氯二环[4.1.0]庚烷

七、推测结构

1. 氧化得到苯甲酸表明是一取代的苯环；A 到 B 的性质表明 A 是一个乙二醇的缩酮；B 到 C 的性质表明 B 是一个甲基酮；B 到 E 为交叉羟醛缩合。各化合物的结构为：

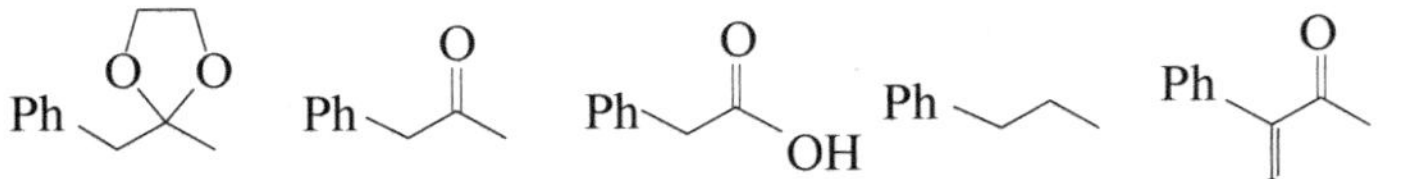

A B C D E

2. E 的红外光谱表明是一个饱和甲基酮；0. 9 的单峰表明是一个叔丁基；2. 1 的单峰是甲基酮的甲基。

① A $\xrightarrow[\text{Ⅱ.Zn,}H_2O]{\text{Ⅰ.}O_3}$ HCHO + B

② C_8H_{16}(A) + HBr ⟶ C（Br）

③ C（Br） $\xrightarrow{\text{醇,碱}}$ D + A

④ D $\xrightarrow[\text{Ⅱ.Zn,}H_2O]{\text{Ⅰ.}O_3}$ O=CH（H） + E（O）

《有机化学》模拟试题(二)

一、按照题意选择正确答案(20 分)

1. 黄明龙是我国的著名化学家，他的主要贡献是(　　)。

A. 完成了青霉素的合成　　B. 有机半导体方面做了大量的贡献

C. 改进了用肼还原羰基的反应　　D. 在元素有机方面做了大量工作

2. 下列物质的酸性由强到弱的的顺序是(　　)。

① 水　② 乙醇　③ 苯酚　④ 乙炔

A. ①②③④　　B. ③①②④　　C. ①③④②　　D. ②③①④

3. 下列离子或分子没有芳香性的是(　　)。

A. 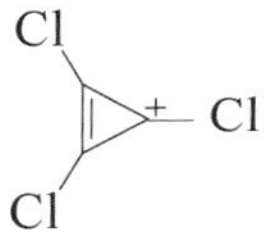 　B.  　C.  　D.

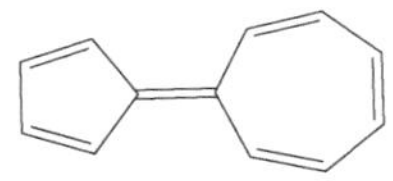

4. 下列 1,2,3-三甲基环己烷的三个异构体中，最稳定的异构体是(　　)。

A. 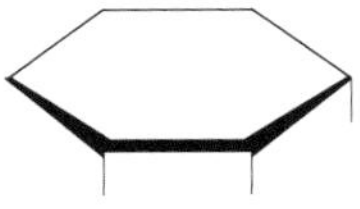 　B. 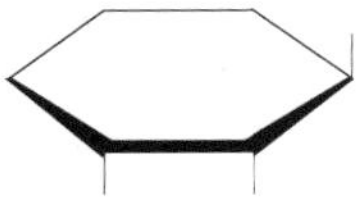 　C.

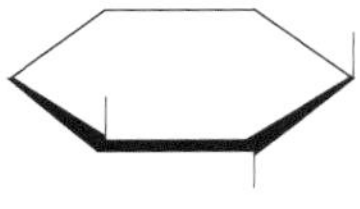

5. 下列化合物的^{1}HNMR 谱中具有较大化学位移的是(　　)。

A. 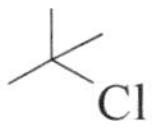 　B. 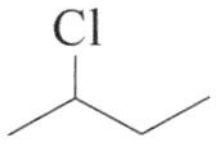 　C.  　D.

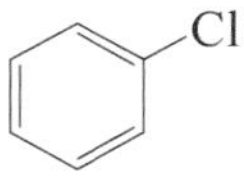

6. 下列四种含氮化合物中，能发生 Cope 消去反应的是(　　)。

A. 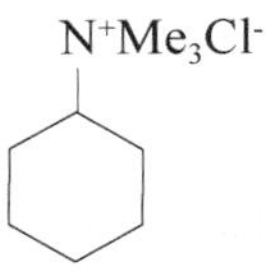 　B. 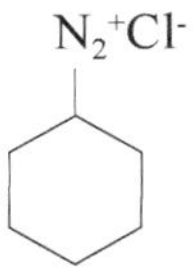 　C.  　D.

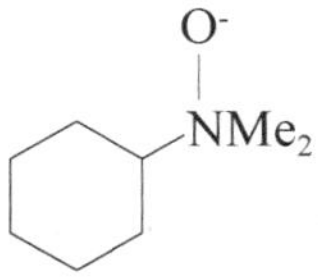

7. 单线态碳烯的结构是(　　)。

A. 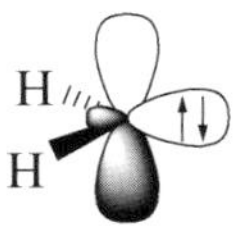 　B. 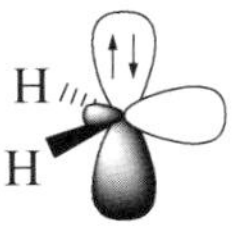 　C. 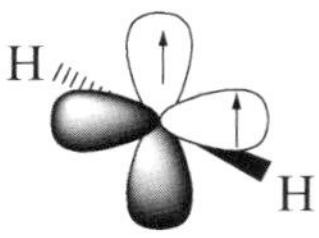 　D.

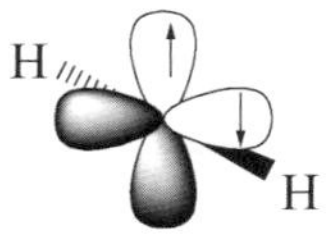

8. 下列反应中，哪一个是 Dieckmann 缩合反应(　　)。

A. 2

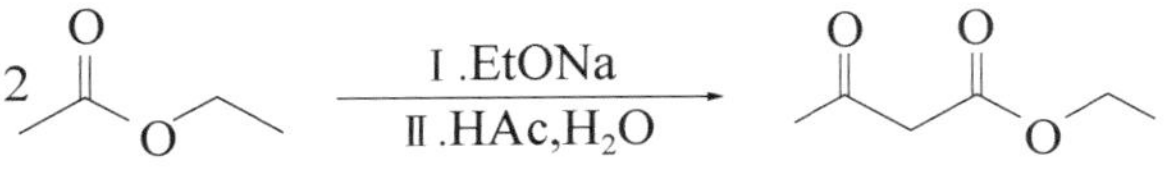

B. 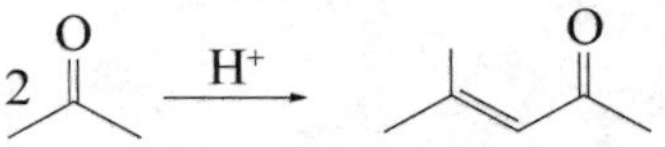

C. 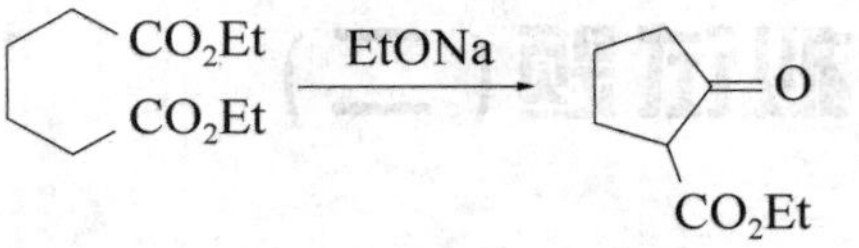

9. 下列各对 Fischer 投影式中，构型相同的是(　　)。

A. 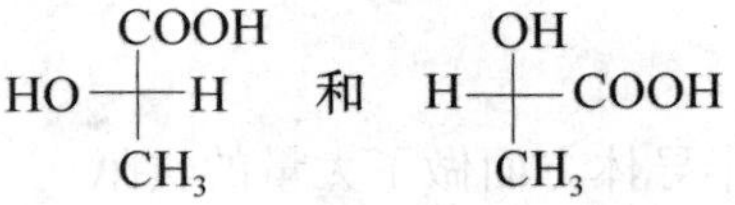　　B. 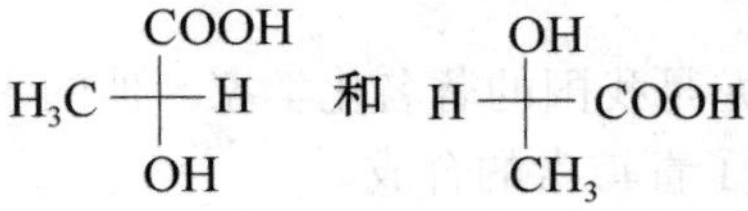

10. 下列四种单糖或其衍生物中，可发生变旋现象的是(　　)。

A. 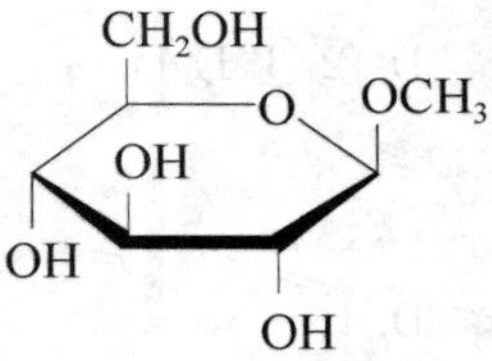　　B. 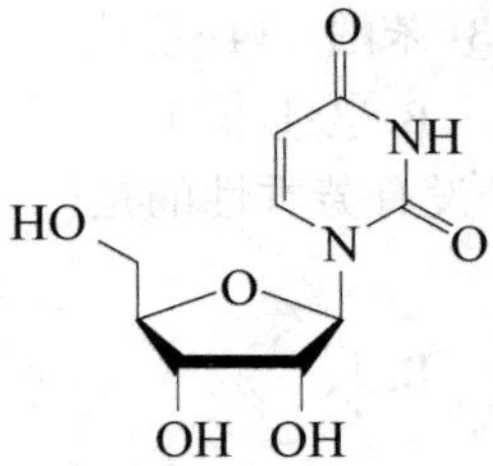

C. 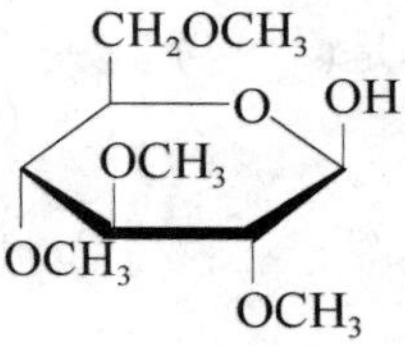　　D. 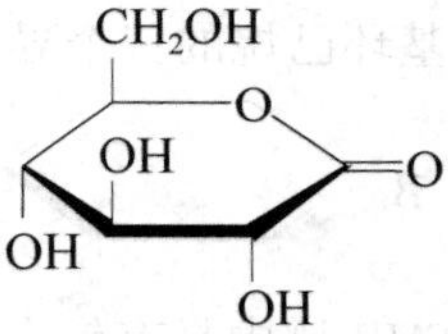

二、简答题(20 分，每小题 4 分)

1. 指出下列化合物的偶极矩方向，并给予简要解释：

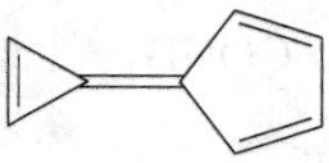　　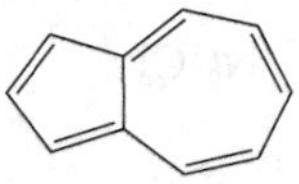

2. 周环反应不被催化剂催化，但下列反应却能被 Lewis 酸如 Et_2AlCl 催化，请写出其产物，并简要说明为什么能被 Et_2AlCl 催化？

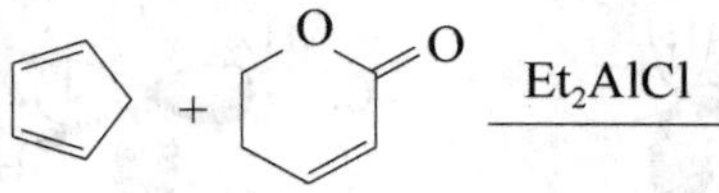

3. 脂肪重氮盐一般很不稳定，但下面的重氮盐却很稳定，请说明原因。

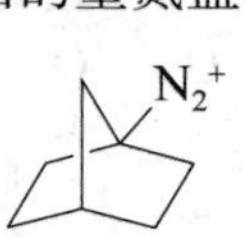

4. 下列化合物中何者酸性较强？请说明原因。

(Structures: 2,6-dimethyl-4-nitrophenol; 3,5-dimethyl-4-nitrophenol)

OH, H_3C, CH_3, NO_2　　OH, H_3C, CH_3, NO_2

5. 方酸从结构上看并不是一个羧酸，却有相当强的酸性($pKa_1 = 1.5$， $pKa_2 = 3.5$)，试用共振论的观点予以解释。

(Structure: squaric acid — HO, HO, O, O)

三、完成下列反应式，如涉及立体化学问题，请注明立体结构(34 分)

1. $CH_3(CH_2)_5$—C(H)(H_3C)—Br + NaOH $\xrightarrow[EtOH]{H_2O}$ A

2. H_3C—C(=O)—O—CH_3 + $H_2{}^{18}O$ $\xrightarrow{H^+}$ B

3. (2,2-dimethyloxirane) + CH_3OH $\xrightarrow{H^+}$ C

4. $Me_2C=CH_2 \xrightarrow{D} CH_3C(CH_3)(OH)-CH_2(HgOAc) \xrightarrow[OH^-]{NaBH_4}$ E

5. (1,3-cyclohexanedione) + $CH_2=CHCO_2Et \xrightarrow{F}$ 2-($CH_2CH_2CO_2Et$)-1,3-cyclohexanedione

6. (cyclohexane chair: H, $CONH_2$, CH_3, H) $\xrightarrow[NaOH]{Br_2}$ G

7. (phenol, OH) $\xrightarrow[OH^-(aq)]{Me_2SO_4}$ H

8. $CH_3(CH_2)_7$(H)C=C(H)$(CH_2)_7COOH$ + CH_2I_2 $\xrightarrow{Zn(Cu)}$ I

9. (bicyclo[4.2.0]octene with two CH_3, wedge bonds) $\xrightarrow{\triangle}$ J

10. (nitrobenzene, NO_2) $\xrightarrow[EtOH]{Zn,KOH}$ K

11. 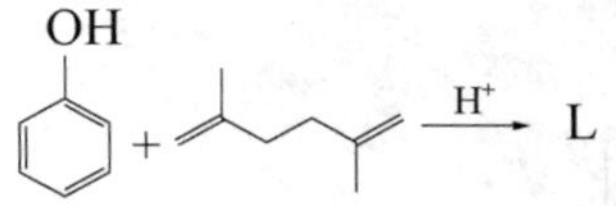 苯酚 + 2-甲基-1,5-己二烯类烯烃 $\xrightarrow{H^+}$ L

12. 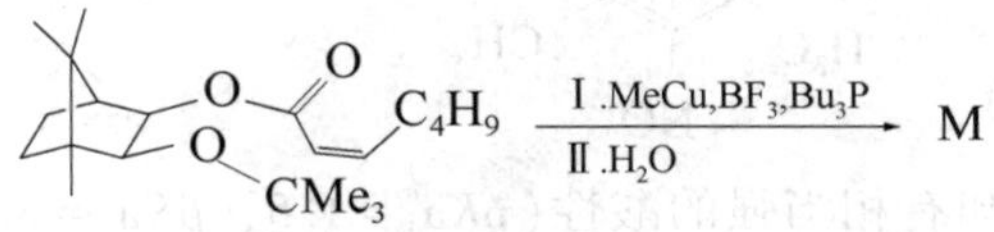 手性辅基酯（O–C(=O)–CH=CH–C_4H_9，OCMe$_3$） $\xrightarrow[\text{Ⅱ.}H_2O]{\text{Ⅰ.}MeCu,BF_3,Bu_3P}$ M

13. 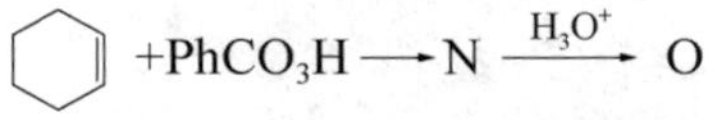 环己烯 $+PhCO_3H \longrightarrow$ N $\xrightarrow{H_3O^+}$ O

14. 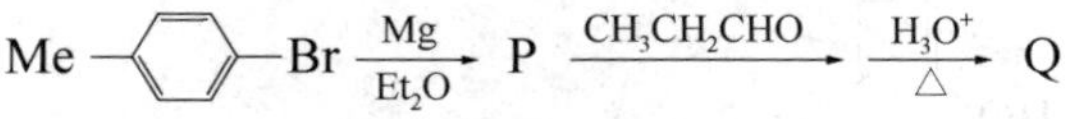 Me–C_6H_4–Br $\xrightarrow[Et_2O]{Mg}$ P $\xrightarrow{CH_3CH_2CHO}$ $\xrightarrow[\triangle]{H_3O^+}$ Q

四、写出下列反应的可能的机理(24分)

1. 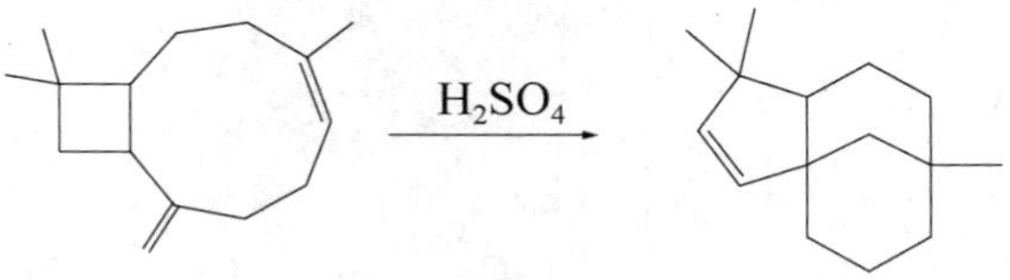 $\xrightarrow{H_2SO_4}$

2. 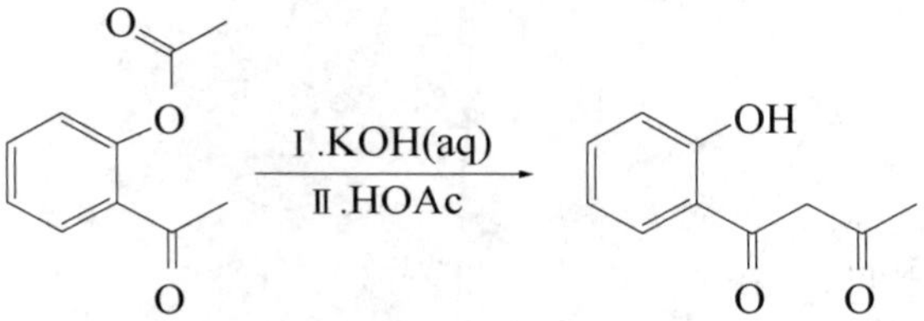 $\xrightarrow[\text{Ⅱ.HOAc}]{\text{Ⅰ.KOH(aq)}}$ （产物含 OH）

3. 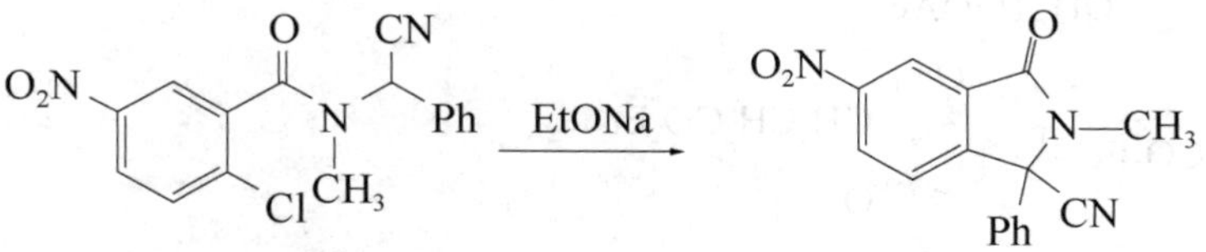 O_2N，CN，Ph，Cl，CH_3 $\xrightarrow{EtONa}$ O_2N，O，N—CH_3，Ph，CN

五、合成(无机原料不限)(32分，1~5小题各5分，第6题7分)

1. 由含两个碳原子的有机原料出发合成：C_2H_5（环氧）C_2H_5

2. 由丙二酸二乙酯和含2个以下碳原子的有机原料出发合成：HOOC—（螺[3.3]庚烷）—COOH

3. 由苯出发合成：1,3,5-三溴苯（Br，Br，Br）

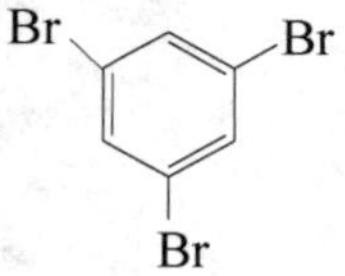

4. 由环己酮和甲苯出发合成：2-苄基环戊酮（O，Ph）

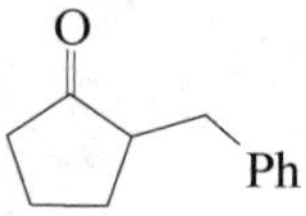

5. 由丙二酸酯和丙酮出发合成：

6. 由不超过四个碳原子的有机原料出发合成：

六、推断结构(20分)

1. 化合物A($C_{10}H_{12}O_3$)不溶于水、稀盐酸和稀碳酸氢钠溶液，但可溶于稀NaOH溶液。A与稀NaOH溶液共热，然后水蒸气蒸馏，馏出液可发生碘仿反应。水蒸气蒸馏后剩下的碱性溶液经酸化生成沉淀B($C_7H_6O_3$)。B可溶于$NaHCO_3$溶液，并放出二氧化碳；B与氯化铁溶液发生颜色反应，并可随水蒸气挥发。写出A和B的结构式。

2. 分子式为$C_9H_{11}BrO$的化合物的波谱数据如下。IR：$3340cm^{-1}$、$1600cm^{-1}$、$1500cm^{-1}$、$1380cm^{-1}$、$830cm^{-1}$；^1HNMR：$\delta 0.9$(3H，t)，$\delta 1.6$(2H，m)，$\delta 2.7$(1H，s)，$\delta 4.4$(1H，t)，$\delta 7.2$(4H，q)。试推出该化合物的结构。

参考答案

一、按照题意选择正确答案

CBBCD DACAC

二、简答题

1. 偶极矩方向如下所示。因为前者小环带有正电荷，大环带有负电荷的结构是芳香性的；后者的电荷分离式是小环带负电、大环带正电。

2. 含有羰基的亲双烯体很容易受到Lewis酸的催化，催化形式如下所示。其结果是增强了羰基的吸电子能力：

催化形式

3. 该重氮盐若分解，则将产生一个桥头的碳正离子，后者是极不稳定的，因此，它很不易分解。

4. 前者比后者的酸性强。因为二者尽管都有两个甲基的空间位阻，但前者只是影响了OH电离后的溶剂化作用，而后者是阻碍了硝基与苯环的共平面，其结果是降低了硝基的吸电子作用。

5. 方酸存在着如下所示的广泛的电离，中间体的稳定性反映了质子给出的容易程度：

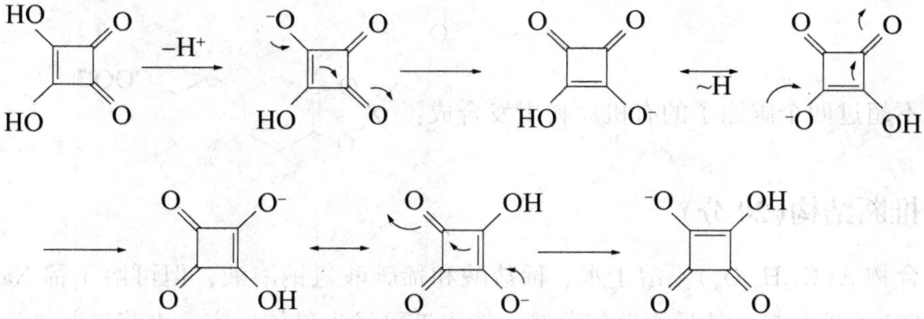

三、完成下列反应式，如涉及立体化学问题，请注明立体结构

A. 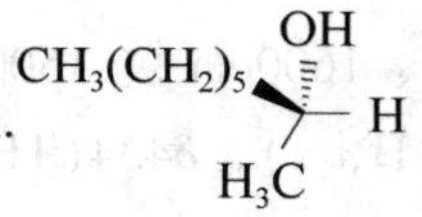 $CH_3(CH_2)_5$—C(OH)(H)(H_3C)

B. H_3C—C(=O)—^{18}OH

C. OCH_3 / OH

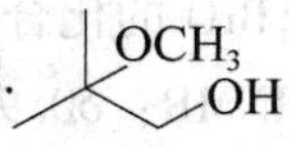

D. $Hg(OAc)_2$

E. 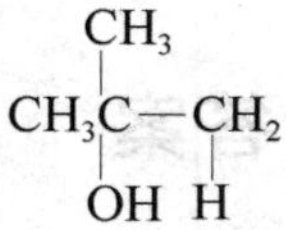 CH_3—C(CH_3)(OH)—CH_2—H

F.EtONa

G. 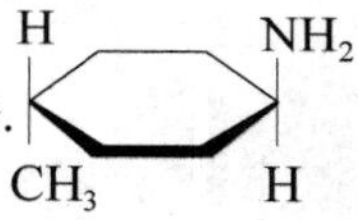 H 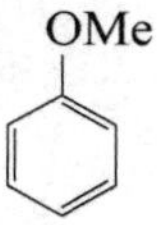 / NH_2 / CH_3 / H

H. OMe

I. 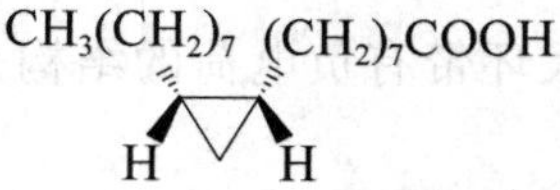 $CH_3(CH_2)_7$ $(CH_2)_7COOH$ H H

J. 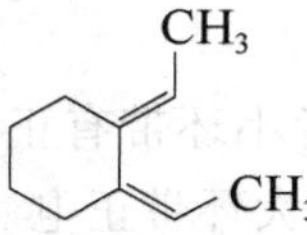 CH_3 / CH_3

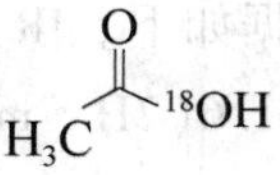

K.  —NHNH—

L. 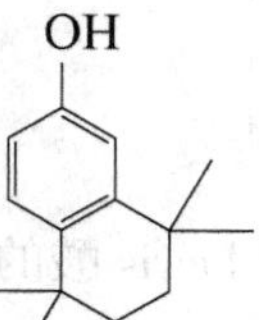 OH

M. 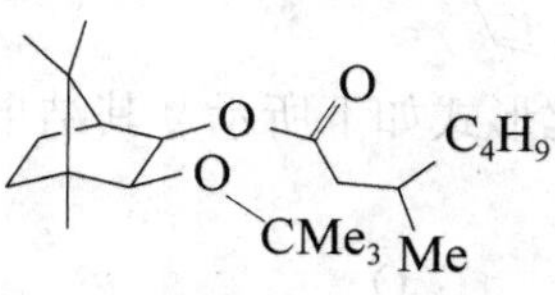 O / O / C_4H_9 / CMe_3 / Me

N. H / O / H

O. OH / OH(±)

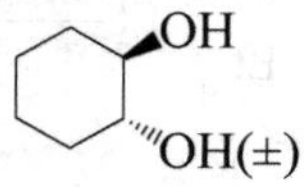

P.  Me—C6H4—MgBr

Q. 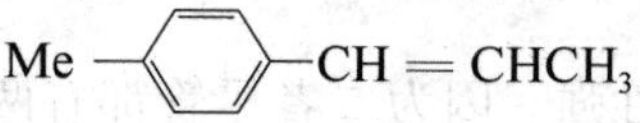 Me—C6H4—CH ═ CHCH3

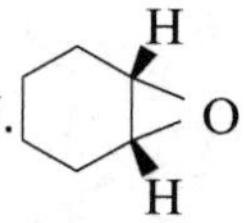

四、写出下列反应的可能的机理

1. 反应物为石竹烯，一个倍半萜，产物是其与酸作用的产物之一：

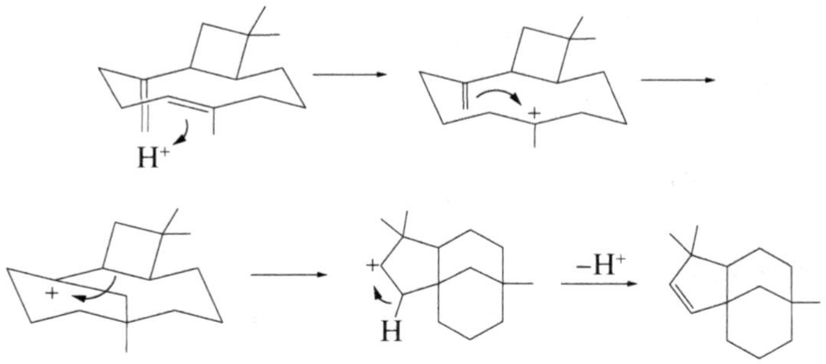

H^+

$-H^+$

H

2. 这是一个分子内的交叉缩合反应：

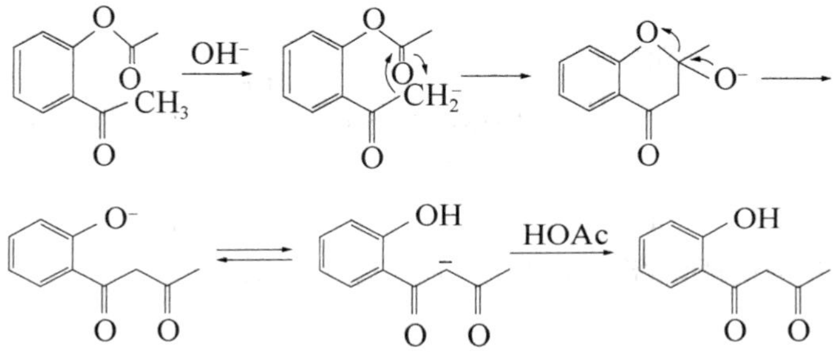

OH^- CH_3 CH_2^- O^- OH HOAc

3. 碳负离子进行的分子内亲核取代：

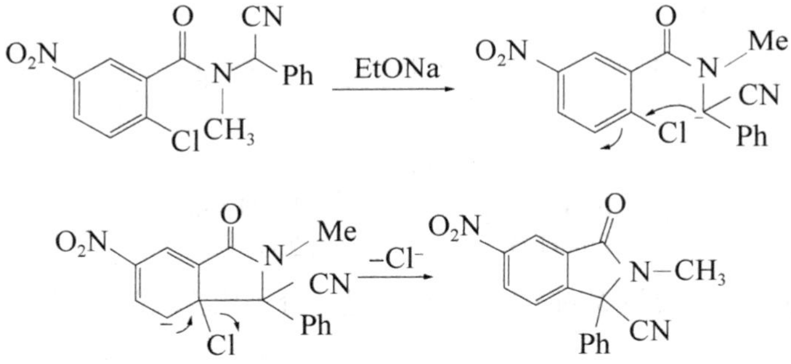

O_2N CN Ph N CH_3 Cl EtONa Me $-Cl^-$ $N-CH_3$

五、合成

1. 由乙炔变为对称的顺式烯烃后过氧酸氧化：

$$HC\equiv CH \xrightarrow[NH_3(l)]{Na} CH_2=CH_2 \xrightarrow{HBr} CH_3CH_2Br \xrightarrow[2.EtBr]{1.NaNH_2}$$

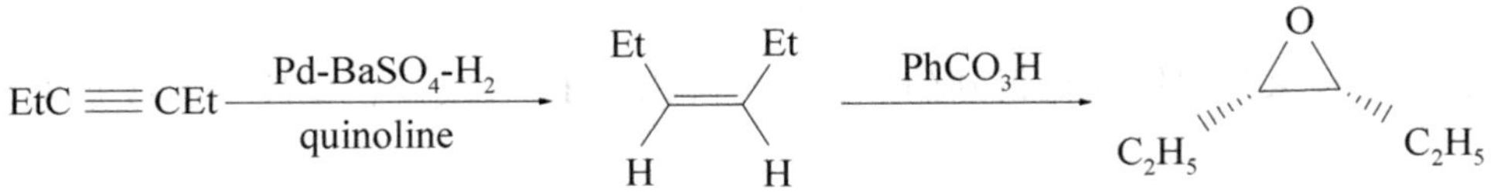

$$EtC\equiv CEt \xrightarrow[quinoline]{Pd\text{-}BaSO_4\text{-}H_2} \text{(Z)-EtCH=CHEt} \xrightarrow{PhCO_3H} \text{cis-}C_2H_5\text{-epoxide-}C_2H_5$$

2. 中间的螺碳来自季戊四醇，两边的羧基分别来自丙二酸酯：

$$CH_3CHO + 3HCHO \xrightarrow{OH^-} (HOCH_2)_3CCHO \xrightarrow[OH^-(c)]{HCHO} C(CH_2OH)_4$$

$$\xrightarrow{HBr} C(CH_2Br)_4 \xrightarrow[EtONa]{2CH_2(CO_2Et)_2} (EtO_2C)_2C\text{(spiro[3.3]heptane)}C(CO_2Et)_2$$

$$\xrightarrow[2.H^+,\triangle]{1.OH^-(aq)} HOOC\text{—(spiro[3.3]heptane)—}COOH$$

3. 苯胺溴代后除去氨基：

$$C_6H_6 \xrightarrow[H_2SO_4]{HNO_3} C_6H_5NO_2 \xrightarrow[HCl]{Fe} C_6H_5NH_2 \xrightarrow[H_2O]{Br_2}$$

$$2,4,6\text{-}Br_3C_6H_2NH_2 \xrightarrow[2.H_3PO_2]{1.HNO_2/0\sim5℃} 1,3,5\text{-}C_6H_3Br_3$$

4. 环己酮变为相应的酮酸酯后烷基化，最后除去酯基：

$$C_6H_5CH_3 \xrightarrow{NBS} C_6H_5CH_2Br$$

$$\text{环己酮} \xrightarrow[\Delta]{HNO_3} HO_2C(CH_2)_4CO_2H \xrightarrow[H^+,\triangle]{EtOH} EtO_2C(CH_2)_4CO_2Et \xrightarrow[EtOH]{EtONa}$$

$$\text{2-}CO_2Et\text{-环戊酮} \xrightarrow[2.PhCH_2Br]{1.EtONa} \text{2-}CO_2Et\text{-2-}CH_2Ph\text{-环戊酮} \xrightarrow[2.H^+,\triangle]{1.OH^-(aq)} \text{2-}CH_2Ph\text{-环戊酮}$$

5. 丙二酸酯与异丙叉丙酮 Michael 加成后再进行分子内交叉缩合反应：

$$2\,CH_3COCH_3 \xrightarrow[\triangle]{Ba(OH)_2} (CH_3)_2C=CHCOCH_3 \xrightarrow[EtONa]{CH_2(CO_2Et)_2} CH_3COCH_2C(CH_3)_2CH(CO_2Et)_2$$

$$\xrightarrow{EtONa} \text{4-}CO_2Et\text{-5,5-二甲基环己-1,3-二酮} \xrightarrow[2.H^+,\triangle]{1.OH^-(aq)} \text{5,5-二甲基环己-1,3-二酮}$$

6. 缩酮处原来是双键氧化得到的邻二醇，环来自 D-A 反应；单酯可看成是来自丙二酸酯：

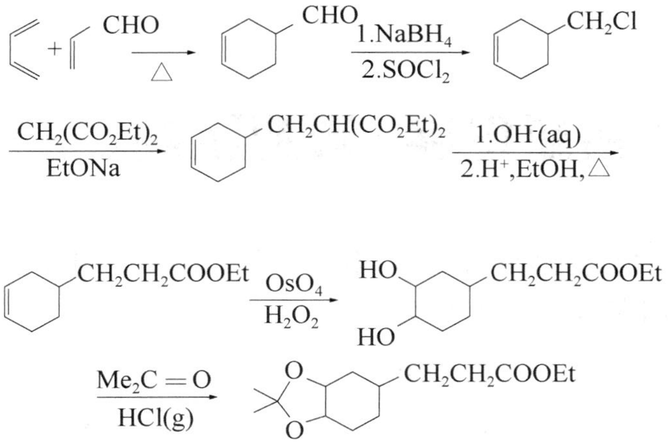

CHO $\xrightarrow{\triangle}$ CHO $\xrightarrow[2.SOCl_2]{1.NaBH_4}$ CH_2Cl

$\xrightarrow[EtONa]{CH_2(CO_2Et)_2}$ $CH_2CH(CO_2Et)_2$ $\xrightarrow[2.H^+,EtOH,\triangle]{1.OH^-(aq)}$

CH_2CH_2COOEt $\xrightarrow[H_2O_2]{OsO_4}$ HO HO CH_2CH_2COOEt

$\xrightarrow[HCl(g)]{Me_2C=O}$ O O CH_2CH_2COOEt

六、推断结构

1. A 可碱性水解，表明是一个异丙基酯(馏出液可发生碘仿反应)；B 是相应的酚酸(三氯化铁可显色)，而且是水杨酸(可进行水蒸气蒸馏)。A 和 B 的结构如下：

A O O OH　　B O OH OH

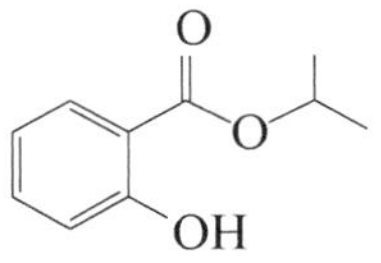

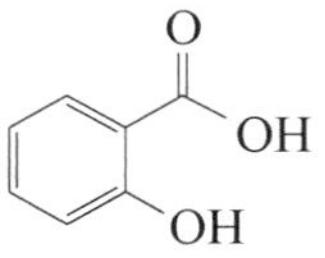

2. 不饱和度=5，1600 和 1500 表明含一个苯环，830 为对位二取代；0.9 表明有一个甲基(与 CH_2 相邻)，2.7 为醇 OH，4.4 为苄基 H(与 CH_2 相邻)，1.6 的两个 H 受两侧的影响变为多重峰，7.2 的峰型是典型的对位二取代：

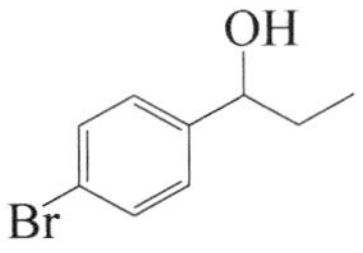

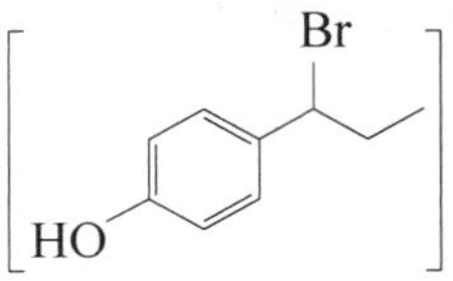

OH Br　　[Br HO]

括号中的结构符合红外的要求，但其 OH 的 NMR 在 4.5~7.7，所以不对。

《有机化学》模拟试题(三)

一、命名或写出化合物的结构式(如有立体异构体注明 *R/S*，*E/Z* 等)(本大题共 12 小题，每小题 1 分，共 12 分)

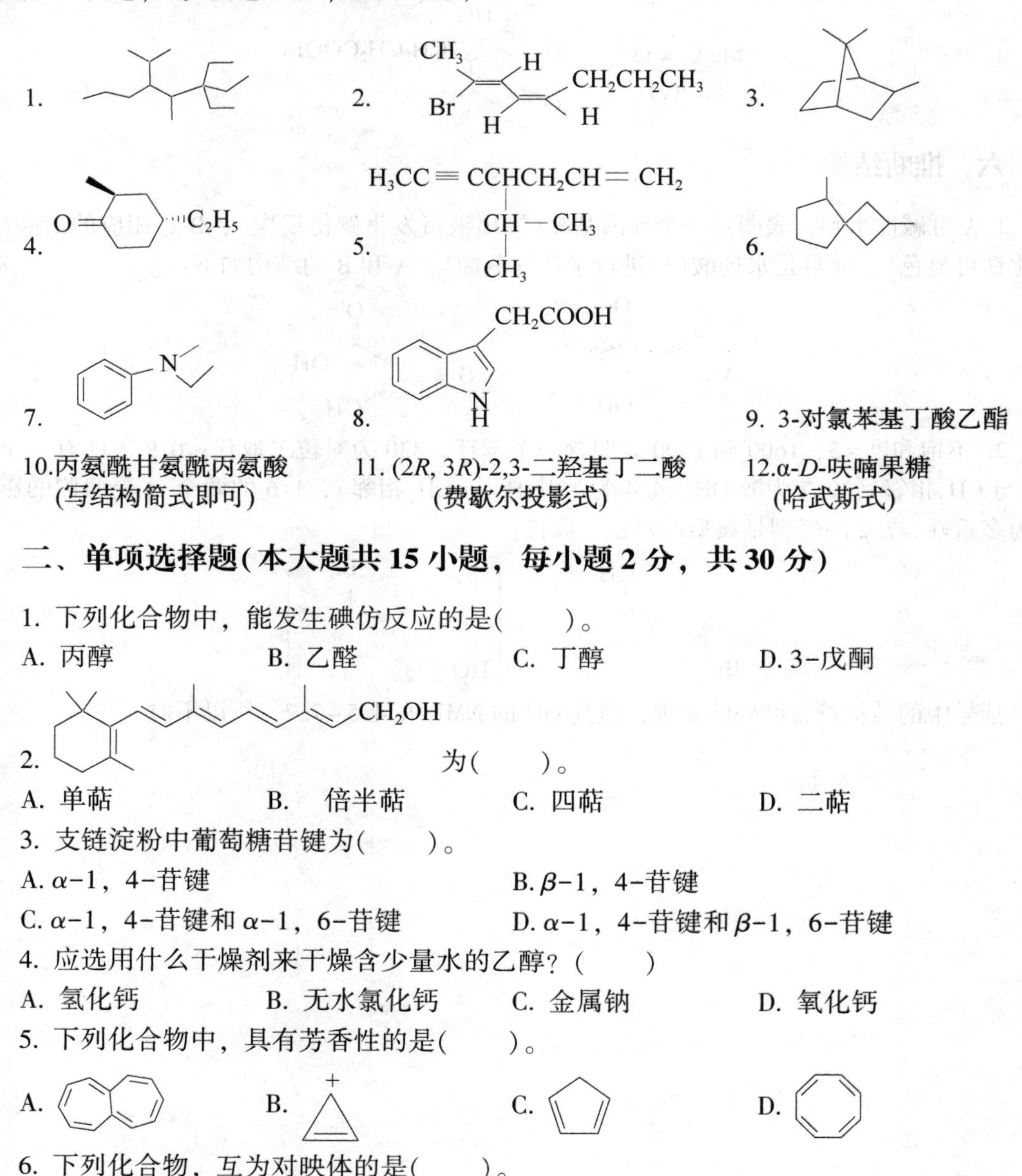

1.　　　　2.　　　　3.

4.　　　　5.　　　　6.

7.　　　　8.　　　　9. 3-对氯苯基丁酸乙酯

10.丙氨酰甘氨酰丙氨酸(写结构简式即可)　　11. (2*R*, 3*R*)-2,3-二羟基丁二酸(费歇尔投影式)　　12.α-*D*-呋喃果糖(哈武斯式)

二、单项选择题(本大题共 15 小题，每小题 2 分，共 30 分)

1. 下列化合物中，能发生碘仿反应的是(　　)。

A. 丙醇　　B. 乙醛　　C. 丁醇　　D. 3-戊酮

2. 　　为(　　)。

A. 单萜　　B. 倍半萜　　C. 四萜　　D. 二萜

3. 支链淀粉中葡萄糖苷键为(　　)。

A. α-1，4-苷键　　B. β-1，4-苷键

C. α-1，4-苷键和 α-1，6-苷键　　D. α-1，4-苷键和 β-1，6-苷键

4. 应选用什么干燥剂来干燥含少量水的乙醇？(　　)

A. 氢化钙　　B. 无水氯化钙　　C. 金属钠　　D. 氧化钙

5. 下列化合物中，具有芳香性的是(　　)。

A.　　B.　　C.　　D.

6. 下列化合物，互为对映体的是(　　)。

A. 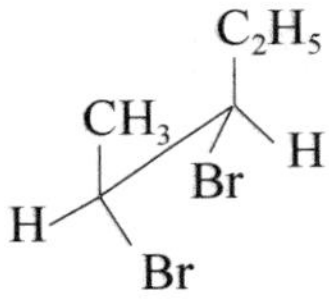 [structures: CH_3, C_2H_5, H, Br, H, Br] 和 [structures: C_2H_5, CH_3, H, Br, H, Br]

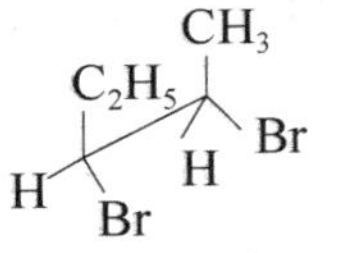

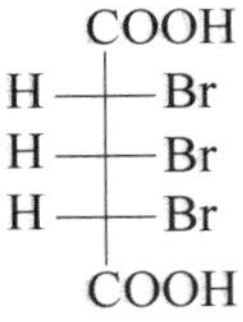

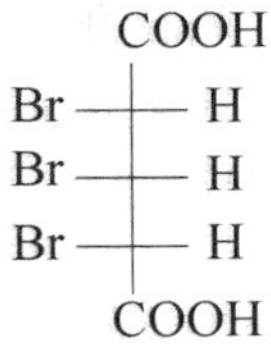

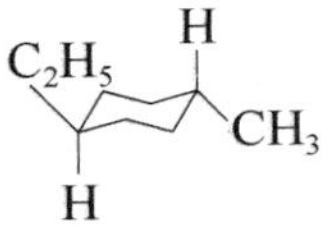

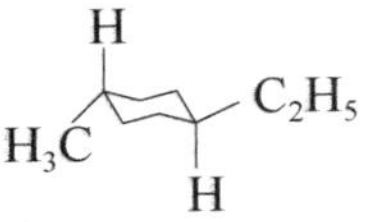

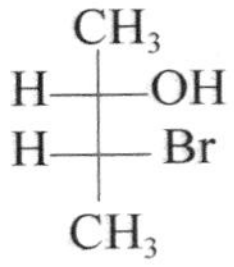

B.
COOH / H—Br / H—Br / H—Br / COOH 和 COOH / Br—H / Br—H / Br—H / COOH

C. [cyclohexane: C_2H_5, H, CH_3, H] 和 [cyclohexane: H, H_3C, C_2H_5, H]

D.
CH_3 / H—OH / H—Br / CH_3 和 CH_3 / H—Br / H—OH / CH_3

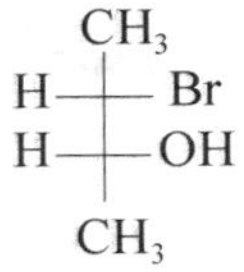

7. 关于化合物 $C_6H_5-CH_2-C(=O)-CH_3$ 的波谱特征，说法错误的是(　　)。

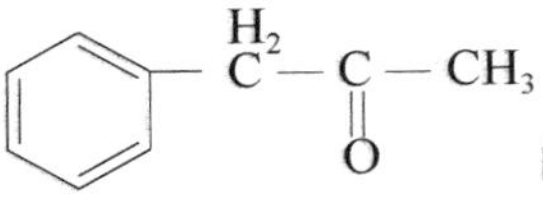

A. ^{1}H NMR 中，δ3.5(2H)单峰　　B. ^{1}H NMR 中，δ7.1(5H)多重峰

C. IR 中，1705cm^{-1}处有强的吸收峰　　D. IR 中，3300cm^{-1}处有宽而强的吸收峰

8. 下列化合物中，*R* 构型的是(　　)。

A. 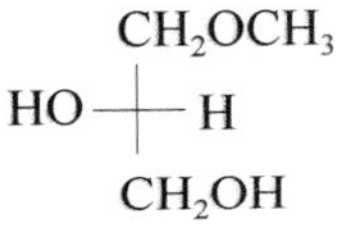 CH_2OCH_3 / HO—H / CH_2OH　　B. 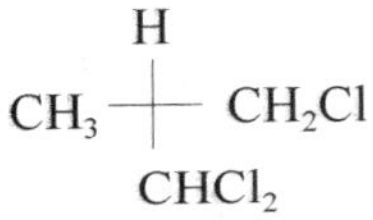 H / CH_3—CH_2Cl / $CHCl_2$　　C. 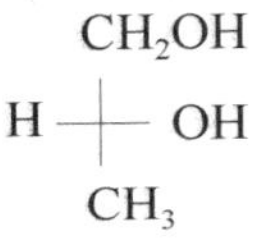 CH_2OH / H—OH / CH_3　　D. 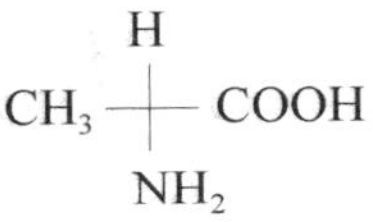 H / CH_3—COOH / NH_2

9. 下列化合物按碱性由强到弱的排列顺序是(　　)。

(1) 苯胺　(2) 对硝基苯胺　(3) 吡咯　(4) 对甲基苯胺　(5) 氢氧化四乙基铵

A. (4)>(3)>(2)>(1)>(5)　　B. (5)>(4)>(1)>(2)>(3)

C. (5)>(3)>(4)>(1)>(2)　　D. (4)>(1)>(2)>(3)>(5)

10. 下列反应经过的主要活性中间体是(　　)。

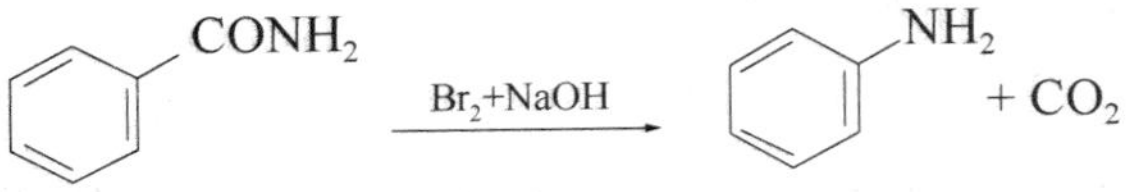

$$C_6H_5CONH_2 \xrightarrow{Br_2+NaOH} C_6H_5NH_2 + CO_2$$

A. 碳正离子　　B. 卡宾(即碳烯)　　C. 乃春(即氮烯)　　D. 苯炔

11. 下列化合物烯醇化程度由高到低排列是(　　)。

(1) $CH_3-\overset{O}{\overset{\|}{C}}-CH_2-\overset{O}{\overset{\|}{C}}-CH_3$　　(2) $CH_3-\overset{O}{\overset{\|}{C}}-CH_2-\overset{O}{\overset{\|}{C}}-OC_2H_5$

(3) $C_6H_5-\overset{O}{\overset{\|}{C}}-CH_2-\overset{O}{\overset{\|}{C}}-CH_3$　　(4) $CH_3-\overset{O}{\overset{\|}{C}}-CH_3$

A. (3)>(2)>(1)>(4)　　B. (1)>(2)>(3)>(4)

C. (3)>(1)>(2)>(4)　　D. (1)>(3)>(2)>(4)

12. 实现下述转化最好的路线是(　　)。

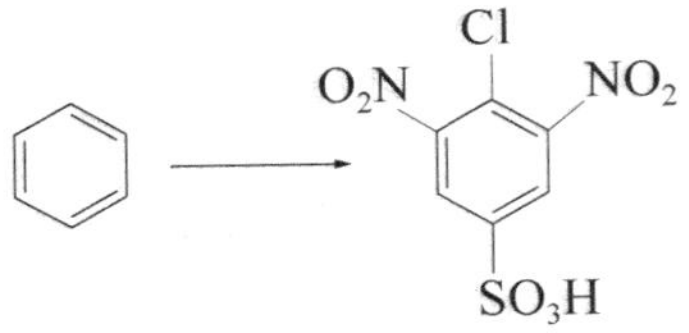

[benzene] → [benzene ring with Cl, two NO_2 (ortho to Cl), and SO_3H (para to Cl)]

A. 先卤化，再硝化，最后磺化； B. 先磺化，再硝化，最后卤化；
C. 先硝化，再磺化，最后卤化； D. 先卤化，再磺化，最后硝化。

13. 下面化合物哪个没有手性？(　　)。

A. HOOC H H COOH　　　B. Ph H Br H Br Ph

C. COOH O_2N HOOC NO_2　　　D. H_3C H C=C=C H CH_3

14. O H 被 $LiBH(s\text{-}Bu)_3$ 还原，生成的主产物是(　　)。

A. H OH H　　　B. OH H H

C. 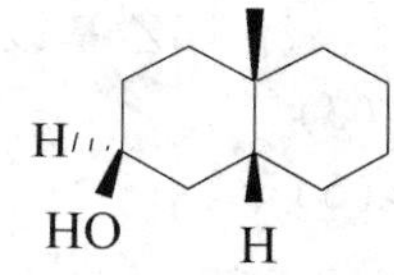　　　D. OH H H

15. 减压蒸馏开始时，正确操作顺序是(　　)。

A. 边抽气边加热　B. 先抽气后加热　C. 先加热后抽气　D. 以上皆可

三、完成下列反应式，写出反应的主产物，如有立体化学问题请注明(本大题共12小题，20个空，每问2分，共40分，请在答题纸上标明题号按顺序填写)

1. CH_3 H Ph Br H Ph $\xrightarrow{C_2H_5O^-}$?

2. CH_3 CH_3 CH_3 + HCl → ?

3. N H + O $\xrightarrow{H^+}$? $\xrightarrow[2.H_3O^+]{1.\ \text{CH}_2\text{=CHCOOCH}_3}$?

4. N H $\xrightarrow[2.Ag_2O,H_2O]{1.CH_3I(过量)}$? $\xrightarrow{\Delta}$? $\xrightarrow[2.Ag_2O,H_2O\ \ 3.\Delta]{1.CH_3I(过量)}$?

5. 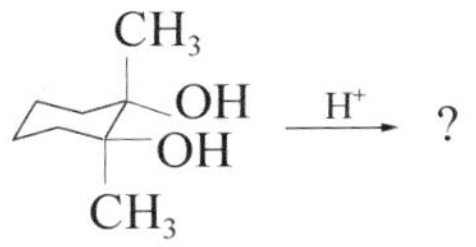 (1,2-dimethylcyclohexane-1,2-diol) $\xrightarrow{H^+}$?

6. 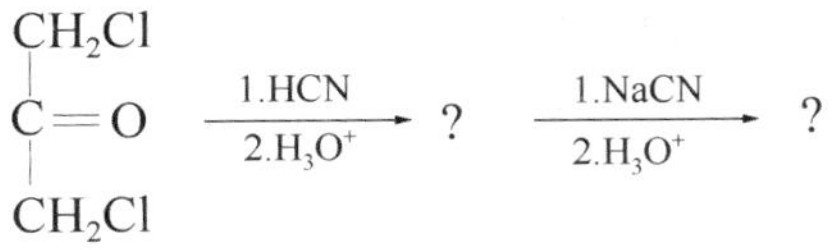 $ClCH_2COCH_2Cl \xrightarrow[2.H_3O^+]{1.HCN}$? $\xrightarrow[2.H_3O^+]{1.NaCN}$?

7. 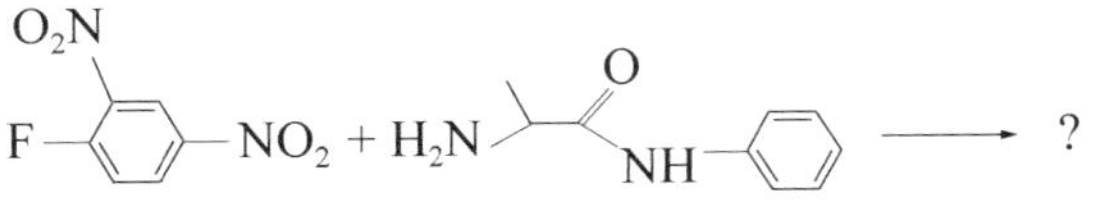 $F-C_6H_3(NO_2)-NO_2$ (O$_2$N) + $H_2N-CH(CH_3)-C(=O)-NH-C_6H_5$ $\longrightarrow$?

8. 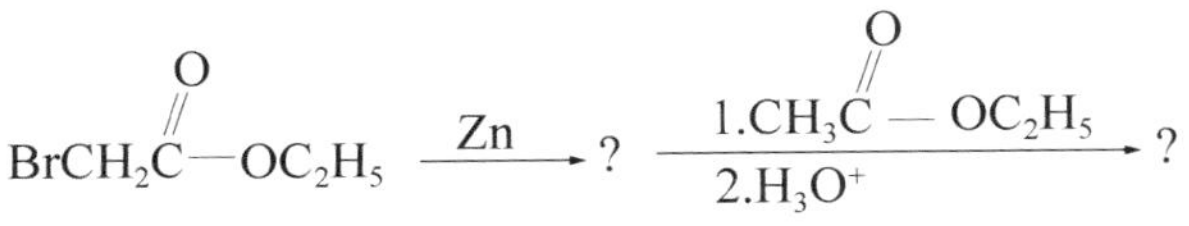 $BrCH_2\overset{O}{\overset{\|}{C}}-OC_2H_5 \xrightarrow{Zn}$? $\xrightarrow[2.H_3O^+]{1.CH_3\overset{O}{\overset{\|}{C}}-OC_2H_5}$?

9. 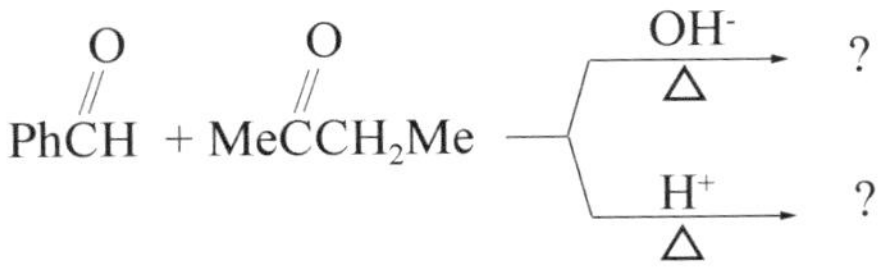 $Ph\overset{O}{\overset{\|}{C}}H + Me\overset{O}{\overset{\|}{C}}CH_2Me$ $\xrightarrow[\triangle]{OH^-}$? ; $\xrightarrow[\triangle]{H^+}$?

10. 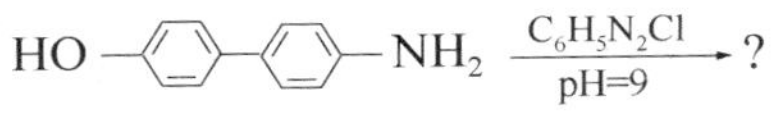 $HO-C_6H_4-C_6H_4-NH_2 \xrightarrow[pH=9]{C_6H_5N_2Cl}$?

11. 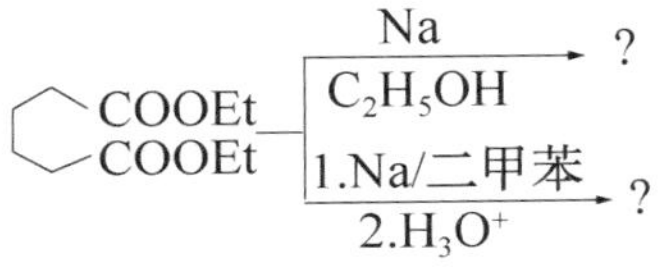 (cyclohexane-1,2-diyl)(COOEt)(COOEt) $\xrightarrow{Na,\ C_2H_5OH}$? ; $\xrightarrow[2.H_3O^+]{1.Na/二甲苯}$?

12. 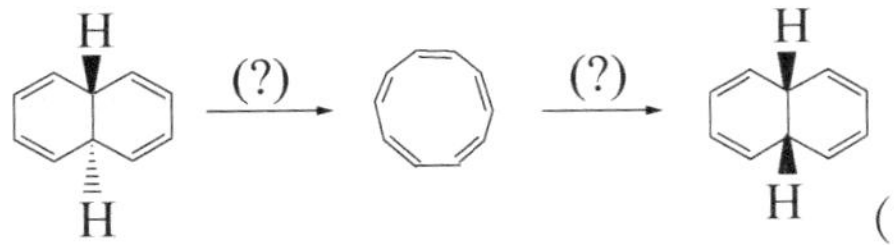 (H, H) $\xrightarrow{(?)}$ (cyclodecapentaene) $\xrightarrow{(?)}$ (H, H) （请填写反应条件）

四、鉴别与分离题(本大题共 2 小题，每题 6 分，共 12 分)

1. 鉴别丙炔、丙烯、环丙烷、丙烷、丙醇、苯酚
(请用流程线表示，每鉴别对 1 个化合物得 1 分)
2. 试分离苯胺、*N*-甲基苯胺、*N*，*N*-二甲基苯胺
(请用流程线表示，每分离出 1 个化合物得 2 分)

五、机理题(本大题共 2 小题，每小题 6 分，共 12 分)

1. 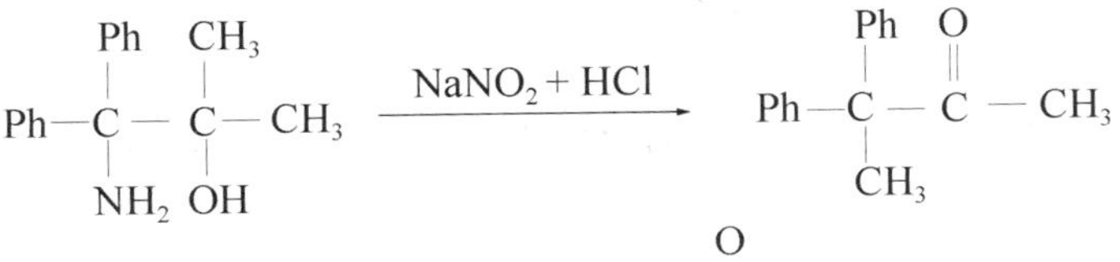 $Ph-\underset{NH_2}{\overset{Ph}{C}}-\underset{OH}{\overset{CH_3}{C}}-CH_3 \xrightarrow{NaNO_2+HCl} Ph-\underset{CH_3}{\overset{Ph}{C}}-\overset{O}{\overset{\|}{C}}-CH_3$

2. $CH_3COCH_2CH_2COCH_3 \xrightarrow[\triangle]{NaOH}$ (3-methylcyclopent-2-en-1-one)

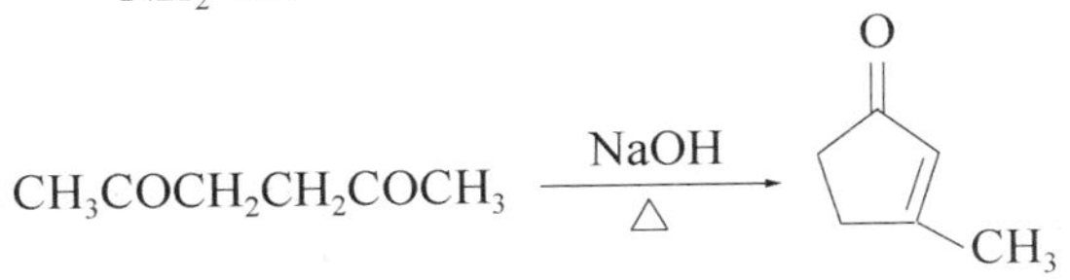

六、合成下列化合物(无机试剂任选，本大题共4小题，每小题8分，共32分)

1. 由少于或等于四个碳的有机试剂合成$CH_3CH_2CH_2CHCH_2CH_2CH_3$（CH 上连 CH_2OH）

$$CH_3CH_2CH_2\underset{\displaystyle CH_2OH}{\underset{|}{C}H}CH_2CH_2CH_3$$

2. 由丙二酸二乙酯、邻苯二甲酰亚胺及甲苯为基本原料合成外消旋的苯丙氨酸

$$(\pm)PhCH_2\underset{\displaystyle {}^{+}NH_3}{\underset{|}{C}H}COO^-$$

3. 由异丁醛和其他的有机原料合成

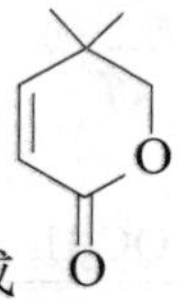

4. 由苯甲醛、苄溴等有机原料合成

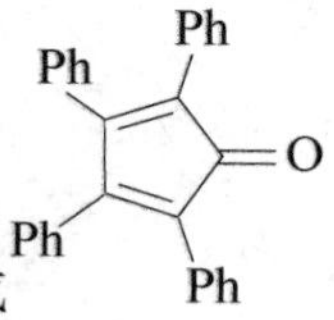

七、推断题(本大题共2题，每题6分，共12分，只需写结果，不用写推理过程)

1. 某一中性化合物$C_7H_{13}O_2Br$的IR谱在2850~2950cm^{-1}有一些吸收峰，但在3000cm^{-1}以上无吸收峰，另一强的吸收峰在1740cm^{-1}处。^1H NMR在δ为1.0(三重峰，3H)，1.3(二重峰，6H)，2.1(多重峰，2H)，4.2(三重峰，1H)和4.6(多重峰，1H)有信号，^{13}C NMR在δ为168处有一个特殊的共振信号。试推断该化合物的结构，并给出个^1H NMR中各H吸收信号的归属。(注：写对结构式得2分，氢谱每归属对1个信号得1分，可在结构式旁边用前头标出或用a，b，c，d，e标识后再指认，结构式不对得0分)

2. 某化合物A的分子式为$C_8H_{17}N$，其核磁共振谱无双重峰，它与2mol碘甲烷反应，然后与Ag_2O(湿)作用，接着加热，则生成一个中间体B，其分子式为$C_{10}H_{21}N$。B与1mol碘甲烷反应后生成C，C与湿的Ag_2O作用，转变为氢氧化物，加热则生成三甲胺，1，5-辛二烯和1，4-辛二烯的混合物。写出A、B、C的结构式和A转变为B、B转变为C以及C分解的反应式。(注：每写对1个结构式或反应式得1分)

参考答案

一、命名或写出化合物的结构式(如有立体异构体注明*R*/*S*，*E*/*Z*等)(本大题共12小题，每小题1分，共12分)

1. 4-甲基-3，3-二乙基-5-异丙基辛烷
2. (2*Z*，4*Z*)-2-溴-2，4-辛二烯
3. 2，7，7-三甲基二环[2.2.1]庚烷
4. (2*S*，4*R*)-2-甲基-4-乙基环己酮
5. 4-异丙基-1-庚烯-5-炔
6. 2，5-二甲基螺[3.4]辛烷

7. *N*–甲基–*N*–乙基苯胺

8. 3–吲哚乙酸或*β*–吲哚乙酸

9. 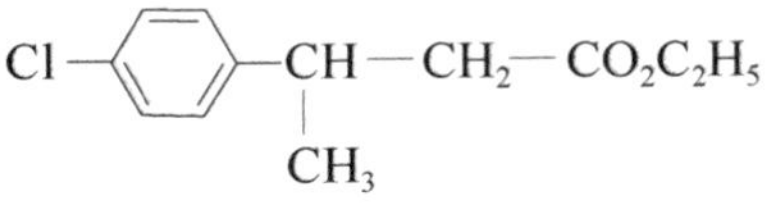 Cl–C_6H_4–CH(CH$_3$)–CH_2–$CO_2C_2H_5$

10.  $NH_2CH(CH_3)CONHCH_2CONHCH(CH_3)CO_2H$

11. 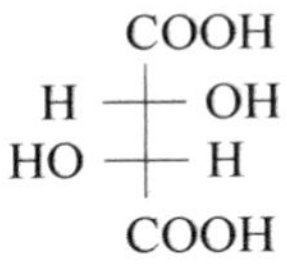 COOH / H—|—OH / HO—|—H / COOH

12. 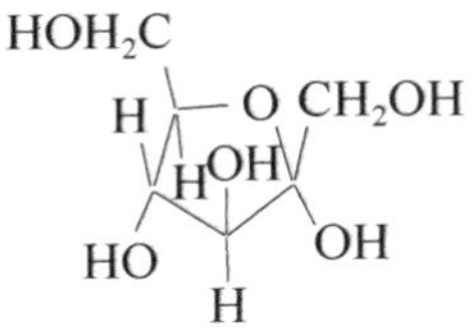 HOH_2C, H, O, CH_2OH, H, OH, HO, OH, H

二、单项选择题(本大题共 15 小题，每小题 2 分，共 30 分)

BDCDB DDCBC CDBAB

三、完成下列反应式，写出反应的主产物，如有立体化学问题请注明(本大题共 12 小题，20 个空，每问 2 分，共 40 分，请在答题纸上标明题号按顺序填写)

1. 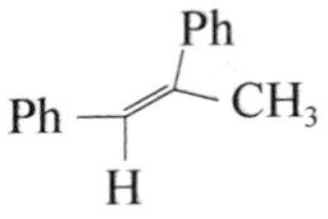 Ph(H)C=C(Ph)CH_3

2. $(CH_3)_2CH$–$C(CH_3)_2$Cl

3. 1-吡咯烷基-6-甲基环己烯（烯胺），2-甲基-6-($CH_2CH_2COOCH_3$)环己酮

4. N,N-二甲基吡咯烷鎓-CH_3OH^- ， CH_2=$CHCH_2CH_2CH_2N(CH_3)_2$ ， CH_2=$CHCH_2CH$=CH_2

5. 1-甲基环戊基–CO–CH_3

6. HO–C(CH_2Cl)$_2$–COOH ， HO–C(CH_2COOH)$_2$–COOH

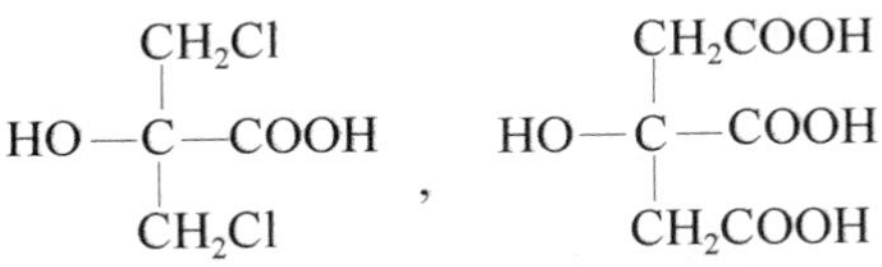

7. 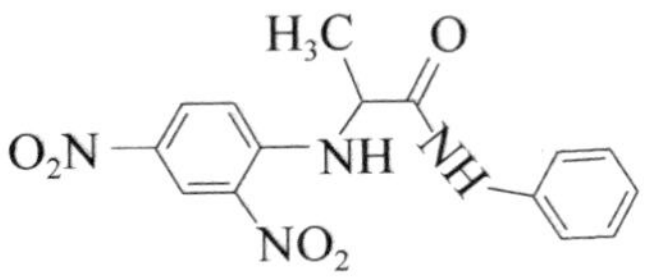 O_2N–C$_6$H$_3$(NO_2)–NH–CH(CH_3)–CO–NH–C_6H_5

8. 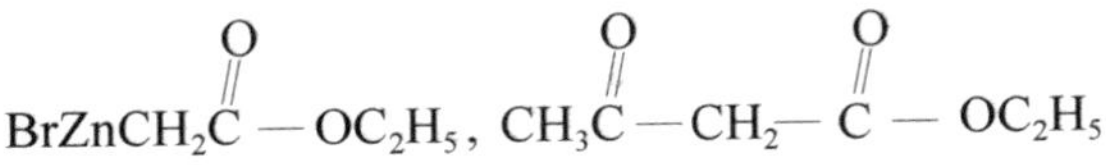 $BrZnCH_2COOC_2H_5$ ， $CH_3COCH_2COOC_2H_5$

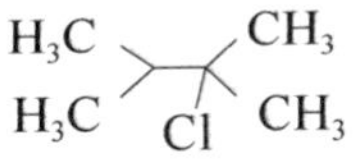

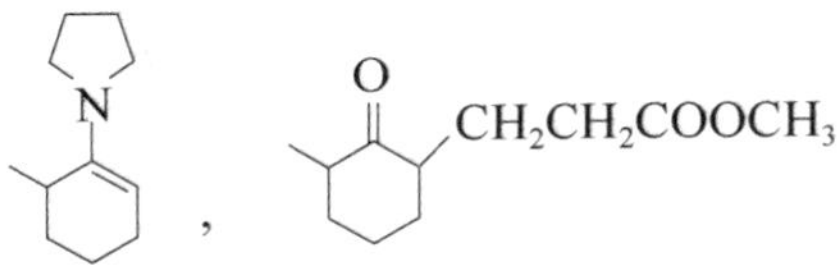

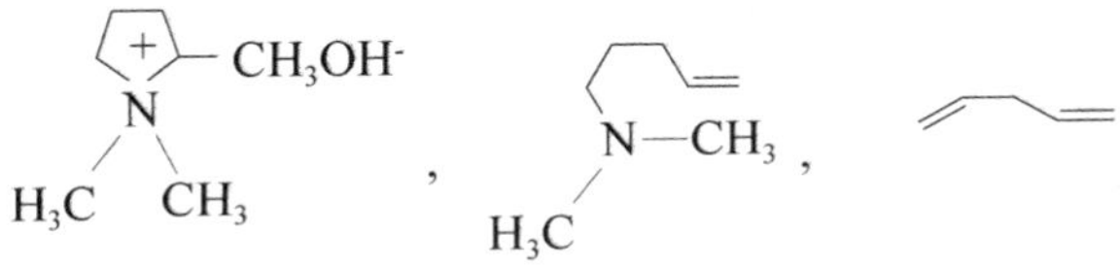

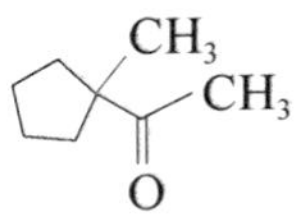

9. $PhCH=CHC(=O)CH_2CH_3$，$PhCH=C(CH_3)C(=O)CH_3$

10. $HO-C_6H_3(N=N-C_6H_5)-C_6H_4-NH_2$

11. $HOCH_2(CH_2)_4CH_2OH$　$HOCH_2(CH_2)_4C=O$（环状结构：CH_2OH，CH_2OH；$CHOH$，$C=O$）

12. $h\gamma$，Δ

四、鉴别与分离题(本大题共 2 小题，每题 6 分，共 12 分)

1. 流程如下，每鉴别出 1 个化合物得 1 分。

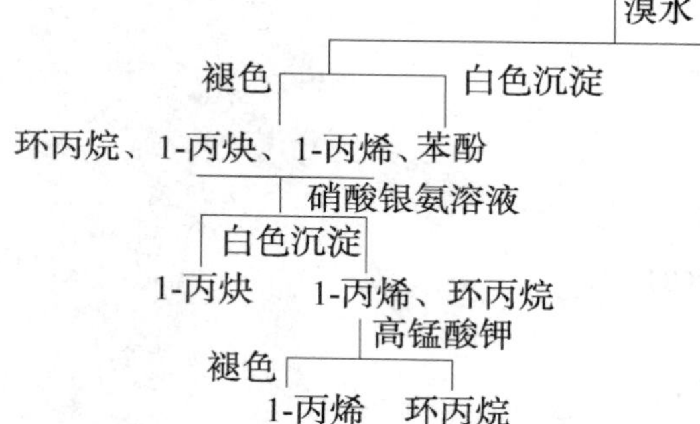

2. 流程如下，每鉴别出 1 个化合物 2 分

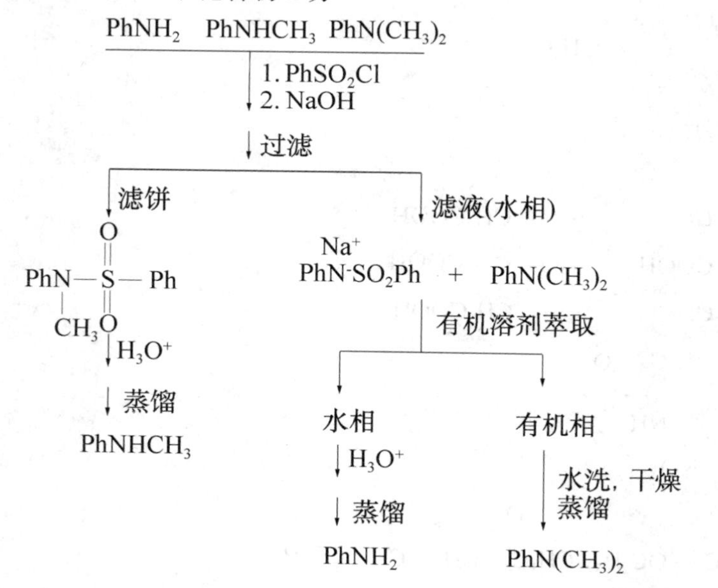

五、机理题(本大题共 2 小题，每小题 6 分，共 12 分)

1.

$$Ph-\underset{Ph}{\overset{NH_2}{C}}-\underset{CH_3}{\overset{OH}{C}}-CH_3 \xrightarrow[0\sim5℃]{NaNO_2+HCl} Ph-\underset{Ph}{\overset{\overset{Cl^-}{\overset{+}{N_2}}}{C}}-\underset{CH_3}{\overset{OH}{C}}-CH_3 \longrightarrow Ph-\underset{Ph}{\overset{+}{C}}-\underset{CH_3}{\overset{OH}{C}}-CH_3 \xrightarrow{甲基迁移}$$

(2分)　　(1分)

$$Ph-\underset{Ph}{\overset{CH_3}{C}}-\underset{CH_3}{\overset{OH}{C^+}} \rightleftharpoons Ph-\underset{CH_3}{\overset{Ph}{C}}-\overset{OH^+}{\overset{\|}{C}}-CH_3 \xrightarrow{-H^+} Ph-\underset{CH_3}{\overset{Ph}{C}}-\overset{O}{\overset{\|}{C}}-CH_3$$

(2分)　　(1分)

2.

$$CH_3COCH_2CH_2COCH_3 \xrightarrow[\triangle]{NaOH} \bar{C}H_2COCH_2CH_2COCH_3$$ (2分)

$$\bar{C}H_2COCH_2CH_2COCH_3 \longrightarrow$$ (环戊酮：O；O^-；CH_3) (2分)

(环戊酮：O；O^-；CH_3) $\xrightarrow{H_2O}$ (环戊酮：O；OH；CH_3) $\xrightarrow{\triangle}$ (环戊烯酮：O；CH_3) (2分)

六、合成下列化合物(无机试剂任选，本大题共 4 小题，每小题 8 分，共 32 分)

1. 合成：

$$CH_3CH_2CH_2Br \xrightarrow{Mg/Et_2O} CH_3CH_2CH_2MgBr \xrightarrow[2.H_3O^+]{1.CH_3CH_2CH_2CHO} CH_3CH_2CH_2\underset{OH}{\underset{|}{C}}HCH_2CH_2CH_3 \xrightarrow{PBr_3}$$

(2分)

$$CH_3CH_2CH_2\underset{Br}{\underset{|}{C}}HCH_2CH_2CH_3 \xrightarrow{Mg/Et_2O} CH_3CH_2CH_2\underset{MgBr}{\underset{|}{C}}HCH_2CH_2CH_3 \xrightarrow[2.H_3O^+]{1.H\overset{O}{\overset{\|}{C}}H} CH_3CH_2CH_2\underset{CH_2OH}{\underset{|}{C}}HCH_2CH_2CH_3$$

(2分)　　(2分)　　(2分)

2. 合成：

$C_6H_5CH_3 + NBS \longrightarrow C_6H_5CH_2Br$ (2分)

$CH_2(COOC_2H_5)_2 \xrightarrow{Br_2} BrCH(COOC_2H_5)_2$ (1分) $\xrightarrow{\text{邻苯二甲酰亚胺}}$ 邻苯二甲酰亚氨基$-CH(COOC_2H_5)_2$ (1分) $\xrightarrow[2.BrCH_2Ph]{1.NaOC_2H_5}$

邻苯二甲酰亚氨基$-C(COOC_2H_5)_2(CH_2Ph)$ (2分) $\xrightarrow[2.\triangle]{1.H_3O^+}$ 邻苯二甲酰亚氨基$-CH(CH_2Ph)COOH$ (1分) $\xrightarrow{NH_2NH_2\cdot H_2O}$ 邻苯二甲酰肼

+ (±) $PhCH_2CH(^+NH_3)COO^-$ (1分)

3. 合成：

$(CH_3)_2CHCHO \xrightarrow{HCHO} OHC-C(CH_3)_2-CH_2OH$ (2分) $\xrightarrow{CH_2(COOEt)_2} HOCH_2C(CH_3)_2CH=C(COOEt)_2$ (2分)

$\xrightarrow[2.\ H^+]{1.\ OH^-} \xrightarrow{\triangle} HOCH_2C(CH_3)_2CH=CHCOOH$ (2分) $\longrightarrow$ 5,5-二甲基-5,6-二氢吡喃-2-酮 (2分)

4. 合成：

$PhCH_2Br \xrightarrow{Mg/Et_2O} PhCH_2MgBr$ (1分) $\xrightarrow{HCO_2C_2H_5} PhCH_2CH(OH)CH_2Ph$ (1分) $\xrightarrow{[O]} PhCH_2COCH_2Ph$ (1分)

$PhCHO \xrightarrow{CN^-} PhCH(OH)COPh$ (2分) $\xrightarrow{[O]} PhCOCOPh$ (1分) $\xrightarrow{PhCH_2COCH_2Ph}$ 四苯基环戊二烯酮 (2分)

七、推断题（本大题共2题，每题6分，共12分）

1. 该化合物的结构为（写对结构式2分）：

$\overset{a}{CH_3}\overset{b}{CH_2}\overset{c}{CH}(Br)-C(=O)-O-\overset{d}{CH}(\overset{e}{CH_3})_2$

1.0（三重峰，3H）为甲基a的吸收峰（1分）；2.1（多重峰，2H）为亚甲基b的吸收峰（1

分)；4.2(三重峰，1H)为与溴相连的次甲基即 c 的吸收峰(1 分)；4.6(多重峰，1H)为异丙基中次甲基即 d 的吸收峰(1 分)；1.3(二重峰，2H)为异丙基中甲基即 e 的吸收峰(1 分)。

2.

A: (1分)　B: $N(CH_3)_2$ (1分)　C: $^+N(CH_3)_3$, I^- (1分)

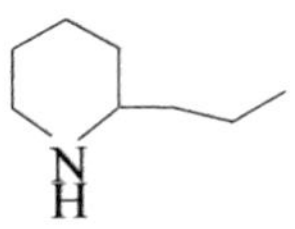

反应器：

A⟶B　$\xrightarrow{2CH_3I}$ $\overset{+}{N}$ I^- $\xrightarrow[\triangle]{Ag_2O,H_2O}$ N, CH_3, CH_3 (1分)

B⟶C　N, CH_3, CH_3 $\xrightarrow{CH_3I}$ ^+N, H_3C, CH_3, CH_3, I^- (1分)

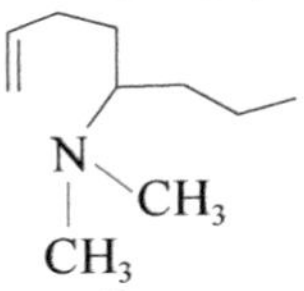

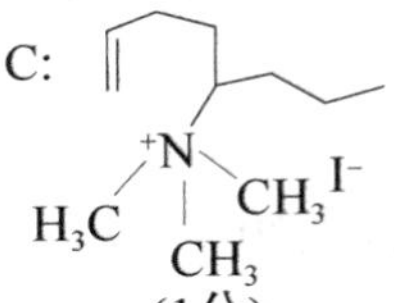

C分解: ^+N, I^-, H_3C, CH_3, CH_3 $\xrightarrow[\triangle]{Ag_2O,H_2O}$ + + $N(CH_3)_3$ (1分)

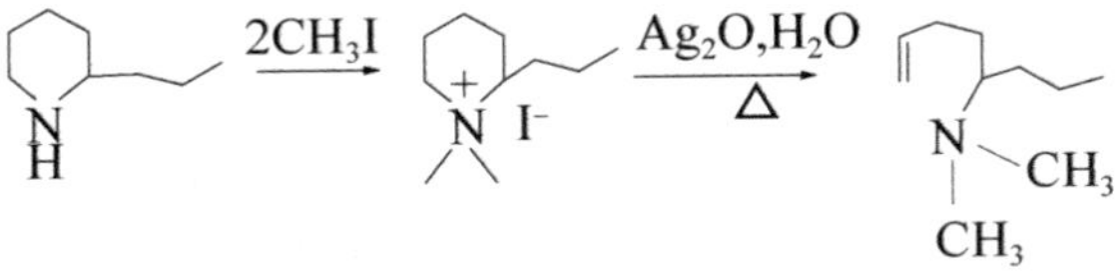

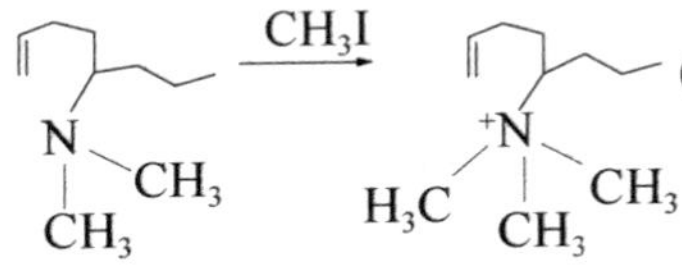

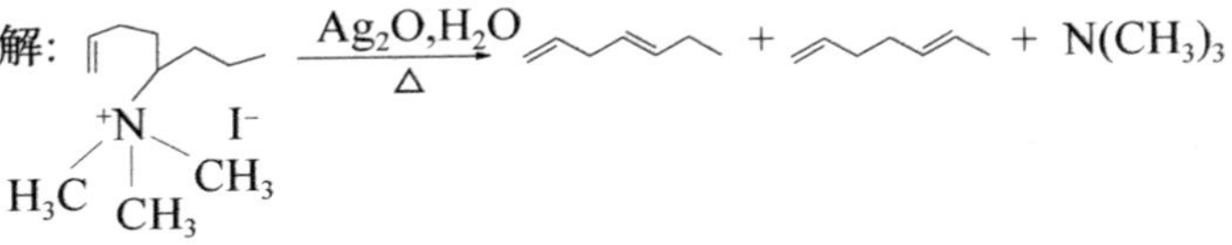

《有机化学》模拟试题(四)

一、写出下列反应的主要产物(40%)

1. $2PhCHO \xrightarrow{NaCN}$

2. 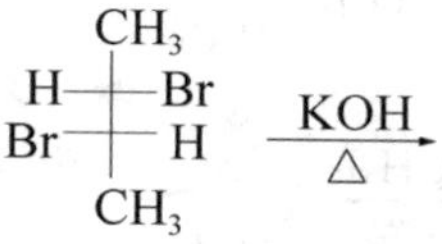 CH_3 / H—┼—Br / Br—┼—H / CH_3 $\xrightarrow[\triangle]{KOH}$

3. 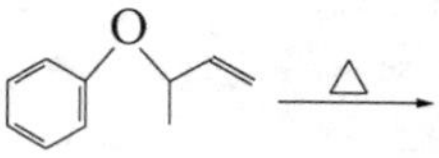 (苯基 1-甲基烯丙基醚) $\xrightarrow{\triangle}$

4. PhOH $\xrightarrow[H_2O]{CHCl_3/NaOH}$

5. (α-蒎烯) $\xrightarrow[2.H_2O_2/NaOH]{1.BH_3,THF}$

6. 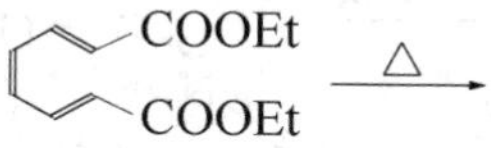 (EtOOC–CH=CH–CH=CH–CH=CH–COOEt, 二烯酯) $\xrightarrow{\triangle}$

7. 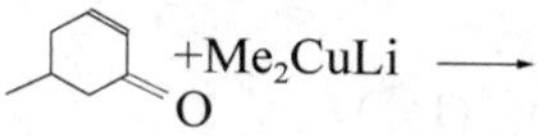 (5-甲基环己-2-烯酮) $+Me_2CuLi \longrightarrow$

8. (3,4-二氢-2H-吡喃) + ROH $\xrightarrow{H^+}$

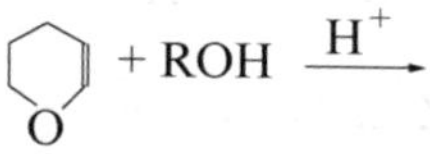

9. 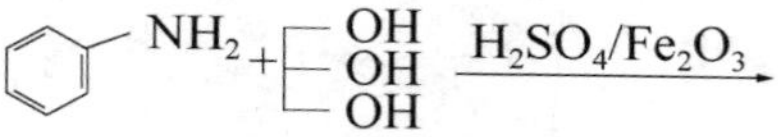 $PhNH_2$ + (甘油 CH_2OH–CHOH–CH_2OH) $\xrightarrow{H_2SO_4/Fe_2O_3}$

10. 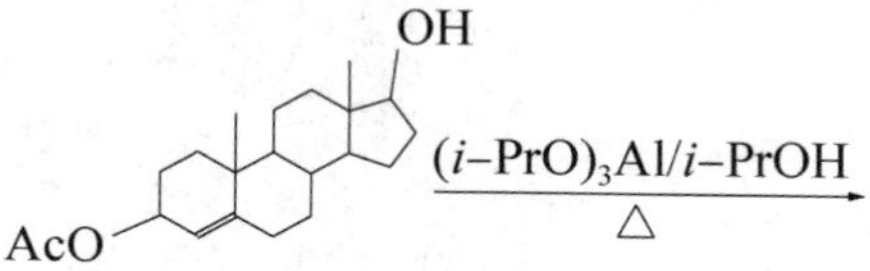 (3-AcO, 17-OH 甾体, Δ5) $\xrightarrow[\triangle]{(i\text{-}PrO)_3Al/i\text{-}PrOH}$

11.  Ph^*–Cl $\xrightarrow{KNH_2/NH_3}$

12. 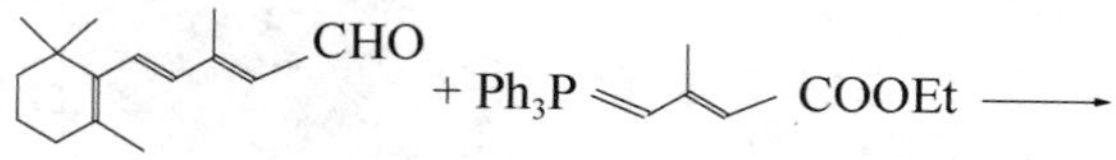 (β-环柠檬醛衍生的多烯醛 CHO) + Ph_3P=CH–C(CH_3)=CH–COOEt $\longrightarrow$

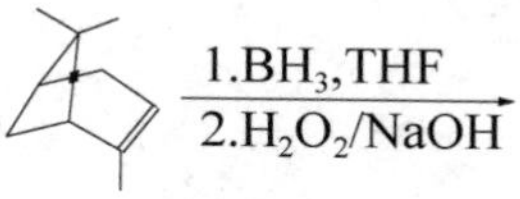

13.  (蒎烯) $\xrightarrow{CHBr_3/NaOH}$

14. 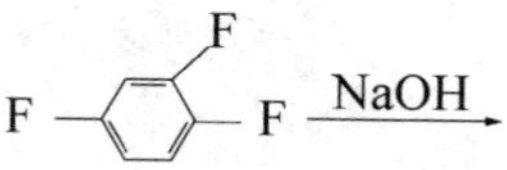 (1,2,4-三氟苯) $\xrightarrow{NaOH}$

15. 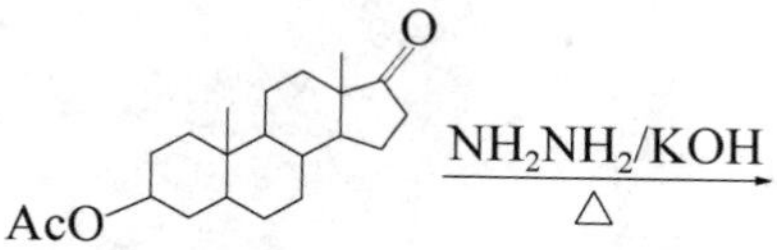 (3-AcO, 17-酮 甾体) $\xrightarrow[\triangle]{NH_2NH_2/KOH}$

16. 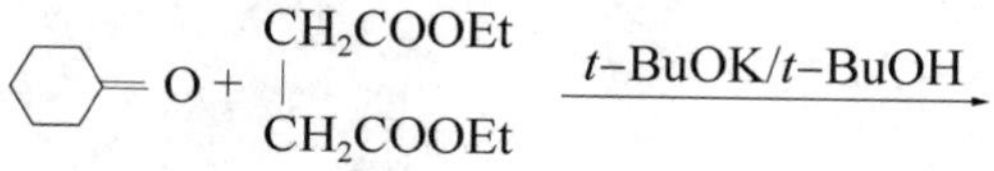 (环己酮) + CH_2COOEt | CH_2COOEt $\xrightarrow{t\text{-}BuOK/t\text{-}BuOH}$

17. + HCOOEt $\xrightarrow{NaOEt/EtOH}$

18. nHO—⟨⟩—|—⟨⟩—OH + n (epoxide)—Cl $\xrightarrow{NaOH}$

19. (N) + PhCOOEt $\xrightarrow{EtONa/EtOH}$

20. O, O $\xrightarrow[\triangle]{KOH}$

二、写出下列反应的反应机理(20%)

1. O, * Cl $\xrightarrow{EtONa/EtOH}$ * — COOEt + * COOEt

2. CHO, OH + Ac_2O $\xrightarrow[\triangle]{AcONa}$ O O

3. $COOCH_3$, OH + OCH_3, O $\xrightarrow[CH_3OH]{1.CH_3OK}$ $\xrightarrow[\triangle]{2.H_3\overset{+}{O}}$ O, O

4. O, H + OH, HO $\xrightarrow{H^+}$ OH, O

三、完成下列化合物的合成(可用其他必需试剂，15%)

1. OH, OH & $O(CH_2CH_2OCH_2CH_2OH)_2$ ⟶⟶ H_2N, O O O O O O

2. OH & $CH_2=CHCOOH$ ⟶⟶ O, O

3. & O, H & $C(CH_2OH)_4$ ⟶⟶ O O O O

四、右旋酒石酸经常用来拆分手性胺。请设计一个详细的试验方案，以萘为主要原料，合成并拆分 β-萘乙胺。(10%)

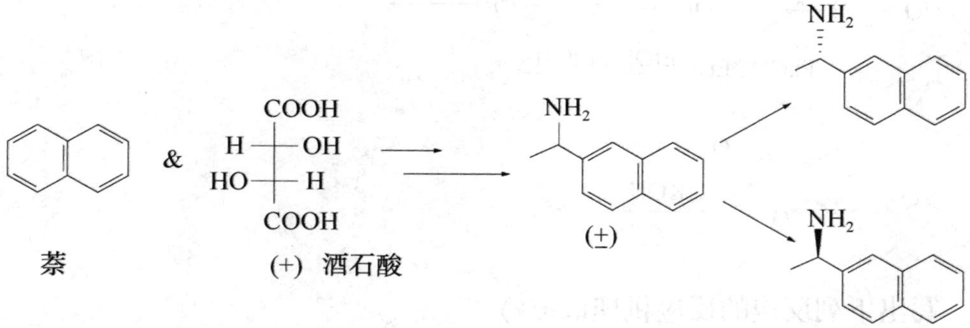

五、分析解答题(15%)

1. 化合物 A 为无色液体，b. p. 112℃。经元素分析测得 C68. 15%；H13. 70%；N0. 0%。其相对分子质量为 88. 15。A 可与金属钠反应放出氢气，也能发生碘仿反应。A 的 HNMR 数据如下：δ0. 9(双峰，面积 6)，δ1. 1(双峰，面积 3)，δ1. 6(多重峰，面积 1)，δ2. 6(宽峰，面积 1，加 D_2O 后消失)，δ3. 5(多重峰，面积 1)。A 的 IR 显示在 $3300cm^{-1}$附近有一宽而圆滑的强吸收峰。请推测化合物 A 的结构；并指出 HNMR 谱中各峰的归属；写出有关反应方程式。

2. 某研究生在 THF 溶剂中，将苯甲醛，甲醇，三甲基氯硅烷和金属锡一起反应后，经柱层析分离得到了化合物 B(m. p. 138~139℃)和 B′(m. p. 89~90℃)。

$$PhCHO+CH_3OH \xrightarrow[THF]{Me_3SiCl/Sn} B\&B'$$

经质谱和元素分析测得 B 和 B′的分子组成均为 $C_{16}H_{18}O_2$。进一步的分析得知 B 和 B′为立体异构体，其中 B 为内消旋体；B′为外消旋体。B 和 B′的 HNMR 数据如下：B：δ3. 15(单峰，6H)，δ4. 1(单峰，2H)，δ6. 8~7. 3(多重峰，10H)；B′：δ3. 28(单峰，6H)，δ4. 3(单峰，2H)，δ6. 7~7. 1(多重峰，10H)。请写出 B 和 B′的立体结构式；指出 HNMR 谱中各峰的归属；推测 B 和 B′形成的可能机理。

参考答案

一、写出下列反应的主要产物

1. 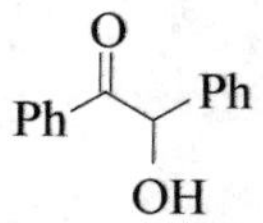

2. 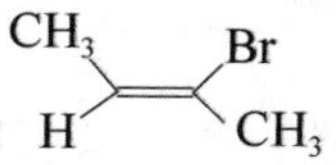

3. 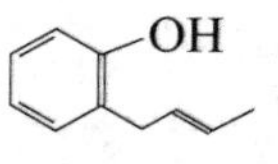

4. 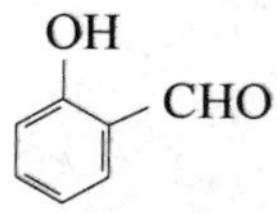

5. 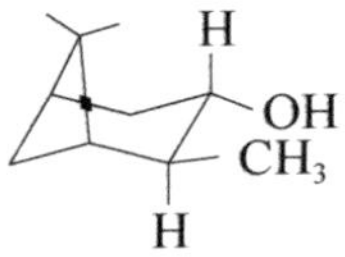 H, OH, CH_3, H　　6. 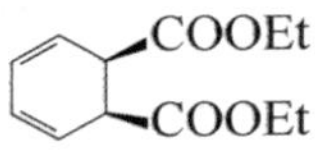 COOEt, COOEt　　7. 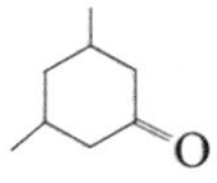 O　　8. 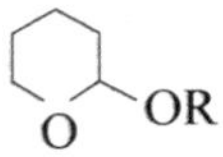 O, OR

9. 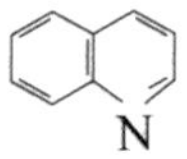 N　　10.不反应　　11. 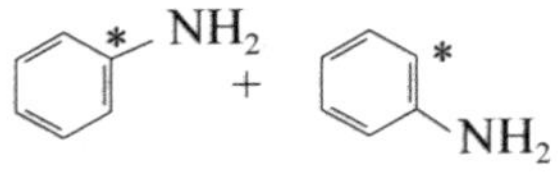 NH_2 + NH_2 (*)

12. 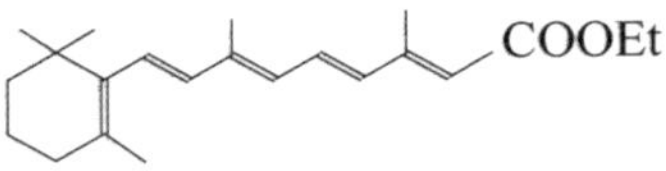 COOEt　　13. 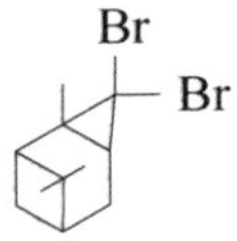 Br, Br　　14. 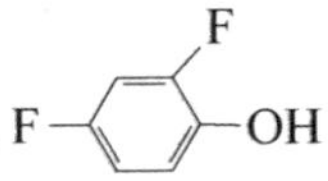 F, F, OH

15. 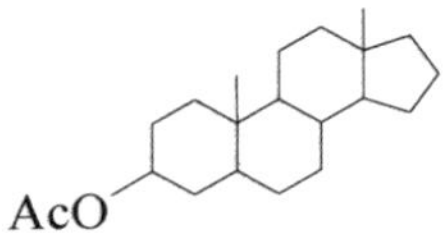 AcO　　16. 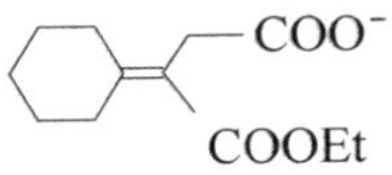 COO^-, COOEt　　17. 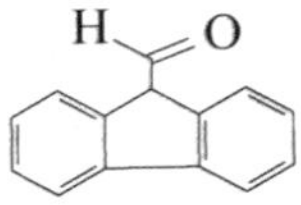 H, O

18. 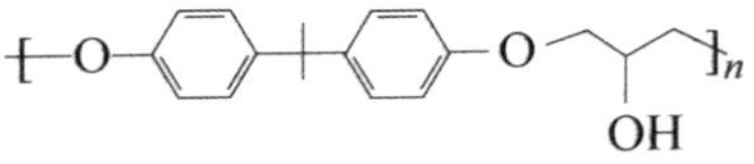 $[-O-C_6H_4-C(CH_3)_2-C_6H_4-O-CH_2-CH(OH)-CH_2-]_n$　　19. 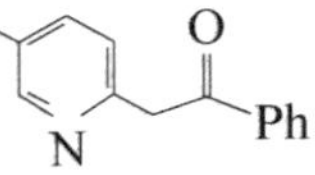 N, O, Ph

20. 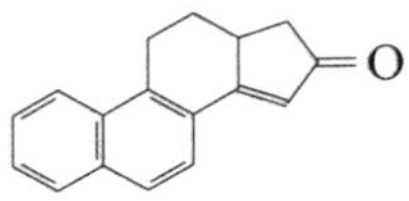 O

二、写出下列反应的反应机理

1. 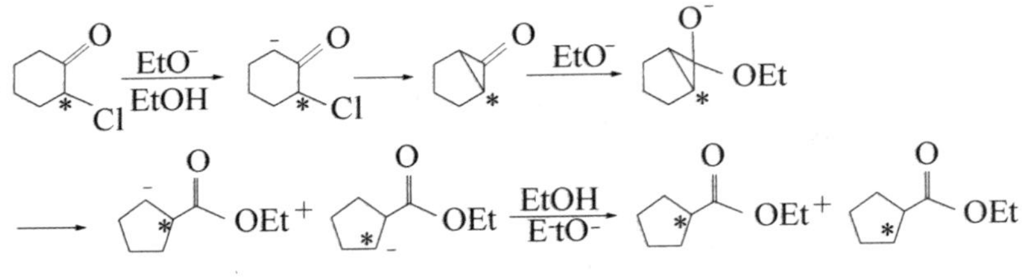 O, Cl (*) $\xrightarrow[EtOH]{EtO^-}$ O, Cl (*) ⟶ O (*) $\xrightarrow{EtO^-}$ O^-, OEt (*)

⟶ O, OEt + O, OEt $\xrightarrow[EtO^-]{EtOH}$ O, OEt + O, OEt

2. 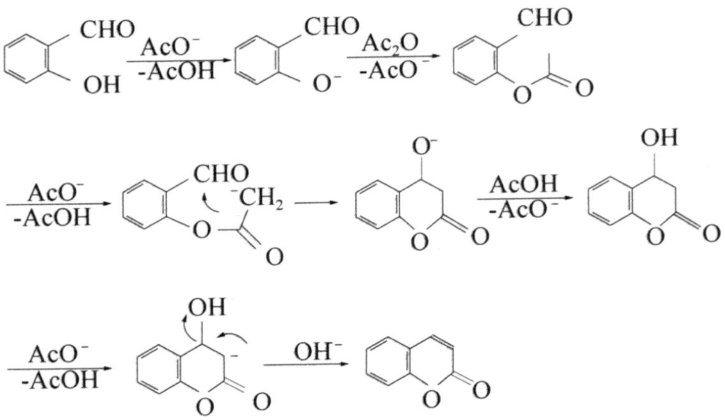 CHO, OH $\xrightarrow[-AcOH]{AcO^-}$ CHO, O^- $\xrightarrow[-AcO^-]{Ac_2O}$ CHO, O, O

$\xrightarrow[-AcOH]{AcO^-}$ CHO, $^-CH_2$, O, O ⟶ O^-, O, O $\xrightarrow[-AcO^-]{AcOH}$ OH, O, O

$\xrightarrow[-AcOH]{AcO^-}$ OH, O, O $\xrightarrow{OH^-}$ O, O

3. 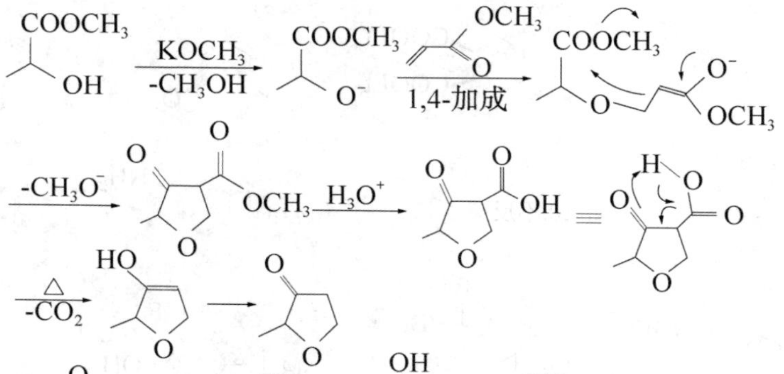 COOCH$_3$ / OH $\xrightarrow[-CH_3OH]{KOCH_3}$ COOCH$_3$ / O$^-$ $\xrightarrow[1,4\text{-加成}]{OCH_3,\ O}$ COOCH$_3$ / O / O$^-$ / OCH$_3$

$\xrightarrow{-CH_3O^-}$ O / O / OCH$_3$ / O $\xrightarrow{H_3O^+}$ O / O / OH / O ≡ H / O / O / O / O / O

$\xrightarrow[-CO_2]{\triangle}$ HO / O $\longrightarrow$ O / O

4. O / H $\xrightarrow{H^+}$ OH / + / H $\xrightarrow[\text{F-C反应}]{OH,\ HO}$ OH OH / HO

$\xrightarrow[-H_2O]{H^+}$ + / OH / HO $\longrightarrow$ OH / + / HO $\longrightarrow$ OH / + / O / H

$\xrightarrow{H^+}$ OH / O

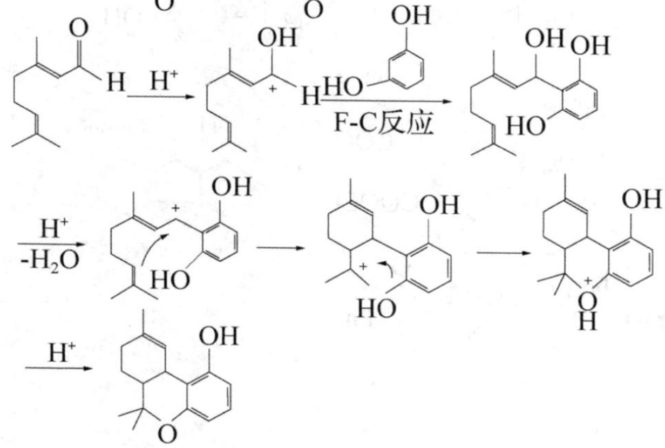

三、完成下列化合物的合成

1. O(CH$_2$CH$_2$OCH$_2$CH$_2$OH)$_2$ $\xrightarrow{SOCl_2}$ O(CH$_2$CH$_2$OCH$_2$CH$_2$Cl)$_2$

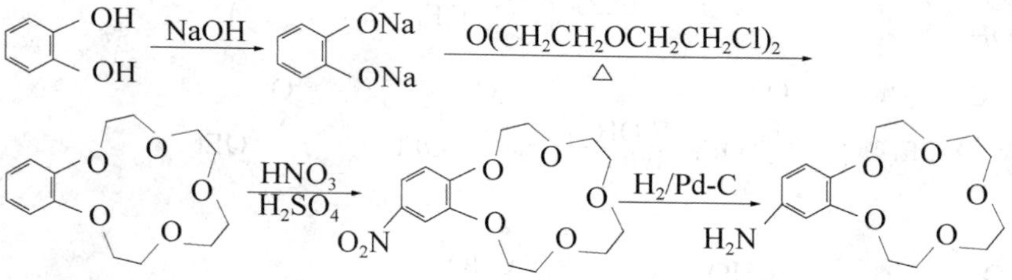

OH / OH $\xrightarrow{NaOH}$ ONa / ONa $\xrightarrow[\triangle]{O(CH_2CH_2OCH_2CH_2Cl)_2}$

O / O / O / O / O $\xrightarrow[H_2SO_4]{HNO_3}$ O$_2$N / O / O / O / O / O $\xrightarrow{H_2/Pd\text{-}C}$ H$_2$N / O / O / O / O / O

2. OH $\xrightarrow{NaOH}$ ONa $\xrightarrow[1,4\text{-加成}]{COOH}$ O / HO / O $\xrightarrow{\text{or}}$ $\downarrow$ SOCl$_2$

$\xrightarrow[\text{F-C反应}]{HPA}$ O / O O / O $\xleftarrow{AlCl_3}$ O / Cl / O

3. 2 + 2 O / H $\xrightarrow[\triangle\ (\text{D-A反应})]{\text{Lewis酸}}$ 2 CHO

$\xrightarrow[H^{\oplus}\ \triangle]{HO\ \ OH,\ HO\ \ OH}$ O / O / O / O

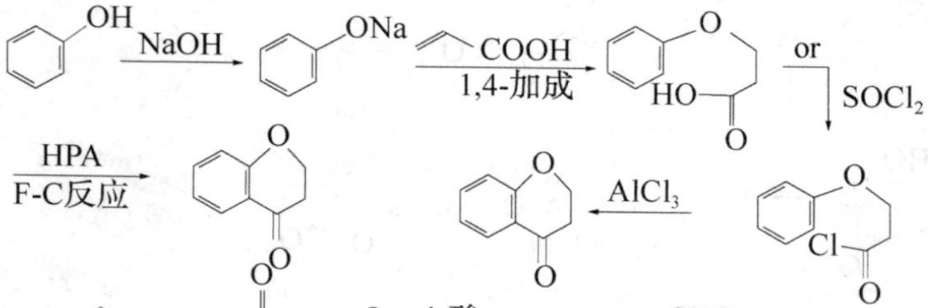

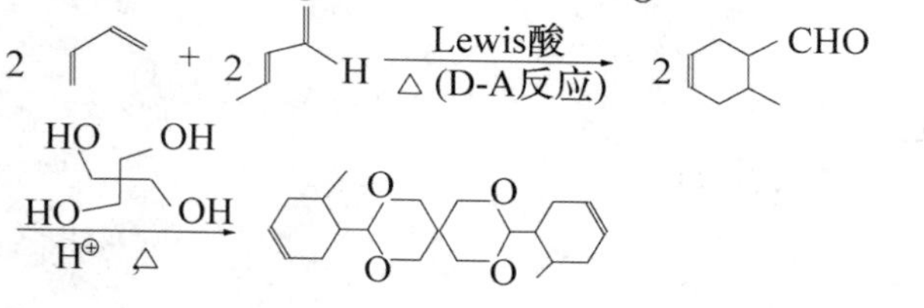

四、设计试验方案

萘 $\xrightarrow[AlCl_3/硝基苯]{CH_3COCl}$ 2-乙酰萘 $\xrightarrow[H_2/Ni\ \triangle]{NH_3}$ 1-(2-萘基)乙胺 (±)

$\xrightarrow[CH_3OH]{(+)酒石酸}$ $\xrightarrow{重结晶}$ $\left\{\begin{array}{l}(+)酒石酸.(+)\ \beta\text{–}萘乙胺\\(+)酒石酸.(-)\ \beta\text{–}萘乙胺\end{array}\right.$ $\xrightarrow{稀HCl}$ $\xrightarrow{稀碱中和}$

$\xrightarrow{溶剂萃取}$ $\xrightarrow{蒸馏溶剂}$ (+) β–萘乙胺
(–) β–萘乙胺

五、分析解答题

1.计算得分子式$C_5H_{12}O$

A: $\underset{a}{CH_3}-\overset{b}{CH}(\underset{e}{OH})-\overset{c}{CH}(CH_3)_2$（两个 CH_3 为 d）

a. δ 1.1(双峰,面积3)
b. δ 3.5(多重峰,面积1)
c. δ 1.6(多重峰,面积1)
d. δ 0.9(双峰,面积6)
e. δ 2.6(宽峰,面积1,加D_2O后消失)

2.

B: b{H, H}; OCH_3, OCH_3 }a; 苯基 c, 苯基 c（两个H同侧，两个OCH_3同侧）

B′: b H — OCH_3 a; a CH_3O — H b; 苯基 c, 苯基 c

B	B′
a. δ 3.15(单峰,6H)	a. δ 3.28(单峰,6H)
b. δ 4.1(单峰,2H)	b. δ 4.3(单峰,2H)
c. δ 6.8~7.3(多重峰,10H)	c. δ 6.7~7.1(多重峰,10H)

参考文献

[1] 邢其毅，裴伟伟，徐瑞秋，等．基础有机化学(第四版)[M]．北京：北京大学出版社，2016.
[2] 孔祥文．有机化学[M]．北京：化学工业出版社，2010.
[3] 高鸿宾．有机化学(第四版)[M]．北京：高等教育出版社，2005.
[4] 伍越寰，李威昶，沈晓明编．有机化学[M]．合肥：中国科学技术大学出版社，2002.
[5] 陈宏博．如何学习有机化学(第三版)[M]．大连：大连理工大学出版社，2015.
[6] 孔祥文．基础有机合成反应[M]．北京：化学工业出版社，2014.
[7] 宁永成．有机化合物结构鉴定与有机波谱学(第二版)[M]．北京：科学出版社，2000.
[8] 张宝申，庞美丽编著．有机化学学习辅导[M]．天津：天津大学出版社，2004.
[9] 孔祥文．有机合成路线设计基础[M]．北京：中国石化出版社，2017.
[10] 吴范宏．有机化学学习与考研指津(2008 版)[M]．武汉：华中理工大学，2008.
[11] 唐玉海．有机化学辅导及典型题解析[M]．西安：西安交通大学出版社，2002.
[12] 陈宏博．有机化学(第四版)[M]．大连：大连理工大学出版社，2015.
[13] 樊杰，葛树丰，周晴中，等．有机化学习题精选[M]．北京：北京大学出版社，2000.
[14] 刘在群．有机化学学习笔记[M]．北京：科学出版社，2005.
[15] Jie Jack Li. Name Reaction，4th ed.，[M]. Springer-Verlag Berlin Heidelberg，2009.